建筑施工测量技术

主编:贺太全

参编:郭晓平　张金明　梁　燕

徐树峰　毛新林　梁大伟

刘　义　刘彦林　孙兴雷

杨晓方　马立棉

U0272787

金盾出版社

内 容 简 介

本书依据测量放线工国家职业标准编写,内容包括建筑施工测量简述、距离测量、水准测量、角度测量、小区域控制测量、地形图测绘及应用、民用建筑施工测量、工业建筑施工测量、高层建筑施工测量、工程竣工测量、建筑物的变形观测、施工测量案例等。

本书适合专门从事测量工作的技术人员及施工管理人员阅读,也可作为各类培训机构相关专业教材。

图书在版编目(CIP)数据

建筑施工测量技术/贺太全主编. —北京:金盾出版社,2019.3
ISBN 978-7-5186-0753-2

Ⅰ.①建… Ⅱ.①贺… Ⅲ.①建筑测量 Ⅳ.①TU198

中国版本图书馆 CIP 数据核字(2015)第 318792 号

金盾出版社出版、总发行
北京太平路 5 号(地铁万寿路站往南)
邮政编码:100036 电话:68214039 83219215
传真:68276683 网址:www.jdcbs.cn
封面印刷:北京军迪印刷有限责任公司
正文印刷:北京军迪印刷有限责任公司
装订:北京军迪印刷有限责任公司
各地新华书店经销
开本:787×1092 1/16 印张:15.5 字数:373 千字
2019 年 3 月第 1 版第 3 次印刷
印数:6001—9000 册 定价:52.00 元

(凡购买金盾出版社的图书,如有缺页、
倒页、脱页者,本社发行部负责调换)

前　言

　　建筑工程施工测量是贯穿工程项目建设全过程的一项极其重要的技术性工作，可称其是项目具体建造实施的"GPS"。同时，工程测量技能是施工一线工程技术人员必备的岗位能力。在建筑工程项目施工中，测量放线是第一道也是必需的工序，也是确保整个工程质量和设计意图的关键工序。随着社会科技的迅速发展，测量仪器及新技术在不断地更新换代，测量技术人员不仅要熟练使用常规的传统测量工具，还需不断学习和掌握新的测量仪器、技术及新的测量方法才能完成必须面对的工作。实际工作中，测量放线是一项运用立体几何、平面几何、解析几何等多项知识结合的综合技术，包含有多种技能。测量技术人员真的需要不断学习和总结才能掌握测量中的技巧，才能融会贯通，才能为提高建设工程效益增砖添瓦。

　　常常在建房、筑路等的施工现场，首先看到的是扛着测量仪器和工具的测量人员，如果没有他们测量、绘制出地区地形图纸，工程就没法进行规划和设计，建设也就没法开展，所以，大家称测量人员为工程建设的"尖兵"。每当设计工作完成后，是测量放线人员首先将各建筑物的位置、形状、高度等用不同的标志固定在现场，没有这些测量标志，施工人员也是无法正常进行施工，因此，大家也称测量放线人员为工程建设的"眼睛"。

　　施工测量工作并不需要太高的学历，但需要有一定技能，这正适合具有初、高中文化水平的农民工人，他们只要经过短期培训和学习即可掌握这门技术。为满足测量应用型人才的培养目标，根据测量放线工国家职业标准和建筑业实际需要，我们组织专家编写了本书。本书由贺太全主编，参加编写的有11人（已在扉页中署名），为本书作出贡献的还有邓海、张计锋、白建芳、李志刚、张素景、孙丹、刘利丹、杨杰、赵洁、高海静、王俊遐等。

　　由于时间紧迫，加之水平有限，编写过程中还存在不足之处，望请广大读者朋友批评指正。

编　者

目　录

第一章 建筑施工测量简述

第一节 施工测量基本要求

一、施工测量的概念

施工测量以地面控制点为基础,根据图纸上的建筑物的设计尺寸,计算出各部分特征点与控制点之间的距离、角度(或方位角)、高差等数据,将建筑物的特征点在实地标定出来,以便施工,这项工作又称"放样"。

二、施工测量的目的

按照设计和施工的要求将设计的建筑物、构筑物的平面位置在地面上标定出来,作为施工的依据,并在施工过程中进行一系列的测量工作,以衔接和指导各工序之间的施工。

三、施工测量的主要内容

1)建立施工控制网。

2)建筑物、构筑物的详细放样。

3)检查、验收。

4)变形观测。

四、施工测量的特点

施工测量相比一般测图工作具有如下特点。

1)目的不同——将图上设计的建筑物放样到实地。

2)精度要求不同——高层＞低层,钢结构＞钢混结构,装配式＞非装配式,细部放样＞整体放样。

3)施工测量工序与工程施工的工序密切相关。

4)受施工干扰——工程多、交叉频、地面变动大,测量标志易破坏。

五、测量的原则

1)由整体到局部的原则。将测区的范围按一定比例尺缩小成地形图时,通常不能在一张图样上表示出来。测图时,要求在一个测站点(安置测量仪器测绘地物、地貌的点)上将该测区的所有重要地物、地貌测绘出来也是不可能的。在进行地形测图时,只好连续地逐个测站施测,然后再拼接出一幅完整的地形图。即当一幅图不能包括该地区面积时,必须先在该地区建立一系列测站点,再利用这些测站点将测区分成若干幅图,且分别施测,再拼接成该测区的整个地形图。

这种先在测区建立若干测站点,然后分别施测地形、地貌的方法即是先整体后局部的方法。

2)先高级再低级的原则。在测地形图时,应首先选择一些具有控制意义的点(称为控制点),用较精密的仪器和控制测量方法把它们的位置测定出来,这些点就是测站点。在地形测量中称为地形控制点,或称为图根控制点。再根据它们测定道路、房屋、草地、水系的轮廓点,轮廓点即为碎部点。从精度上来讲就是"先高级再低级"的测量原则。

六、建筑测量的主要任务

1)勘测设计阶段测绘地形图。这一测量工作是把工程建设区域内的各种地面物体的位置和形状以及地面的起伏状态,依照规定的符号和比例尺绘成地形图,为工程建设的规划设计提供必要的图样和资料。例如,公路建设要在设计阶段收集一切相关的地形资料以及地质、经济、水文等其他方面的情况,在设计图上选择几条有价值的线路,然后测量人员去测定所选线路上的带状地形图。最后设计人员根据测得的现状地形图选择最佳路线以及在图上进行初步的设计。

2)建筑施工测量。是指在工程施工建设之前,测量人员根据设计和施工技术的要求把建筑物的空间位置关系在施工现场标定出来,作为施工建设的依据,这一步也就是我们所说的施工放样。施工放样是联系设计和施工的重要桥梁,精度要求也比较高。

3)建筑物的变形观测。主要是指在工程运营阶段,为了监测建筑物的安全和运营情况,验证设计理论的正确性,需要定期地对工程建筑物进行位移、沉陷、倾斜等方面的监测,通常以年为单位。

七、测量工作基本要求

1. 工作要求

1)质量第一。测量工作的精度会影响施工质量,要想确保施工质量符合设计要求,施工测量工作必须要求把质量放在第一位。

2)测量人员要有严肃认真的态度。在测量工作中,为避免产生差错,应进行相应的检查和检核,杜绝弄虚作假、伪造测量成果、违反测量规则等行为。因此,施工测量人员应有严肃认真的工作态度。

3)测量人员要爱护测量仪器及工具。每一项测量工作,都要使用相应的测量仪器,且测量仪器相对建筑施工其他用具比较精密和贵重,测量仪器的状态也将直接影响测量观测成果的精度。因此,施工测量人员应爱护测量仪器与工具。

4)测量成果应真实、客观和原始。测量成果是施工的依据资料,需要长期保存,因此,测量成果应具有真实、客观及原始的特点。

2. 施工测量的精度要求

1)取决于工程的性质、规模、材料、施工方法等因素。

2)由工程设计人员提出的建筑限差或按工程施工规范来确定。

3)建筑限差一般是指工程竣工后的最低精度要求——容许误差 m。

4)设建筑限差为 Δ,工程竣工后的中误差 M 应为 Δ 的一半,即:

$$M = \Delta/2$$

5)工程竣工后的中误差 M 由测量中误差 $m_{中误差}$ 和施工中误差 $m_{施工}$ 组成,而测量中误差又由控制测量中误差 $m_{控制}$ 和细部放样中误差 $m_{细部放样}$ 两部分组成,则:

$$M_{竣工后} = m_{控制}^2 + m_{细部放样}^2 + m_{施工}^2$$

测量精度要比施工精度高。它们之间的比例关系为:

$$m_{测量} = \frac{m_{施工}}{\sqrt{2}}$$

对于工业场地:

$$m_{控制} \approx \frac{\Delta}{6} \approx 0.17\Delta$$

$$m_{细部放样} \approx \frac{\sqrt{2\Delta}}{6} \approx 0.24\Delta$$

对于桥梁和水利枢纽工程：

$$m_{控制} \approx 0.12\Delta$$

$$m_{细部放样} \approx 0.26\Delta$$

工业场地，施工测量的细部放样精度高于控制测量，取：

$$m_{控制} = \frac{m_{细部放样}}{\sqrt{2}}$$

桥梁和水利枢纽，应使控制点误差所引起的放样点误差，相对于施工放样来说小到可忽略不计的程度：

$$m_{测量} = \sqrt{m_{控制}^2 + m_{细部放样}^2} = m_{细部放样}\sqrt{1 + \left(\frac{m_{控制}}{m_{细部放样}}\right)^2} \approx m_{细部放样}\left(1 + \frac{m_{控制}^2}{2m_{细部放样}^2}\right)$$

若上式括号中第二项为 0.1，即控制点误差的影响占测量误差总影响的 10%，即可忽略不计，则：

$$m_{控制} \approx 0.45 m_{施工放样} \approx 0.4 m_{测量}$$

$$m_{施工放样} \approx 0.9 m_{测量}$$

八、测量放线常用计量单位

1. 长度单位

国际通用长度基本单位为米（m），我国采用国际长度基本单位作为法定长度计量单位，采用的米（m）制与其他长度单位关系如下：

1m（米）＝10dm（分米）＝100cm（厘米）＝1000mm（毫米）＝$10^6 \mu m$（微米）＝10^6 mm（纳米）

1km（千米）＝1000m（米）

2. 面积与体积单位

我国法定的面积单位，当面积较小时用平方米（m^2），当面积较大时用平方千米（km^2），$1km^2 = 10^6 m^2$，体积单位规定用立方米或方（m^3）。

3. 时间单位"秒"的定义

经典的时间标准是用天文测量方法测定的。设将测量仪器的望远镜指向天顶，则某一天体连续两次通过望远镜纵丝的时间间隔就等于 24h（小时）。1h 的 1/3600 就等于 1s（秒）。当然精确的"秒"要用一年甚至几年的时间间隔细分后求得。自 20 世纪 70 年代起才改用原子钟取得时间的标准。

4. 其他长度单位换算

1mile（英里）＝1.6093km，1yd（码）＝3ft（英尺）

1ft（英尺）＝12in（英寸）＝30.48cm

1in（英寸）＝2.54cm

1n mile（海里）＝1.852km＝1852m

1 里＝500m

1 丈＝10 尺＝100 寸,1 尺＝1/3m

5．角度单位换算

1 度＝60 分＝3600 秒

$\rho^{\circ}=180^{\circ}/\pi=57.30^{\circ}$

$\rho^{\circ}=3438', \rho^{\circ}=206265''$

6．测量数据计算的凑整规则

测量数据在成果计算过程中,往往涉及凑整问题。为了避免凑整误差的积累而影响测量成果的精度,通常采用以下凑整规则:被舍去数值部分的首位大于 5,则保留数值最末位加 1;被舍去数值部分的首位小于 5,则保留数值最末位不变;被舍去数值部分的首位等于 5,则保留数值最末位凑成偶数。即大于 5 则进,小于 5 则舍,等于 5 视前一位数而定,奇进偶不进。例如:下列数字凑整后保留三位小数时,3.14159→3.142(奇进),2.64575→2.646(进 1),1.41421→1.414(舍去),7.14256→7.142(偶不进)。

九、测量技术发展前景

1)测量内外业作业的一体化是指测量内业和外业工作已无明确的界限。过去只能在内业完成的事现在在外业可以很方便地完成。测图时可在野外编辑修改图形,控制测量时可在测站上平差和得到坐标,施工放样数据可在放样过程中随时计算。

2)数据获取及处理的自动化主要指数据的自动化流程;电子全站仪、电子水准仪、GPS接收机都是自动地进行数据获取,大比例尺测图系统、水下地形测量系统、大坝变形监测系统等都可实现或都已实现数据获取及处理的自动化。用测量机器人还可实现无人观测,即测量过程的自动化。

3)测量过程控制和系统行为的智能化,主要指通过程序实现对自动化观测仪器的智能化控制。

4)测量成果和产品的数字化是指成果的形式和提交方式,只有数字化才能实现计算机处理和管理。

5)测量信息管理的可视化包含图形可视化、三维可视化和虚拟现实等。

6)信息共享和传播的网络化是在数字化基础上进一步锦上添花,包括在局域网和国际互联网上实现。

现代工程测量发展的特点可概括为精确、可靠、快速、简便、连续、动态、遥测、实时。

十、测量工作的主要任务

1．参与施工图会审

图纸会审是施工技术管理中的一项重要程序。开工前,要由建设单位组织建设、设计、施工单位有关人员对图纸进行会审。

没量放线人员应参与图纸会审,并通过会审把图纸中存在的问题(如纸上的所有尺寸、建筑物定位关系的校核、平面、立面、大样图所标注的同一位置的建筑物尺寸、形状、标高及室内外标高之间的关系,新技术、新工艺、施工难度等)提出来,加以解决。会审前,相关人员要认真熟悉图纸和有关资料。所填写的会审记录经参加方签字盖章,会审记录是具有设计变更性质的技术文件。

2．编制施工测量方案

测量人员应在认真熟悉放线有关图纸的前提下,深入现场实地勘察,然后编写施测方案。方案内容包括施测依据,定位平面图,施测方法和顺序,精度要求,有关数据。其中有关数据应先进行内业计算、填写在定位图上,尽量避免在现场边测量边计算。初测成果要进行复核,确认无误后,对测设的点位、加以保护。填写测量定位记录表,并由建设单位、施工单位施工技术负责人审核签字,加盖公章,归档保存。在城市建设中,要经城市规划主管部门到现场对定位位置进行核验(称验线)后,方能施工。

3. 实测人员应注意的问题

(1)会签制度

在城市建设中,土方开挖前,施工平面图必须经有关部门会签后,才能开挖。已建城市中,地下各种隐蔽工程较多(如电力、通讯、煤气、给水、排水、光缆等),挖方过程中与这些隐蔽工程很可能相互碰撞,要事先经有关部门会签,摸清情况,采取措施,可避免发生问题。如对情况不清,急于施工,一旦隐蔽物被挖坏、挖断,不仅会造成经济损失,还有可能造成安全事故。

(2)安全问题

①在沟槽挖方中,槽底宽度小于槽深的1/2时,应视为危险区,坚持按规定放坡。因为一旦塌方、人员无处躲闪,测量人员应做好相应本职工作,注意安全性。

②采用人工挖深桩基础,桩基直径在1.2~2.0m,深度15~20m以上,塌方事故、沼气中毒不断发生。放线工更应该坚持施工方案施工,精心操作,采取可靠措施,保证人身安全。

③在城区拆旧房、建高层时,由于建筑稠密,不少新建筑挖基坑(尤其是深坑)时,会危及相邻建筑的安全,挖裂、挖塌邻楼现象时有发生。此时,放线工必须坚持按施工方案精心施测,不能自作主张,不可无科学根据的改变施测方案,更不能野蛮施工。

十一、测量放线人员的职责

1)放线工要树立"质量第一,预防为主"的思想,责任心要强。放线工作是为各工种施工提供依据的,一旦所提供的标记、数据发生错误,后续工种必然会出现错误。

2)认真熟悉图纸和与放线有关的技术资料,所用图纸要互相对照审核,主要尺寸要进行核算。建立施测手册,必要时画成简图,防止因图纸未熟悉清楚而造成错误。

3)学习和掌握规范的有关规定,了解各分项工程的质量标准、允许偏差和对测量的精度要求。所用的仪器型号、等级是否满足所测对象的精度要求。

4)对未使用过的新型仪器,要先熟悉其构造、性能、精度、操作程序和读数方法,以免因对仪器使用不熟练,操作不当而造成错误。

5)放线前宜做好准备工作,力争主动,留有复查时间,放线工不能让人推着走,要做到布好阵,再进兵。

6)施测过程中每个环节都需认真,不能忙中出错,任何粗心大意都可能引发问题。

7)掌握施工进度安排,了解各工种的作业程序,以便按施工进度需要及时为各工种提供放线标记(或数据),免得因放线工作配合不及时影响工作。

8)明确责任范围,对各种放线标记,哪些应由放线工提供,哪些应由各工种自行测量,要分工明确,防止漏测标或混淆不清而出现问题无人负责。

9)土建图纸与其他专业图纸(告别是工业建筑的工艺图)有条件时要互相对照审核,以免因各专业图之间不符而在安装设备时造成困难。

10)定位测量要先做好内业计算,确定施测方案,并画出简图,以免到现场临时计算数据而出现错误或发生原始点位使用错误。

11)对大型、复杂和特殊工程的定位测量,施测前要结合场地环境,经研究制定出周密的施测方案,并征得技术人员同意。若施测过程发生难点,应经研究后再做处理。定位测量、方格网、轴线控制网及其他主要部位,放线工测量完毕,要经有关人员检查,核对无误后,才能进行下道工序施工。应随时整理测量成果,绘制施测记录(简图或表格),经有关人员签字后存档保管。

12)所提供的各种标志,如中线、轴线、边线,标高应区别分明,统一、规范,以免在使用过程中用错。对一处多点(桩)、现场杂乱的地方,点(桩)位更应区别分明,同时要用文字加以注明。

13)联动生产线和大型工艺流程的厂房,有时是多个单位工程,要建立统一的控制网,保证整个系统工程的整体性。

14)抓关键环节,如基础轴线、主要承重结构等要害部位。关键部位出现问题,会影响全局。

15)测量成果(如控制桩,龙门板等)要加强保护,防止碰撞、损坏。

16)原始点位施测前要进行检查,如有变动应进行复查。原始数据(坐标、高程)要记清楚,防止将错误的数据引入测量过程中。

17)在各项尺寸、数字计算过程中应坚持笔算,不能用心算。计算底稿应保留,以备事后复查。各种记录要如实反映测量过程的实际情况,字迹要清楚,对模糊不清的数字要进行核对或重算,不要凭主观臆断,以保证记录的真实性和可靠性。

18)做建(构)筑物的沉降观测必须仔细、精确。建(构)筑物每次观测的沉降量很小,稍许粗心便测不出准确的数据或造成半途而废。

19)仪器要定期检验。对仪器及其他测量工具存在的误差应心中有数,以便在使用过程中加以改正。测量工具要加强维修和保养。

20)若发现测量问题,应清楚问题所在。是平面位移,平面旋转,还是平移加旋转;是点位间距离不符,还是标高不对。如果错误尚未造成后果,可由放线工查找原因,及时纠正过来。如果已造成后果,应由技术人员进行处理。查找事故原因时,先要了解事故的性质,再有针对性地逐步进行检查。

十二、测量仪器的使用

1. 仪器开箱

开箱取仪器时,要记住仪器在箱内的摆放位置及方向,以便装箱时按原位置摆进去。从箱中提仪器时,应双手抓握支架或一手抓支架一手托基座,不要提望远镜。仪器用完后要去掉灰尘再入箱,如果仪器上落有雨点或汗水,要用软布擦净,镜头上的灰尘要用擦镜头纸或细软手帕轻擦,禁止用手或粗脏布擦拭。装箱前要把各制动螺旋放松,若箱盖关不严,要检查仪器各部分摆放是否正确,不要强压,以免损坏仪器。

2. 仪器使用

1)仪器放在三脚架上要及时旋紧连接螺旋。操作过程中动作要轻,制动螺旋不要拧得过紧,拧紧制动螺旋后不要硬扭硬转。

2)交通频繁和多工种穿插作业场地要注意行人及车辆,防止碰损仪器。搬站时,应将制动螺旋放松,要将经纬仪望远镜直立并使物镜朝下,三脚架要合拢,直立抱持,或把架腿夹在肋下手托仪器行走。

3)强阳光下或阴雨天作业时,要撑伞保护,不要让仪器受曝晒或受潮。

3. 仪器存放及运输

1)仪器应放在干燥、凉爽、通风良好的地方,防止受潮、受热,不要靠近火炉或暖气,箱内要放置一定数量的干燥剂。

2)若长时间不使用,要定期拿出通风并活动各部分调节装置。

3)仪器在搬运过程中应防止碰撞振动。仪器箱要随时上锁,背带要经常检查,长途运输时要采取防振措施。

4. 钢尺的使用和保养

1)钢尺在使用过程中要保持尺身舒展平直。不要有卷曲打折现象,避免在泥水中拖拉,更要防止人踩车压。

2)如有电焊机作业时,应特别注意不要让钢尺与带电物体接触,以免发生危险。

3)钢尺用完后,应用布蘸汽油将尺面擦拭干净,防止污、潮生锈。

4)如果尺面潮湿,应将尺放开,放在通风处晾干,然后再收卷尺架。经检定过的钢尺更应妥善保管收藏。

5. 水准尺、标杆的保养

1)水准尺和标杆一般为木制,使用及存放时应注意防水防潮。要防止尺面刻划及漆皮被撞脱落。

2)塔尺抽出上节用完后,要及时退回,以保持卡簧严密完好,存放时不要靠近火炉和暖气,以防开裂、变形。

第二节　建设行业测量放线技能考试简介

一、测量放线工技能考试报名条件

具备下列条件之一的,可申请报考初级工:

1. 初级工

1)在同一职业(工种)连续工作二年以上或累计工作四年以上的。

2)经过初级工培训结业。

2. 中级工

具备下列条件之一的,可申请报考中级工。

1)取得所申报职业(工种)的初级工等级证书满三年。

2)取得所申报职业(工种)的初级工等级证书并经过中级工培训结业。

3)高等院校、中等专业学校毕业并从事与所学专业相应的职业(工种)工作。

3. 高级工

具备下列条件之一的,可申请报考高级工:

1)取得所申报职业(工种)的中级工等级证书满四年。

2)取得所申报职业(工种)的中级工等级证书并经过高级工培训结业。

3)高等院校毕业并取得所申报职业(工种)的中级工等级证书。

二、测量放线工知识基本要求

1)职业道德基本知识、职业守则要求、法律与法规相关知识。

2)基础理论知识。工程识图的基本知识、工程构造的基本知识。

3）专业基础知识。工程测量的基本知识、测量误差的基本理论知识。

4）专业知识。精密水准仪、经纬仪、全站仪（光电测距仪）、平板仪的基本性能、构造及使用，控制及施工测量，建筑物变形观测，地形图测绘。

5）专业相关知识。施工测量的法规和管理工作、高新科技在施工测量中的应用。

6）质量管理知识。企业质量方针、岗位质量要求、岗位的质量保证措施与责任。

7）安全文明生产与环境保护知识：现场文明生产要求、安全操作与劳动保护知识。

三、测量放线初级工考试大纲要求

测量放线初级工考试大纲要求见表 1-1。

表 1-1　测量放线初级工考试大纲

知识类别		内　　　容
基本知识	制图的基本知识	建筑制图的基本知识
		投影概念
	建筑工程施工图知识	建筑工程施工图的作用和基本知识
		看懂部分施工图
		能校核小型、简单建筑物平、立、剖面图的关系及尺寸
	房屋构造的基本知识	民用建筑的分类、构造组成
		民用建筑中常用的技术名词
		工业建筑构造简介
		一般建筑工程施工程序及对测量放线的基本要求与有关工种的工作关系
专业知识	建筑施工测量	建筑施工测量的基本内容、程序及作用
		测量工作的基本原则
		常用数学、物理名词的概念
		常用技术名词的含义
	测量仪器知识	普通水准仪的基本性能、用途及保养知识
		水准标尺与尺垫的作用
		普通经纬仪的基本性能、用途及保养知识
	水准测量和设计标高的测量	水准测量的原理，操作程序
		短距离水准引测的操作程序
		设计标高的测设与抄水平线、设水平桩
		方格网法平整场地的施测程序
	角度的测量测设与钢尺量距	角度测量概念及操作程序
		水平角测设的操作程序
		角度测量和测设中的注意事项
		钢尺量距常用的工具及使用知识
		钢尺量距的一般方法及较精确方法
		钢尺测设水平距离的注意事项
	建筑物的定位放线	施测前的准备工作
		建筑物定位方法
		建筑物放线
		基础工程施工测量
		墙体工程施工测量

续表 1-1

知识类别		内　　　容
相关知识	技能要求	本职业安全技术操作规程、施工验收规范和质量评定标准
	操作技能	测杆、标杆、水准尺、尺垫、各种卷尺及弹簧秤的使用及保养 常用测量手势、信号和旗语,配合测量默契 用钢尺测量、测设水平距离及测设 90°平面角 安置水准仪(定平圆水准)、一次精密定平,抄水平线,设水平桩和皮数杆,简单方法平整场地的施测和短距离水准点的引测,扶水准尺的要点和转点的选择 安置经纬仪(对中、定平),标测直线,延长直线和竖向投测 妥善保管,安全搬运测量仪器及测具 打桩定点,埋设施工用半永久性测量标志,做桩位的点标记、设置龙门板、线坠吊线、撒灰线和弹墨线 进行小型、简单建筑的定位、放线
工具、设备的使用与维护	工具的使用与维护	合理使用常用工具和专用工具,并做好维护保养工作
	仪器的使用与维护	正确选用操作测量仪器,做好维护保养工作
安全及其他	安全文明生产	严格执行本职业安全技术操作规程

四、测量放线中级工考试大纲要求

测量放线中级工考试大纲要求见表 1-2。

表 1-2　测量放线中级工考试大纲要求

知识类别		内　　　容
知识要求	制图基本知识	建筑制图的基本知识 投影与正投影的概念及基本性质
基本知识	建筑识图	建筑施工图的基本知识及阅读方法和步骤 阅读总平面图的方法和步骤。熟悉与测量放线有关图纸的阅读,了解房屋的组成部分及施工程序
专业知识	大比例尺地形图的识读与使用	掌握大比例尺地形图的识读方法与使用方法,能应用大比例尺地形图进行有关计算
	普通水准仪的操作与检校方法	熟悉普通水准仪的构造、轴线关系、操作方法 了解普通水准仪的检验与校正的方法和步骤
	普通经纬仪的操作方法与检校方法	普通经纬仪的构造、轴线关系观测程序 水平角、竖直角观测原理与方法及有关计算与记录普通经纬仪的检验原理、方法及校正的方法和步骤
	水准点的行测与平整场地的施测和土方计算	水准点的行测方法与要求 场地平整的测量方法及土方计算方法
	普通水准仪进行沉降观测	水准点及观测点的布设要求 观测的方法与要点及观测周期 根据原始数据进行观测成果整理

续表 1-2

知识类别		内　　容
专业知识	测量内业计算的数学知识及函数型计算器的使用	测量内业计算的数学知识及内业计算要点 函数型计算器的使用方法
	电磁波测距和激光在建筑施工测量中的应用	红外测距仪、激光经纬仪的性能与使用方法
	垂准仪及其在施工测量中的应用	垂准仪的性能、特点、使用方法
	钢尺丈量与测设水平距离的精确方法	钢尺丈量与测设的精确方法及各项改正方法 钢尺丈量的误差来源,钢尺的检定及丈量成果整理
	经纬仪在两点向投测方向点	直角坐标法,极坐标法,方向线交会法等测设点位的方法
	建筑场地的坐标换算与定位计算	运用公式进行建筑坐标系和测量坐标系、直角坐标和极坐标的换算 角角交会法和距离交会法的定位计算
	建筑场地的施工控制测量	掌握建筑物基线的布设及方格网的布设 施工场地的高程控制网的布设
	误差理论知识	测量误差的来源,分类及性质。施工测量的各种报差;施测中对量距、水准、测角的精度要求以及产生误差的主要原因和消减方法
相关知识	班组管理知识	班组管理的特点、内容、施工计划管理 班组质量、安全、料具、劳动的管理
	施工放线方案编制知识	一般工程施工放线方案编制知识
操作技能	普通测量仪器的使用	普通水准仪和经纬仪的操作、检校要熟练掌握
	水准点的引测、平整场地施测及土方计算	根据施工需要引测水准点、抄平 场地平整测量及土方计算
	经纬仪在两点间的投测方向	用经纬仪进行两点间的方向投测 用直角坐标法、极坐标法和交会法测量或测设点位
	用普通水准仪进行沉降观测	水准点和观测点的布设 观测方法及观测成果整理
	建筑场地上的施工测量及地下拆迁物的测定	根据场地地形图或控制点进行场地布置和地下拆迁物的测定
	建筑红线桩坐标换算与核测	根据红线桩的坐标校核其边卡、夹角是否对应,并实地进行检测
	根据红线桩或测量控制点测设场地控制网或主轴线	掌握由已知控制点测设控制网或主轴线的方法
	建筑物的定位放线	按平面控制网进行定位放线 按地物相对关系进行定位 熟练掌握从基础到各施工层的弹线方法
	皮数杆的绘制和使用	能绘制皮数杆 使用方法及要点

续表 1-2

知识类别		内　　容
操作技能	构件吊装测量	工业建筑与民用建筑预制构件的吊装测设 建筑物的竖向控制及标高传递方法
	施工现场线路测设	场地内道路与地下,架空管线的定线方法 纵断面测量及绘制纵断面图 坡度测设方法
	圆曲线的计算与测设	曲线主点测设及各要素的计算 圆曲线的详细测设
	建筑物地控制网的布设	布设施工控制网的方法 测绘各种施工平面图 制定施工放线方案及组织的测设
工具、设备的使用及维护	工具的使用与维护	合理使用常用工具和专用工具,并做好维护与保养工作
	仪器的使用与维护	了解仪器构造,正确选用操作测量仪器,做好维护与保养工作
安全及其他	安全文明生产	正确执行安全技术操作规程

五、测量放线高级工考试大纲要求

测量放线高级工考试大纲要求见表 1-3 及表 1-4。

表 1-3　测量放线高级工理论考试大纲要求

知识类别		内　　容	比例	备注
基础知识	工程识图	地形图的应用 施工图的内容及识读	8%	
	工程构造	建筑构造的基本知识 市政工程的基本知识	7%	
	工程测量的基本知识	工程测量的基本知识 地面点位的确定	10%	
	测量误差的基本理论知识	误差传播定律 误差理论的应用	10%	
专业知识	测量仪器的构造、使用及检校保养	测量仪器的构造及检校 测量仪器的使用及保养	10%	
	测设工作的基本方法及施工测量前的准备工作	点位、曲线、建筑物测设 图纸校核、点位校核	10%	
	施工测量	控制测量 施工测量	15%	
	变形观测	沉降观测 倾斜观测	10%	
	地形图测绘	导线测量 地形图测绘	10%	

续表 1-3

知识类别		内　　容	比例	备注
相关知识	高新技术在施工测量中的应用	全站仪使用 GPS在工程中的应用	5%	
	施工测量的法规和管理工作、安全操作及劳动保护	施工测量法规、技术标准 施工管理和安全操作	5%	

表 1-4　实操部分内容

知识类别		内　　容	占比	备注
工程定位与检测	仪器检校	各种测量仪器的检验 仪器校正	5%	
	点位测定	交会法定位、导线测量 点位计算	10%	
	点位校核	施工图校核 水准点、红线桩等校核	10%	
施工控制、四等水准测量	水平控制网测设	施工控制网测设的数据计算 施工控制网测设	13%	
	四等水准测量	四等水准测量的实施 水准测量计算	12%	
	变形观测	沉降观测 倾斜观测	10%	
放线方案制定与实施	曲线测设	各种曲线放线数据计算 曲线测设	15%	
	放线方案编制	放线方案编制 放线数据准备	15%	
	高程传递与轴线投测	高程传递 轴线投测	10%	

第三节　地面点位置表示

一、地球形状及大小

测量要在地球表面进行,地球表面是不平的,也是不规则的,例如,我国西藏的珠穆朗玛峰高 8844.43m,太平洋西部的马里亚纳海沟深达 11022m,此两者高度差近 2 万 m。虽然地球表面深浅不一,但相对于半径为 6371km 的地球来说还是很小的。就整个地球而言,71% 是被海洋所覆盖,因此,人们把地球总的形状看成是被海水包围的球体。如果把球面设想成一个静止的海水面向陆地延伸而形成的封闭的曲面。那么这个处于静止状态的海水面我们就称为水准面,它所包围的形体称为大地体。

通常,人们取地球平均的海水面作为地球形状和大小的标准,把平均海水面称为大地水准面,如图 1-1 所示,测量工作是在大地水准面上进行的。

静止的水准面受重力作用处处与铅垂线正交,由于铅垂面也是不规则的,因此,大地水准面也是一个不规则的曲面。测量工作通常要用悬挂锤球的方法确定铅垂线的方向,垂线的方向也就是测量工作的基准线。

由于大地水准面是个不规则的曲面,在其面上是不便于建立坐标系和进行计算的,所以我们要寻求一个规则的曲面来代替大地水准面。测量实践证明,大地体与一个以椭圆的短轴为旋转轴的旋转椭球的形状十分相似,而旋转椭球是可以用公式来表达的。这个旋转椭球可作为地球的参考形状和大小,称为参考椭球体,如图 1-2 所示。

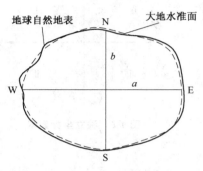
图 1-1　地球形状示意图

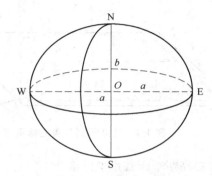
图 1-2　地球椭球体

决定地球椭球体形状和大小的参数是椭圆的长半轴 a、短半轴 b 及扁率 α,关系式为:

$$\alpha = \frac{a-b}{a}$$

由于地球椭球体的扁率 α 很小,当测量区域不大时,可将地球看作圆球,即半径取作 6371km。

二、测量坐标系

1. 大地坐标系

在测量工作中,点在椭球面上的位置用大地经度和大地纬度来表示。经度即为通过某点的子午面与起始子午面的夹角,纬度即是指经过某点法线与赤道面的夹角。这种以大地经度和大地纬度表示某点位置的坐标系称为大地坐标系,也是全球统一的坐标系。

图 1-3 中,P 点子午面与起始子午面的夹角 L 就是 P 点的经度,过 P 点的铅垂线与赤道面的夹角 B 就是 P 点的纬度。

地面上任何一点都对应着一对大地坐标,比如北京的地理坐标可表示为东经 $116°28'$、北纬 $39°54'$。

2. 平面直角坐标系

(1)独立平面直角坐标

在小区域内进行测量时,常采用独立平面坐标来测定地面点位置。

如图 1-4 所示,独立平面直角坐标系规定南北

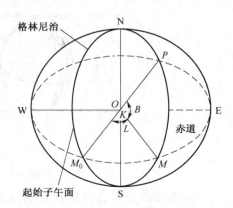
图 1-3　大地坐标系

方向为坐标纵轴 x 轴(向北为正),东西方向为坐标横轴 y 轴(向东为正),坐标原点一般选在测区西南角以外,以使测区内各点坐标均为正值。其与数学上的平面直角坐标系不同,为了定向方便,测量上,平面直角坐标系的象限是按顺时针方向编号的,将其 x 轴与 y 轴互换(图1-5),目的是将数学中的公式直接用到测量计算中。

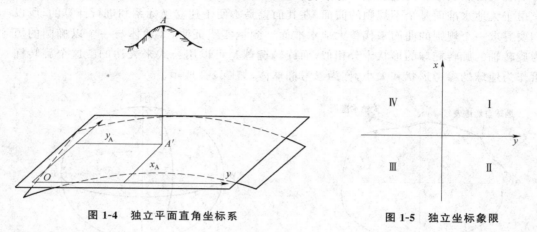

图1-4　独立平面直角坐标系　　　　　　图1-5　独立坐标象限

(2)高斯平面直角坐标系

当测区范围比较大时,不能把球面的投影面看成平面,测量上通常采用高斯投影法来解决这个问题。利用高斯投影法建立的平面直角坐标系,称为高斯平面直角坐标系,大区域测量点的平面位置,常用此法。

1)高斯平面直角坐标的形成如图1-6所示,假想一个椭圆柱横套在地球椭球体上,使其与某一条经线相切,用解析法将椭球面上的经纬线投影到椭圆柱面上,然后,将椭圆柱展开成平面,即获得投影后的图1-6a的图形。

中央子午线投影到椭圆柱上是一条直线,把这条直线作为平面直角坐标系的纵坐标轴,即 x 轴,表示南北方向。赤道投影后是与中央子午线正交的一条直线,作为横轴,即 y 轴,表示东西方向。这两条相交的直线相当于平面直角坐标系的坐标轴,构成高斯平面直角坐标系,如图1-6b所示。

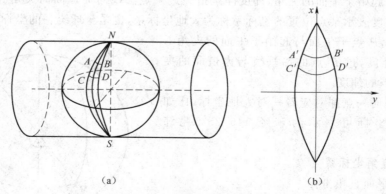

(a)　　　　　　　　　　　(b)

图1-6　高斯平面直角坐标系

2)高斯投影分带。高斯投影将地球分成很多带,为了限制变形,将每一带投影到平面上。

带的宽度一般分为 6°、3°和 1.5°等几种,简称 6°带、3°带、1.5°带,如图 1-7 所示。6°带投影是从零度子午线起,由西向东,每 6°为一带,全球共分 60 带,分别用阿拉伯数字 1、2、3、…、60 编号表示。位于各带中央的子午线称为该带的中央子午线。每带的中央子午线的经度与带号有如下关系:

$$L = 6N - 3$$

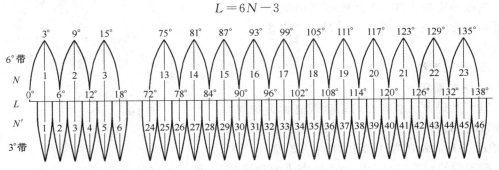

图 1-7　高斯投影分带

由于高斯投影的最大变形在赤道上,且随经度的增大而增大。6°带的投影只能满足 1:25000 比例尺地图,如果要得到大比例尺地图,则要限制投影带的经度范围。3°带投影是从 1°30′子午线起,由西向东,每 3°为一带,全球共分 120 带,分别用阿拉伯数字 1、2、3、…、120 编号表示。3°带的中央子午线的经度与带号有如下关系:

$$L = 3N'$$

反过来,根据某点的经度也可以计算其所在的 6°带和 3°带的带号,公式为:

$$N = [L/6] + 1$$

$$N' = [L/3 + 0.5]$$

式中,N、N' 表示 6°带、3°带的带号;[ ]表示取整。

【示例】　已知××地经度为东经 116°26′,试计算此地的 6°和 3°带的带号以及中央子午线的经度。

解:此地的 6°带的带号及中央子午线的经度分别为:

$$N = [116°26'/6] + 1 = 20$$

$$L = 6 \times 20 - 3 = 117°$$

此地的 3°带的带号及中央子午线的经度分别为:

$$N' = [116°26'/3] + 0.5 = 39$$

$$L = 3 \times 39 = 117°$$

我国位于北半球,为避免坐标值出现负值,我国规定把纵坐标轴向西平移 500km,这样全部坐标值均为正值。此时中央子午线的 Y 值不是 0 而是 500km。

3. 地心坐标系

地心坐标系是指利用空中卫星位置来确定地面点位置的表示方法,如图 1-8 所示。

1)地心空间直角坐标系。如图 1-8 所示,坐标系原点 O 与地球质心重合,Z 轴指向地球北极,X 轴指向格林尼治子午面与地球赤道的交点,Y 轴垂直于 XOZ 平面构成右手坐标系。

2)地心大地坐标系。如图 1-8 所示,椭球体中心与地球质心重合,椭球短轴与地球自转

轴重合,大地经度 L 为过地面点的椭球子午面
与格林尼治子午面的夹角,大地纬度 B 为过地
面点与椭球赤道面的夹角,大地高 H 为地面点
的法线到椭球面的距离。

在地心坐标系中,任意地面点的地心坐标
即可表示为 (x,y,z) 或 (L,B,H),二者之间可
以换算。

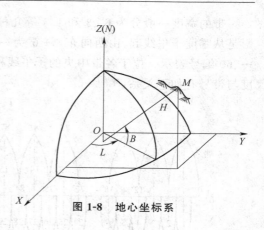

图 1-8　地心坐标系

三、高程系统

1. 绝对高程

地面点到大地水准面的铅垂距离称为绝对
高程,简称高程,或叫海拔。用 H 表示,图 1-9
中的 H_A、H_B 分别为 A 点和 B 点的高程。

我国的绝对高程是由黄海平均海水面起算的,该面上各点的高程为零。水准原点是指
高程系统起算点,我国的水准原点建立在青岛市观象山山洞里。根据青岛验潮站连续 7 年
的水位观测资料(1950~1956 年),确定了我国大地水准面的位置,并由此推算大地水准原
点高程为 72.289m,以此为基准建立的高程系统称为"1956 黄海高程系"。后来根据验潮站
1952~1979 年的水位观测资料,重新确定了黄海平均海水面的位置,由此推算出大地水准
原点的高程为 72.260m。此高程基准称为 1985 年国家高程基准。

2. 相对高程

水准点是指在全国范围内利用水准测量的方法布设的一些高程控制点。在一些远离已
知高程的国家控制点地域,可以假定一个水准面作为高程起算基准面,地面点到假定水准面
的铅垂距离称为相对高程,图 1-9 中的 A、B 两点的相对高程为"H'_A、H'_B"。

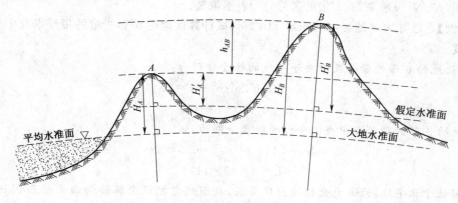

图 1-9　地面点高程

3. 地面点间的高差

地面两点之间的高程或相对高程之差,称为高差,用 h 来表示。图 AB 两点间的高差
通常可表示为 h_{AB},即:

$$h_{AB}=H_B-H_A=H'_B-H'_A$$

由此可以看出,地面两点之间的高差与高程的起算面无关,仅取决于两点的位置。

四、确定地面点位的基本要素

在小范围测区内,可以把大地水准面看作平面,地面点的空间位置是以地面点在投影平面上的坐标 x、y 和高程 H 决定的。如图 1-10 所示,在实际测量中,x、y 和 H 的值并非直接测定,而是通过测量水平角 β_a、β_b… 和水平距离 D_1、D_2…,再以 A 点的坐标和 AB 边的方位角为起算数据,推算出 B、C、D、E 各点的坐标;通过测量点间的高差 h_{AB}…,以 A 点的高程为起算数据,推算出 B、C、D、E 各点的高程。由此可见,水平距离、水平角、高差是确定地面点位的三个基本要素。距离测量、角度测量和高差测量是测量的三项基本工作。

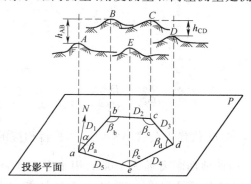

图 1-10　确定地面点位的基本要素

第四节　用水平面代替水准面对测量结果的影响

一、对测量距离的影响

如图 1-11,有地面上两点 A、B,其在大地水平面上的投影为 a、b,如果用过 a 点的水平面代替大地水准面,那么 a、b 点在大地水准面上的投影为 a、b',地面 A、B 两点在水平面与大地水准面的距离分别为 D'、D。

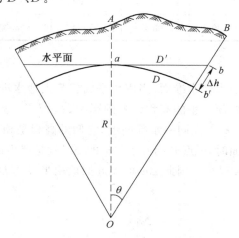

图 1-11　水平面代替大地水准面图示

图 1-11 中,用 ΔS 表示 D' 代替 D 所产生的误差,那么:

$$\Delta S = D' - D$$

由 $D = R\theta$，且在 $\triangle aOb$ 中，$D' = R\tan\theta$，所以：

$$\Delta S = D' - D = R\tan\theta - R\theta = R(\tan\theta - \theta)$$

将 $\tan\theta$ 按级数展开即为：

$$\tan\theta = \theta + \frac{1}{3}\theta^3 + \frac{2}{15}\theta^5 + \cdots$$

因为面积不大，所以 D' 不会太长，且 θ 角很小，故略去 $\theta 5$ 次方以上各项，并代入上式得：

$$\Delta S = \frac{1}{3}R\theta^3$$

将 $\theta = \frac{D}{R}$ 代入上式即得：

$$\Delta S = \frac{D^3}{3R^2}$$

以 $R = 6371\text{km}$ 和不同的 D 值代入公式 $\Delta S = \frac{D^3}{3R^2}$，算得相应的 ΔS 及 $\Delta S / S$ 值。

从表 1-5 中可以看出，即使地面距离远为 10km，用水平面代替大地水准面所产生的距离误差也仅仅为 8.2mm，相对误差仅为 1/1220000。在实际测量距离时，大地测量中使用的精密电磁波测距仪的测距精度为 1/1000000（相对误差），地形测量中普通钢尺的量距精度约为 1/2000。因此，只有在大范围内进行精密测距时，才考虑地球曲率对距离测量的影响。而在一般地形测量中，可不必考虑这种误差的影响。

表 1-5　地球曲率对水平距离和高程的影响

距离 （m）	距离误差 （mm）	距离相对 误差	高程误差 （mm）	距离 （m）	距离误差 （mm）	距离相对 误差	高程误差 （mm）
100	0.00008	1/1250000 万	0.8	10000	8.2	1/122 万	7850.0
1000	0.008	1/12500 万	78.5	25000	123.3	1/19.5 万	49050.0

二、对高程的影响

测量高程时的起算面是大地水准面，当用水平面代替大地水准面进行高程测量时，测得的高程一定存在因地球弯曲而产生的高程误差的影响。

如图 1-11 所示，a 点和 b' 点在同一水准面上，它们的高程是相等的。

当以水平面代替水准面时，b' 点升到 b 点，bb' 即 Δh 就是产生的高程误差。由于地球半径很大，距离 D 和 θ 角一般很小。因此 Δh 可以近似地用半径为 D，圆心角为 $\theta/2$ 所对应的弧长来表示。即：

$$\Delta h = \frac{\theta}{2}D$$

由于 $\theta = \frac{D}{R}$，代入上式可得：

$$\Delta h = \frac{D^2}{2R}$$

由表 1-5 可以看出,如果用水平面代替水准面来测算高程,其影响还是非常大的,例如,当距离仅为 1km 时,高程误差就为 78.5mm,这么大的误差,在高程测量中是绝对不允许的。

所以,进行高程测量,即使距离很短,也应用水准面作为测量的基准面,即应顾及地球曲率对高程的影响。在实际测量水平角的过程中,用水平面代替水准面测算产生的误差非常小,常忽略不计,这里也不再做介绍。

第五节　测量误差

一、产生测量误差的原因

1. 测量仪器引起的误差

仪器设备本身的精密度,观测结果必然受到其影响,还有仪器设备在使用前虽经过了校正,但残余误差仍然存在,测量结果中就不可避免地包含了这种误差。

2. 观测者原因引起的误差

观测者是通过自己的感觉器官进行观测的,由于感觉器官鉴别能力的局限性,在进行仪器安置、瞄准、读数等工作时,都会产生一定的误差。另外,观测者的技术水平、工作态度等也会对观测结果产生不同的影响。

3. 由外界条件引起的误差

各种观测都是在一定的自然环境下进行的,外界条件如阳光、温度、风力、气压、湿度等都是随时变化的,这些因素都会给测量结果带来一定的误差。人、仪器和外界条件是引起测量误差的主要因素,通常称为观测条件。

二、测量误差的种类

1. 系统误差

(1)误差概念

系统误差是指在相同观测条件下,对某量进行一系列观测,出现的符号及大小均相同或按一定的规律变化的误差。例如:水准仪的视准轴与水准管轴不平行而引起的读数误差,与视线的长度成正比且符号不变;经纬仪因视准轴与横轴不垂直而引起的方向误差,随视线竖直角的大小而变化且符号不变;距离测量尺长不准产生的误差随尺段数成正比例增加且符号不变。这些误差都属于系统误差。

(2)误差产生的主要原因

系统误差产生的原因主要是仪器制造或校正不完善、观测人员操作习惯和测量时外界条件等引起的。如量距中用名义长度为 30m 而经检定后实际长度为 30.001m 的钢尺,每量一尺段就有 0.001m 的误差,丈量误差与距离成正比。

系统误差具有累积性。又如某些观测者在照准目标时,总习惯于把望远镜十字丝对准于目标的某一侧,也会使观测结果带有系统误差。

(3)消除或减弱误差方法

1)选择适当的观测方法。如果选择好合适的观测方法,可使系统误差相互抵消或减弱,例如,测量水平角时可采用盘左、盘右观测消除视准误差;测竖直角时采用盘左、盘右观测消除指标差,采用前后视距相等来消除由于水准仪的视准轴不平行于水准管轴带来的角误差。

2)进行计算改正。如在钢尺量距时,对测量结果加上尺长改正数和温度的改正数,即可消除尺长误差和温度变化的影响。

2. 偶然误差

(1)误差概念

偶然误差是指在相同观测条件下对某量进行一系列观测,符号和大小都具有不确定性;但就大量观测误差总体来看,又服从于一定的统计规律性的误差,也叫随机误差。例如:在水平角测量中照准目标时,可能稍偏左也可能稍偏右,偏差的大小也不一样;在水准测量或钢尺量距中估读毫米数时,可能偏大也可能偏小,其大小也不一样,这些都属于偶然误差。

(2)产生原因

产生偶然误差的原因很多,主要是由于仪器或人的感觉器官能力的限制,以及环境中不能控制的因素,如观测者的估读误差、照准误差等,如不断变化着的温度、风力等外界环境的影响。

(3)消除或减弱误差的方法

对于偶然误差,通常采用增加观测次数的方法来减少误差,从而提高观测成果的质量。

(4)偶然误差的特性

现用一实例说明偶然误差的特性。

对98个三角形的全部内角在相同条件下独立地进行观测,由于观测结果数值中有误差,因此,三角形内角之和不等于180°。

将98个真误差进行统计分析:取1″为区间,将98个真误差按其大小和正负号排列,并以表格的形式统计出其在各区间的分布情况,见表1-6。

表 1-6　偶然误差的区间分布

误差区间 dΔ	正误差(+Δ)		负误差(-Δ)		总　数	
	个数 n	频率 $\left(\dfrac{n}{98}\right)$	个数 n	频率 $\left(\dfrac{n}{98}\right)$	个数 n	频率 $\left(\dfrac{n}{98}\right)$
0″~1″	21	0.214	20	0.204	41	0.418
1″~2″	14	0.143	15	0.153	29	0.296
2″~3″	10	0.102	9	0.092	19	0.194
3″~4″	4	0.041	4	0.041	8	0.082
4″~5″	0	0	1	0.010	1	0.010
5″以上	0	0	0	0	0	0
Σ	49	0.500	49	0.500	98	1.000

从表1-6中可以看出,该组误差的分布表现出如下规律。

1)在一定观测条件下,偶然误差的绝对值不超过一定的限度。

2)绝对值小的误差比绝对值大的误差出现的机会多。

3)绝对值相等的正、负误差出现的概率大致相同。

4)随着观测次数无限增多,偶然误差的算术平均值趋近于零,即:

$$\lim_{n \to \infty} \frac{[\Delta]}{n} = 0$$

其中：
$$[\Delta]=\Delta_1+\Delta_2+\Delta_3+\cdots+\Delta_n$$

式中，n 为观测次数。

测量误差除了系统误差和偶然误差外，在观测结果中，有时还会出现读错、记错和测错等现象，统称为粗差。粗差在观测结果中是不允许出现的，为了杜绝粗差，除认真仔细作业外，还必须采取必要的检核措施。例如，对距离进行往、返测量，对角度进行重复观测等。

观测条件相同的各次观测，称为等精度观测；观测条件不相同的各次观测，称为非等精度观测。观测成果的精度与观测条件有着密切的关系，观测条件好时，观测成果精度就高，观测条件差时，观测成果精度就低。

三、衡量精度的标准

1. 中误差

在相同观测条件下，对某量进行 n 次观测，观测值为 L_1、L_2、$\cdots$、L_n，相应的真误差为 Δ_1、Δ_2、$\cdots$、Δ_n，各个真误差平方和平方根，即为中误差，通常用 m 表示，即：

$$m=\pm\sqrt{\frac{\Delta_1^2+\Delta_2^2+\cdots+\Delta_n^2}{n}}=\pm\sqrt{\frac{[\Delta\Delta]}{n}}$$

从中误差值计算公式可以看出，m 值越大，观测精度越低，m 值越小，则观测精度越高。

【示例】 设对某三角形内角之和观测了 5 次，三角形内角和的观测值与其真值 180°相比较，真误差分别为 $+4''$、$-2''$、$0''$、$-4''$ 及 $+3''$，试计算此观测值的中误差。

解：此观测值的中误差为：

$$m=\pm\sqrt{\frac{[\Delta\Delta]}{n}}=\pm\sqrt{\frac{(+4)^2+(-2)^2+0^2+(-4)^2+(-3)^2}{5}}=\pm3''$$

2. 相对中误差

当观测误差与观测值的大小有关系时，只用中误差不能准确地反映观测精度的高低，中误差只是一种绝对误差。

如果用钢尺丈量 100m 与 500m 两段距离，两段距离的中误差均为 ±0.01m，两者的中误差相同，若用中误差来衡量精度，两段距离丈量的精度是相等的。但就单位长度的观测精度而言，两者并不相同，显然前者的丈量精度要比后者低。所以，需要引入相对中误差这一精度指标来表达。

相对误差可以说是观测值中误差的绝对值与观测值之比，一般用下式来表示：

$$K=\frac{|\text{中误差}|}{\text{观测值}}=\frac{|m|}{L}=\frac{1}{\frac{L}{|m|}}$$

那么，测量 100m 与 500m 两段距离的相对中误差分别为：

$$K_1=\frac{1}{10000}$$

$$K_2=\frac{1}{50000}$$

可以看出，500m 长度测量的相对误差小于 100m 长度测量的相对误差。500m 段的丈量精度要高些。

3. 容许误差

容许误差是指在一定观测条件下，偶然误差的绝对值不会超过的一个限值。

在实际测量工作中,衡量观测值是否合格的标准是看观测误差绝对值大于允许误差还是小于容许误差。如果观测误差的绝对值大于容许误差,就认为观测值质量不合格,该观测结果就舍去。

根据误差理论和大量的实践证明,在等精度观测某量的一组误差中,大于 2 倍中误差的偶然误差出现的机会为 4.5%,大于 3 倍中误差的偶然误差出现的机会仅为 0.3%。所以,在观测次数有限的情况下,可以认为大于 2 倍或 3 倍中误差的偶然误差出现的可能性极小,所以,通常将 2 倍或 3 倍中误差作为偶然误差的容许值,即:

$$\Delta_{限}=2m \quad 或 \quad \Delta_{限}=3m$$

如果某个观测值的偶然误差超过了允许误差,就可以认为该观测值含有粗差,应舍去不用或返工重测。

四、算术平均值原理

取算术平均值是对含有误差的观测值的一种可靠处理,也是常见的一种处理方法。

如在等精度观测条件下对某量独立观测 n 次,观测结果为 L_1、L_2、$\cdots$、L_n 该量的算术平均值 x 为:

$$x=\frac{L_1+L_2+\cdots+L_n}{n}=\frac{[L]}{n}$$

如果该量的真值为 X,各观测值的真误差为 Δ_1、Δ_2、$\cdots$、Δ_n,那么:

$$\Delta_1=L_1-X$$
$$\Delta_2=L_2-X$$
$$\vdots$$
$$\Delta_n=L_n-X$$

将上列各式求和得:　　　　$[\Delta]=[L]-nX$

上式两端各除以 n 得:　　　$\dfrac{[\Delta]}{n}=\dfrac{[L]}{n}-X$

$\dfrac{[\Delta]}{n}$ 为 n 个观测值真误差的平均值。根据偶然误差的特性,当 $n \to \infty$ 时,$\dfrac{[\Delta]}{n} \to 0$,即:

$$\lim_{n \to \infty} \frac{[\Delta]}{n}=0$$

这时算术平均值 $\dfrac{[\Delta]}{n}$ 就是该量的真值 X,即 $X=\dfrac{[L]}{n}$。

在实际工作中,观测次数总是有限的,这样算术平均值并不等于真值,然而它与所有的观测值比较是接近真值的,因此,可认为算术平均值是未知量的最可靠值(又称最或是值)。

五、误差传播定律

1. 观测值和差函数的中误差的传播定律

设已知函数:

$$z=x \pm y$$

式中,x、y 为独立观测值,其中误差分别为 m_x、m_y,如果 x、y 各产生中误差 Δx、Δy,则其函数 z 也产生误差 Δz,即有:

$$z+\Delta z=(x+\Delta x) \pm (y+\Delta y)$$

综合上两式得:

$$\Delta z = \Delta x \pm \Delta y$$

如果对 x、y 同精度各观测了 n 次，那么：

$$\left.\begin{array}{l} \Delta z_1 = \Delta x_1 \pm \Delta y_1 \\ \Delta z_2 = \Delta x_2 \pm \Delta y_2 \\ \cdots \\ \Delta z_n = \Delta x_n \pm \Delta y_n \end{array}\right\}$$

将各式两边平方，然后相加得：

$$[\Delta z^2] = [\Delta x^2] + [\Delta y^2] \pm 2[\Delta x \Delta y]$$

将式 $[\Delta z^2] = [\Delta x^2] + [\Delta y^2] \pm 2[\Delta x \Delta y]$ 两边除以 n，得：

$$\frac{[\Delta z^2]}{n} = \frac{[\Delta x^2]}{n} + \frac{[\Delta y^2]}{n} \pm \frac{[\Delta x \Delta y]}{n}$$

此式中，Δx、Δy 均为相互独立的偶然误差；$[\Delta x \Delta y]$ 也具有偶然误差的特性，由偶然误差的特性可知，当 $n \to \infty$ 时，$\dfrac{[\Delta x \Delta y]}{n}$ 趋近于零。

其中，$\dfrac{[\Delta z^2]}{n} = m_z^2$，$\dfrac{[\Delta x^2]}{n} = m_x^2$，$\dfrac{[\Delta y^2]}{n} = m_y^2$

那么式 $\dfrac{[\Delta z^2]}{n} = \dfrac{[\Delta x^2]}{n} + \dfrac{[\Delta y^2]}{n} \pm 2\dfrac{[\Delta x \Delta y]}{n}$ 可写为：

$$m_z^2 = m_x^2 + m_y^2$$

或

$$m_z = \pm \sqrt{m_x^2 + m_y^2}$$

即为观测值和差函数中误差的计算公式。

【示例】　已知某水准测量中，如果水准尺上每次读数中误差为 $\pm 2.0\text{mm}$，那么每站高差中误差为多少？

解：
$$h = a + b$$
$$m_h = \pm \sqrt{m_a^2 + m_b^2} = \pm \sqrt{2.0^2 + 2.0^2} = \pm 2\sqrt{2}\,\text{mm} = \pm 2.83\text{mm}$$

2. 观测值倍数函数中误差的传播定律

设已知一函数式中，x 为独立观测值，其中误差为 m_x，k 为常数，如果 x 产生中误差 Δx，则其函数 z 也产生误差 Δx，即有：

$$z = kx$$
$$z + \Delta x = k(x + \Delta x)$$

综合上两式，得：

$$\Delta z = k \Delta x$$

如果对 x 同精度观测了 n 次，那么有：

$$\left.\begin{array}{l} \Delta z_1 = k \Delta x_1 \\ \Delta z_2 = k \Delta x_2 \\ \cdots \\ \Delta z_n = k \Delta x_n \end{array}\right\}$$

将各式两边平方，然后相加得：

$$[\Delta z^2] = k^2 [\Delta x^2]$$

将式 $[\Delta z^2]=k^2[\Delta x^2]$ 两边除以 n,得:

$$\frac{[\Delta z^2]}{n}=k^2\frac{[\Delta x^2]}{n}$$

上式中:

$$\frac{[\Delta z^2]}{n}=m_z^2 , \frac{[\Delta x^2]}{n}=m_x^2$$

那么观测值倍数函数中误差的计算公式可写为:

$$m_z^2=k^2m_x^2$$

或:

$$m_z=km_x$$

【示例】 已知在某地形图上量得一段距离为 60.50 cm,此地形图的比例尺为 $1:1000$,如果测量中误差为 ± 0.1 cm,试计算所测段距离的实际长度和中误差。

解:
$$D=kx=1000\times60.50=60500\text{cm}=605\text{m}$$
$$m_D=1000\times(\pm0.1)=\pm1.0\text{m}$$

那么此所测段的实际长度为:(605 ± 1.0) m

3. 观测值线性函数中误差的传播定律

设已知线性函数:

$$z=k_1x_1\pm k_2x_2\pm\cdots\pm k_nx_n$$

式中,x_1、x_2、$\cdots$、x_n 为独立观测值;其中误差分别为 m_{x1}、m_{x2}、$\cdots$、m_{xn};k_1、k_2、$\cdots$、k_n 为常数。如果观测值 x_1、x_2、$\cdots$、x_n 各产生真误差 Δx_1、Δx_2、$\cdots$、Δx_n,那么其函数 z 也产生真误差 Δz,即有:

$$z+\Delta z=k_1(x_1+\Delta x_1)\pm k_2(x_2+\Delta x_2)\pm\cdots\pm k_n(x_n+\Delta x_n)$$

综合上两式得:

$$\Delta z=k_1\Delta x_1\pm k_2\Delta x_2\pm\cdots\pm k_n\Delta n$$

如果对观测值 x_1、x_2、$\cdots$、x_n 进行了 n 次等精度观测,那么有:

$$\left.\begin{array}{l}\Delta z_1=k_1\Delta x_{11}\pm k_2\Delta x_{21}\pm\cdots\pm k_n\Delta x_{n1}\\\Delta z_2=k_1\Delta x_{12}\pm k_2\Delta x_{22}\pm\cdots\pm k_n\Delta x_{n2}\\\vdots\\\Delta z_n=k_1\Delta x_{1n}\pm k_2\Delta x_{2n}\pm\cdots\pm k_n\Delta x_{nn}\end{array}\right\}$$

各式两边平方,相加后再除以 n 得:

$$\frac{[\Delta z^2]}{n}=k_1^2\frac{[\Delta x_1^2]}{n}+k_2^2\frac{[\Delta x_2^2]}{n}+\cdots+k_n^2\frac{[\Delta x_n^2]}{n}+2k_1k_2\frac{[\Delta x_1\Delta x_2]}{n}+2k_2k_3\frac{[\Delta x_2\Delta x_3]}{n}+\cdots$$

根据偶然误差的特性,上式可写为:

$$\frac{[\Delta z^2]}{n}=k_1^2\frac{[\Delta x_1^2]}{n}+k_2^2\frac{[\Delta x_2^2]}{n}+\cdots+k_n^2\frac{[\Delta x_n^2]}{n}$$

根据中误差的定义,可得观测值线性函数中误差的计算公式为:

$$m_z^2=k_1^2m_{x_1}^2+k_2^2m_{x_2}^2+\cdots+k_n^2m_{x_n}^2$$
$$m_z=\pm\sqrt{k_1^2m_{x_1}^2+k_2^2m^2x_{x_2}+\cdots+k_n^2m_{x_n}^2}$$

4. 观测值非线性函数(一般函数)中误差的传播定律

设已知函数为:

$$z = f(x_1, x_2, \cdots, x_n)$$

式中，x_1、x_2、$\cdots$、x_n 为独立观测值，其中误差分别为 m_{x_1}、m_{x_2}、$\cdots$、m_{x_n}，若观测值 x_1、x_2、$\cdots$、x_n 产生的真误差为 Δx_1、Δx_2、$\cdots$、Δx_n，那么函数 z 也产生真误差 Δz。

现对函数取全微分，得：

$$\mathrm{d}z = \frac{\partial f}{\partial x_1}\mathrm{d}x_1 + \frac{\partial f}{\partial x_2}\mathrm{d}x_2 + \cdots + \frac{\partial f}{\partial x_n}\mathrm{d}x_n$$

此式可用下式代替，即：

$$\Delta z = \frac{\partial f}{\partial x_1}\Delta x_1 + \frac{\partial f}{\partial x_2}\Delta x_2 + \cdots + \frac{\partial f}{\partial x_n}\Delta x_n$$

式中，$\dfrac{\partial f}{\partial x}$ 为函数对自变量 x 的偏导数，当函数关系确定时，它们均为常数。

设

$$\frac{\partial f}{\partial x_1} = k_1, \frac{\partial f}{\partial x_2} = k_2, \cdots, \frac{\partial f}{\partial x_n} = k_n$$

因此，上式即为线性函数的真误差关系式，那么由观测值线性函数中误差公式可得：

$$m_z^2 = k_1^2 m_{x_1}^2 + k_2^2 m_{x_2}^2 + \cdots + k_n^2 m_{x_n}^2$$

观测值非线性函数（一般函数）的中误差计算公式为：

$$m_z = \pm\sqrt{\left(\frac{\partial f}{\partial x_1}\right)^2 m_{x_1}^2 + \left(\frac{\partial f}{\partial x_2}\right)^2 m_{x_2}^2 + \cdots + \left(\frac{\partial f}{\partial x_n}\right)^2 m_{x_n}^2}$$

5. 应用误差传播定律计算观测值函数中误差的步骤

1）依题意列出具体的函数关系式：$z = f(x_1, x_2, \cdots, x_n)$。

2）若函数为非线性的，对函数式求全微分，得出函数真误差与观测值真误差之间的关系式：

$$\Delta z = \frac{\partial f}{\partial x_1}\Delta x_1 + \frac{\partial f}{\partial x_2}\Delta x_2 + \cdots + \frac{\partial f}{\partial x_n}\Delta x_n$$

3）函数中误差与观测值中误差的关系式：

$$m_z = \pm\sqrt{\left(\frac{\partial f}{\partial x_1}\right)^2 m_{x_1}^2 + \left(\frac{\partial f}{\partial x_2}\right)^2 m_{x_2}^2 + \cdots + \left(\frac{\partial f}{\partial x_n}\right)^2 m_{x_n}^2}$$

实际测量工作中，有些量不能直接测得，常要通过一些间接计算而得的。例如，在水准测量中，一测站的高差是由前、后尺读数计算得到的，即 $h = a - b$。读数 a、b 是直接观测值，高差 h 是 a、b 的函数。显然，观测值 a、b 的测量误差必然会影响其函数 h 的精度。那么，观测值中误差与其函数中误差之间的定律我们称为误差传播定律。

第二章 距 离 测 量

第一节 钢 尺 量 距

一、钢尺量距用工具及设备

1. 钢尺

(1)钢尺的外形及规格

钢尺也称钢卷尺,是由薄钢制成的带状尺,可卷放在圆盘形的尺壳内或卷放在金属尺架上,如图 2-1 所示。尺的宽度约 10~15mm,厚度约 0.4mm,长度有 20m、30m、50m 等几种。

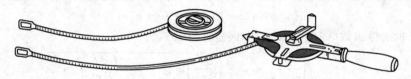

图 2-1 钢卷尺外形

根据零点位置的不同,可以将钢尺分为端点尺和刻划尺,如图 2-2 所示,其中,端点尺是以尺的最外端作为尺的零点,它方便于从墙根起的量距工作,刻划尺是以尺前端的一刻划尺作为尺的零点,其量距精度比较高。

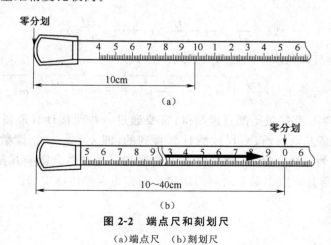

图 2-2 端点尺和刻划尺

(a)端点尺 (b)刻划尺

(2)钢尺的分划

钢尺的分划也有好几种,有的以厘米为基本分划,适用于一般量距;有的也以厘米为基本分划,但尺端第一分米内有毫米分划;也有的全部以毫米为基本分划。后两种适用于较精密的距离丈量。钢尺的分米和米的分划线上都有数字注记。

(3)钢尺的特点及应用

钢尺抗拉强度高、不易拉伸,简单又经济,且测距的精度可达到 1/4000~1/1000,精密测距的精度可达到 1/40000～1/10000,适合于平坦地区的距离测量。但钢尺性脆、易折断、易生锈,使用时注意避免扭折及受潮。

2. 标杆

标杆多用木料或铝合金制成,直径约 3cm,全长有 2m、2.5m 及 3m 等几种规格。杆上涂装成红、白相间的 20cm 色段,非常醒目,标杆下端装有尖头铁脚,如图 2-3 所示,便于插入地面,作为照准标志。

3. 测钎

测钎通常用钢筋制成,上部弯成小圆环,下部磨尖,直径 3～6mm,长度 30～40cm。钎上可用涂料涂成红白相间的色段。通常 6 根或 11 根系成一组,如图 2-4 所示。量距时,将测钎插入地面,用以标定尺端点的位置,还可作为近处目标的瞄准标志。

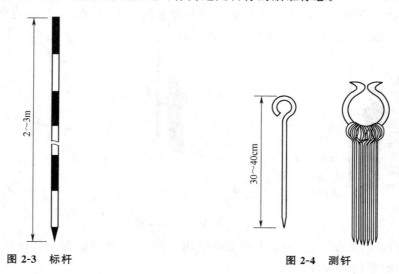

图 2-3 标杆   图 2-4 测钎

4. 钢尺量距用其他辅助工具

钢尺量距用辅助量距工具,还有锤球、弹簧秤、温度计等,如图 2-5 所示。

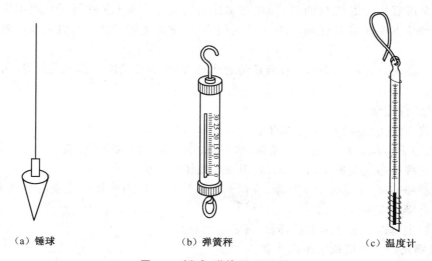

（a）锤球   （b）弹簧秤   （c）温度计

图 2-5 锤球、弹簧秤、温度计

　　测量时,锤球用在斜坡上的投点,弹簧秤用来施加检定时标准拉力,以保证尺长的稳定性,温度计用于测定量距时的温度,以便对钢尺量距进行温度改正。

二、钢尺量距测量要点

1. 直线定线

　　直线定线就是在地面上两端点之间定出若干个点,而且这些点均须在两端点连接所决定的垂直面内,依测量要求不同,分为目估定线和经纬仪定线两种。

　　当被量距大于钢尺全长和或地面坡度较大时,两点之间的距离要分成若干尺段进行测量,为了使尺段点不偏离测线方向,在测量前须进行直线定线。

　　(1)目估法定线

　　目估定线实操步骤与方法如下:

　　如图 2-6 所示,A、B 两点为地面上互相通视的两点,欲在 A、B 两点间的直线上定出C、D 等分段点。定线工作可由甲、乙两人进行。

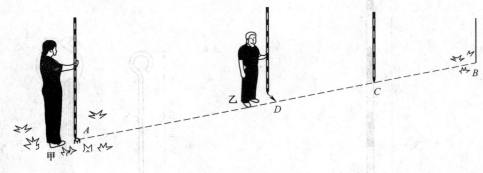

图 2-6　目估定线

　　1)定线时,先在 A、B 两点上竖立标杆,甲立于 A 点测杆后面 1~2m 处,用眼睛自 A 点标杆后面瞄准 B 点标杆。

　　2)乙持另一标杆沿 BA 方向走到离 B 点大约一尺段长的 C 点附近,按照甲指挥手势左右移动标杆,直到标杆位于 AB 直线上为止,插下标杆(或测钎),定出 C 点。

　　3)乙又带着标杆走到 D 点处,同法在 AB 直线上竖立标杆(或测钎),定出 D 点,依此类推。这种从直线远端 B 走向近端 A 的定线方法,称为走近定线。直线定线一般应采用走近定线。

　　当两个地面点之间的距离较长或地势起伏较大时,为使量距工作方便起见,可分成几段进行丈量。

　　(2)经纬仪定线

　　经纬仪定线实操步骤与方法如下:

　　如图 2-7 所示,A、B 两点相互通视,欲在 A、B 两点之间的直线上定出 N、M 等分段点。

　　1)首先将经纬仪安置在 A 点上,利用望远镜竖丝瞄准 B 点。

　　2)制动照准部,望远镜上下转动,在两点间某一点上的测量指挥者左右移动测钎,一直到测钎像为竖丝所平分。

　　3)测钎尖脚即为所要定的点,同理可定出其他点。

2. 用钢尺进行平坦地区距离丈量

　　1)丈量前,先将待测距离的两个端点 A、B 用木桩(桩上钉一小钉)标志出来,然后在端

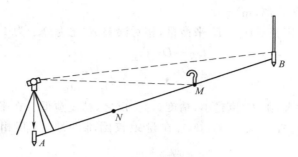

图 2-7　经纬仪定线

点的外侧各立一标杆,清除直线上的障碍物后,即可开始丈量。

2)丈量工作一般由两人进行。后尺手持尺的零端位于 A 点,并在 A 点上插一测钎。

3)前尺手持尺的末端并携带一组测钎的其余 5 根(10 根),沿 AB 方向前进,行至一尺段处停下。后尺手以手势指挥前尺将钢尺拉在 AB 直线方向上。

4)后尺手以尺的零点对准 B 点,当两人同时把钢尺拉紧、拉平和拉稳后,前尺手在尺的末端刻线处竖直地插下一测钎,得到点 1,这样便量完成了一个尺段。如图 2-8 所示。

图 2-8　平坦地区的距离丈量

5)随之后尺手拨起 A 点上的测钎与前尺手共同举尺前进,同法量出第二尺段。如此继续丈量下去,直至最后不足一整尺段时,前尺手将尺上某一整数分划线对准 B 点,由后尺手对准 n 点在尺上读出读数,两数相减。即可求得不足一尺段的余长,距离要往、返丈量。

A、B 两点水平距离计算公式为:

$$D_{AB} = nl + q$$

式中　n——整尺段数(即在 A、B 两点之间所拨测钎数);

　　　　l——钢尺长度,m;

　　　　q——不足一整尺的余长,m。

6)为了防止丈量错误和提高精度,一般还应由 B 点量至 A 点进行返测,返测时应重新进行定线。取往、返测距离的平均值作为直线 AB 最终的水平距离:

$$D_{av} = \frac{1}{2}(D_f + D_b)$$

式中　D_{av}——往、返测距离的平均值(m);

　　　　D_f——往测的距离(m);

D_b——返测的距离(m)。

7)量距精度通常用相对误差 K 来衡量,相对误差 K 化为分子为1的分数形式,即:

$$K = \frac{|D_f - D_b|}{D_{av}} = \frac{1}{\dfrac{D_{av}}{|D_f - D_b|}}$$

相对误差分母愈大,则 K 值越小,精度愈高;反之,精度愈低。在平坦地区,钢尺量距一般方法的相对误差通常不大于1/3000;在量距较困难的地区,其相对误差也不应大于1/1000。

【示例】　用50m长的钢尺往返丈量 A、B 两点之间的距离,丈量结果分别为:往测4个整尺整段,余长为9.97m;往测4个整尺段,余长为10.01m,试求 A、B 两点间的水平距离 D_{AB} 及其相对误差 K。

解:
$$D_{AFf} = nl + q = 4 \times 50 + 9.97 = 209.97\text{m}$$
$$D_{ABf} = nl + q = 4 \times 50 + 10.02 = 210.02\text{m}$$

$$D_{AB} = \frac{1}{2}(D_{ABf} + D_{ABb}) = \frac{1}{2}(209.97 + 210.02) = 209.99\text{m}$$

$$K = \frac{|D_f - D_b|}{D_{av}} = \frac{|209.97 - 210.02|}{209.99} = \frac{0.05}{209.99} = \frac{1}{4199}$$

在平坦地区,钢尺量距的相对误差一般不应大于1/3000;在量距较困难的地区,其相对误差也不应大于1/1000。

3. 用钢尺量在倾斜地面上的距离

(1)平量法

平量法用于地势起伏不大时,操作步骤与方法如下。

1)如图2-9所示,丈量时,由 A 点向 B 点进行,后尺手手持钢尺零端,将零刻度线对准起点 A 点。

2)前尺手进行定线后,将尺拉在 AB 方向上并使尺子抬高,用目估法使尺子水平,并用锤球将整尺段的分划线投影到地面上,再插上测钎。

3)用同样的方法丈量其他的尺段,将各分段距离相加即得到两点间的水平距离。返测时由于从坡脚向坡顶丈量困难较大,仍然可以由高到低再次测量,最后取两次平均值作为丈量的结果。

(2)斜量法

斜量法用于地面坡度倾斜且均匀时,如图2-10所示,沿着斜坡丈量出 AB 的斜距 L,测出地面倾斜角 α 或两端点的高差 h,然后按下式计算 AB 的水平距离 D,即:

$$D = L\cos\alpha = \sqrt{L^2 - h^2}$$

4. 钢尺精密量距

(1)钢尺检定

钢尺检定是指为了防止由于尺子本身及量距时的外界环境不同引起丈量结果的变化,在钢尺精密量距前,对钢尺进行的检定,从而得尺长方程式,算得精确的丈量结果。

设钢尺尺面上标注的长度也叫名称长度,用 l_0 表示,钢尺的实际长度用 l_i 表示,则有 $\Delta l = l_i - l_0$,此公式也叫尺长改正数公式。

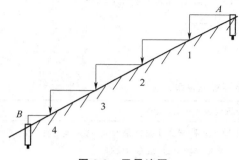

图 2-9　平量法图

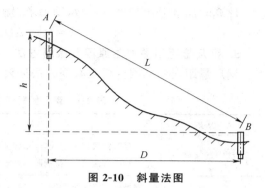

图 2-10　斜量法图

另外,尺长在不同的拉力和不同的温度下,其长度也会发生变化,因此,在实际量距时要使用标准拉力,还需要进行综合尺长改正和温度改正,由此可得出尺长方程式为:

$$l_t = l_0 + \Delta l + \alpha(t - t_0)l_0$$

式中,l_t 为钢尺在温度 t℃时的实际长度;α 为钢尺的膨胀系数,一般为 1.25×10^{-5};t 为钢尺量距时的温度;t_0 为钢尺检定时的温度。

得出尺长方程式后,就可以对所测的距离进行修正。

(2)钢尺精密量距具体操作方法

1)先要清理场地,清除影响量距的障碍物,再用经纬仪定线,测定丈量直线段两标志间的高差作为倾斜改正依据,两标志间的距离要略短于钢尺长度。

2)丈量时要根据弹簧秤对钢尺施加标准拉力,丈量前十分钟要拉出钢尺,使钢尺温度接近于现场温度,并同时用温度计测定温度。

3)每段距离要丈量 3 次,每次丈量要略微变动尺子的读数位置,3 次测得的距离之差通常不超过 3mm。

4)如 3 次互差在限差范围之内,则取 3 次测量距离值的平均值作为测量的结果。并对测量的结果进行尺长改正、温度改正和倾斜改正,最后,将所有尺段的水平距离相加,求出直线的全长。

尺长改正公式。钢尺的实际长度与名义长度不符,则量距须加尺长改正。依据尺长方程式,算得钢尺在检定温度 t_0 时尺长改正数 Δl 除以名义长度 l_0 可得每米尺长的改正数,再乘以所量的尺段长度 D',即得该段距离尺长改正数:

$$\Delta D_t = \frac{\Delta l}{l_0}D'$$

温度改正公式。尺长方程式的尺长改正是在标准温度下的数值,量距时的实际温度 t 与标准温度 t_0 并不一致,因此,需要加温度改正。设 t 为丈量时的平均温度,丈量的尺段长度为 D',温度改正数为:

$$\Delta D_t = 1.25 \times 10^{-5}(t - t_0)D'$$

倾斜改正公式。用水准仪测得两点的高差为 h,丈量的尺段长度为 D',其倾斜改正数为:

$$\Delta D_h = -\frac{h^2}{2D'}$$

计算时加上上述三项改正数，即可求得测得尺段长度 D' 的水平距离 S：

$$S = D' + \Delta D_l + \Delta D_t + \Delta D_h$$

5. 钢尺量距误差产生原因及减弱方法

钢尺量距误差原因分析及减弱方法见表 2-1。

表 2-1 钢尺量距误差原因分析及减弱方法

类　别	误差分析内容及减弱方法
定线引起误差	丈量时钢尺偏离定线方向，将使测线成为一折线，导致丈量结果偏大，这种误差称为定线误差。解决方法是：当待测距离较长或精度要求较高时，应用经纬仪定线
尺长引起误差	钢尺的名义长度和实际长度不符，产生尺长误差。尺长误差是积累性的，它与所量距离成正比。新购置的钢尺必须经过检定，以便进行尺长改正
拉力引起误差	钢尺有弹性，受拉会伸长，钢尺在丈量时所受拉力应与检定时拉力相同。如果拉力变化±26N，尺长将改变 1mm。一般量距时，只要保持拉力均匀即可，精密量距时，必须使用弹簧秤
钢尺垂曲引起误差	钢尺悬空丈量时中间下垂，称为垂曲，由此产生的误差为钢尺垂曲误差。垂曲误差会使量得的长度大于实际长度，故在钢尺检定时，亦可按悬空情况检定，得出相应的尺长方程式。在成果整理时，按此尺长方程式进行尺长改正
钢尺不水平引起误差	用平量法丈量时，钢尺不水平，会使所量距离增大。对于 30m 的钢尺，如果目估尺子水平误差为 0.5m（倾角约 1°），由此产生的量距误差为 4mm。用平量法丈量时应尽可能使钢尺水平。精密量距时，测出尺段两端点的高差，进行倾斜改正，可消除钢尺不水平的影响
丈量引起误差	钢尺端点对不准、测钎插不准、尺子读数不准等引起的误差都属于丈量误差。这种误差对丈量结果的影响可正可负，大小不定。在量距时应尽量认真操作，以减小丈量误差
温度变化引起误差	钢尺的长度随温度而变化，当丈量时的温度与钢尺检定时的标准温度不一致时，将产生温度误差。故精密距离丈量时要加温度改正，并尽可能使温度计所测温度接近钢尺的温度

第二节　视距测量

一、测量原理

视距测量是一种间接测距方法，是利用测量仪器望远镜中的视距丝并配合视距尺，根据几何光学及三角学原理，同时测定两点间的水平距离和高差的一种方法。这种方法具有操作方便，速度快，不受地面高低起伏限制等优点。但精度较低，普通视距测量的相对精度约为 1/300～1/200，测定高差的精度低于水准测量和三角高程测量；只能满足地形测量的要求，因此，被广泛用于地形碎部测量中，也可用于检核其他方法量距可能发生的粗差。精密视距测量可达 1/2000，可用于山地的图根控制点加密。

二、视距测量经验公式

（1）当视准轴水平时

1）如图 2-11 所示，AB 为待测距离，在 A 点安置经纬仪，B 点竖立视距尺，使望远镜视线水平，瞄准 B 点的视距尺，使视距尺成像清晰。

2）设 q（设 $q = nm$）为望远镜上、下视距丝的间距，f 为望远镜物镜焦距，s 为物镜中心

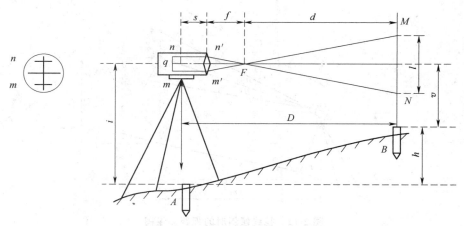

图 2-11 视线水平时的视距测量

到仪器中心的距离,d 为物镜焦点到视距尺的距离。

3)根据透镜成像原理,从视距丝 m、n 发出的平行于望远镜视准轴的光线,经物镜后产生折射且通过焦点 F 而交于视距尺上 M、N 两点。M、N 两点的读数差称为视距间隔,用 l 表示。因 $\triangle Fm'n'$ 与 $\triangle FMN$ 相似,从而可得:

$$\frac{d}{f} = \frac{l}{q}$$

那么:

$$d = \frac{fl}{q}$$

由图 2-11 可知:

$$D = d + f + s = \frac{fl}{q} + f + s$$

令 $K = f/q$,$C = f + s$,则有:

$$D = Kl + C$$

式中 K、C——视距乘常数、视距加常数。

如今设计制造的仪器常使 $K = 100$,C 接近于零,所以,视准轴水平时的视距计算公式可写为:

$$D = Kl = 100l$$

如果再在望远镜中读出中丝读数 v,用小钢尺量出仪器高 i,则 A、B 两点的高差为:

$$h = i - v$$

如果已知测站点的高程 H_A,则立尺点 B 点的高程为:

$$H_B = H_A + h = H_A + i - v$$

(2)当视准轴倾斜时

1)如图 2-12 所示,当地面坡度较大时,观测时视准轴倾斜,由于视线不垂直于视距尺,所以,不能直接用视线水平时的公式计算视距和高差。

2)设仪器视准轴倾斜 α 角,若将标尺倾斜 α 角使其与视准轴垂直,这时就可用式 $D = Kl$ 计算倾斜视距 D'。由于 β 角很小,约为 $17'$,故可近似地将 $\angle BB'G$ 和 $\angle AA'G$ 看成直角,因此有:

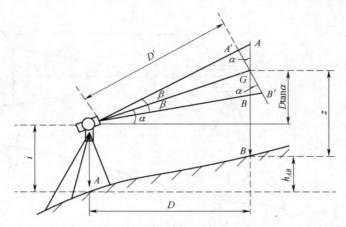

图 2-12　视线倾斜时的视距测量图

$$\angle AGA' = \angle BGB' = \alpha', 并有：$$

$$l' = l\cos\alpha$$

那么，望远镜旋转中心与视距尺旋转中心 O 的视距为：

$$D' = Kl' = Kl\cos\alpha$$

因此，求得 A、B 两点间的水平距离为：

$$D = D'\cos\alpha = Kl\cos^2\alpha$$

设 A、B 的高差为 h_{AB}，由图 2-12 列出方程：

$$h_{AB} + z = D\tan\alpha + i$$

整理后得：

$$h_{AB} = D\tan\alpha + i - z$$

这样就可以由已知高程点推算出待求高程点的高程。计算公式为：

$$H_B = H_A + h_{AB} = H_A + D\tan\alpha + i - z$$

【示例】 设测站点高程 $H_A = 300.00\text{m}$，仪器高 i 为 1.42m，中丝读数 z 为 2.41m，此时下丝读数 m 为 2.806m，上丝读数 n 为 2.046m，竖直度盘读数 L 为 93°28′，试计算 A 点到 B 点的平距 D 及 B 点的高程 H_B。

解：

$$\alpha = 90° - 93°28' = -3°28'$$

$$l = 2.806 - 2.046 = 0.76\text{m}$$

$$D = Kl\cos^2\alpha = 100 \times 0.76 \times \cos^2(-3°28') = 75.7\text{m}$$

$$h_{AB} = D\tan\alpha + i - z = 75.7 \times \tan(-3°28') + 1.42 - 2.41 = -5.60\text{m}$$

$$H_B = H_A + h_{AB} = 300.00 + (-5.60) = 194.40\text{m}$$

三、视距测量应注意的问题

1）要在成像稳定的情况下进行观测。

2）要严格测定视距常数，扩值应在 100 ± 0.1 之内，否则应加以改正。

3）为减少垂直折光的影响，观测时应尽可能使视线离地面 1m 以上。

4）作业时，要将视距尺竖直，并尽量采用带有水准器的视距尺。

5）视距尺一般应是厘米刻划的整体尺。如果使用塔尺应注意检查各节的接头是否准确。

四、视距测量误差产生原因及减弱方法

视距测量误差原因分析及减弱方法见表 2-2。

表 2-2　视距测量误差原因分析及减弱方法

类　别	误差分析内容及减弱方法
标尺扶立不直引起误差	如果标尺扶立不直,尤其前后倾斜将给视距测量带来较大误差,其影响随着尺子倾斜度和地面坡度的增加而增加 标尺必须严格扶直,特别是在山区作业时更应注意扶直
视距尺分划引起误差	视距测量时所用的标尺刻划不够均匀、不够准确,给视距带来误差,这种误差无法得到消除 要对视距测量所用的视距尺进行检验
竖直角观测引起误差	由视距测量原理可知,竖直角误差对水平距离影响不大,而对高差影响较大,故用视距测量方法测定高差时应注意准确测定竖直角,读取竖盘读数时,应令竖盘指标水准管气泡严格居中 对于竖盘指标差的影响,可采用盘左、盘右观测取竖直平均值的方法来消除
用视距丝读取尺间隔引起误差	从视距测量计算公式可知,当尺间隔的读数有误差,则结果误差将扩大 100 倍,对水平距离和高差的影响都较大,读取视距间隔的误差是视距测量误差的主要来源 视距测量时,读数应认真仔细,同时应尽可能缩短视距长度,因为测量的距离越长,标尺上 1cm 刻划的长度在望远镜内的成像就越小,读数误差就会越大
视距乘常数引起误差	由于仪器本身的误差,K 值不一定恰好等于 100,而 $D = Kl\cos^2\alpha$,所以 K 值的误差对视距的影响较大 使用一架新仪器之前,就对 K 值进行检定
外界条件影响引起误差	外界条件引起视距误差的因素有: ①大气折光使视线产生弯曲 ②空气对流使视距尺成像不稳 ③大风天气使尺子抖动…… ……

第三节　光电测距

　　光电测距是以光波作为载波,通过测定光波在测线两端点间往返传播的时间来测量距离。与钢尺量距和视距法测距相比,光电测距具有测程远、精度高、作业快、工作强度低、受地形限制少等优点。现在光电测距已成为距离测量的主要方法之一。

一、光电测距仪

1. 种类

　　光电测距仪按其测程可分为短程光电测距仪(2km 以内)、中程光电测距仪(3～15km)和远程光电测距仪(大于 15km),见表 2-3;按其采用的光源可分为激光测距仪和红外测距仪等。

表 2-3　光电测距仪测程分类与技术等级

	仪器种类	短程光电测距仪	中程光电测距仪	远程光电测距仪
测程分类	测程/km	<3	$3\sim15$	>15
	精度	$\pm(5\text{mm}+5\text{ppm}D)$	$\pm(5\text{mm}+2\text{ppm}D)$	$\pm(5\text{mm}+1\text{ppm}D)$
	光源	红外光源（GaAs，发光二极管）	红外光源（GaAs 发光二极管）激光光源（激光管）	He-Ne 激光器
技术等级	测距原理	相位式	相位式	相位式
	使用范围	地形测量,工程测量	大地测量,精密工程测量	大地测量,航空、制导等空间距离测量
	技术等级	Ⅰ	Ⅱ	Ⅲ
	精度（mm）	<5	$5\sim10$	$11\sim20$

2. 构造

　　D2000 短程红外光电测距仪外形如图 2-13 所示,主机通过连接器安置在经纬仪的上部,如图 2-14 所示,经纬仪可以是普通光学经纬仪,也可以是电子经纬仪。利用光轴调节螺钉,可使主机发射——接受器光轴与经纬仪视准轴位于同一竖直平面内。另外,测距仪横轴到经纬仪横轴的高度与觇牌中心到反射棱镜的高度一致,从而使经纬仪瞄准觇牌中心的视线与测距仪瞄准反射棱镜中心的视线保持平行,如图 2-15 所示。

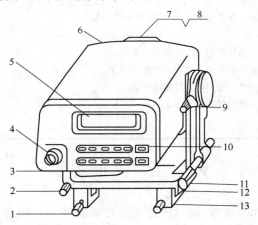

图 2-13　D2000 短程红外光电测距仪主机

1. 固定手轮　2. 望远镜目镜　3. 键盘　4. 电池　5. 显示器
6. 座架　7. 俯仰调整手轮　8. 座架固定手轮　9. 间距调整螺钉
10. 俯仰固定手轮　11. 物镜　12. 物镜罩　13. RS-232 接口

　　配合主机测距的反射棱镜如图 2-16 所示,根据距离远近,可选用单棱镜（1500m 内）或三棱镜（2500m 以内）,棱镜安置在三脚架上,根据光学对中器和长水准管进行对中整平。

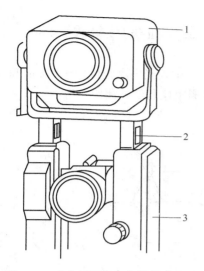

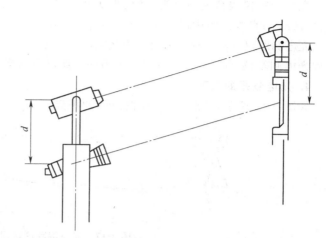

图 2-14　光电测距仪与经纬仪连接图
1. 测距仪　2. 支架　3. 经纬仪

图 2-15　光电测距仪所用经纬仪瞄准觇牌中心视线与测距仪瞄准反射棱镜中心视线平行图

D2000 短程红外光电测距仪的主要技术指标及功能：

1）D2000 短程红外光电测距仪的最大测程为 2500m，测距精度可达 ±（3mm＋2×10⁻⁶×D）（其中 D 为所测距离）。

2）最小读数为 1mm；仪器设有自动光强调节装置，在复杂环境下测量时可人工调节光强。

3）可输入温度、气压和棱镜常数自动对结果进行改正。

4）可输入垂直角自动计算出水平距离和高差。

5）可通过距离预置进行定线放样。

6）若输入测站坐标和高程，可自动计算观测点的坐标和高程。

7）测距方式有正常测量和跟踪测量，正常测量所需时间为 3s，还能显示数次测量的平均值，跟踪测量所需时间为 0.8s，每隔一定时间自动复测距。

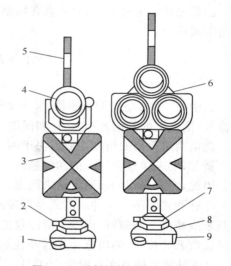

图 2-16　反射棱镜外形及结构图
1. 圆水准器　2. 光学对中器　3. 觇牌
4. 单反光镜　5. 标杆　6. 三反光镜组
7. 水准管　8. 固定螺旋　9. 基座

3. 测量精度

光电测距仪器的精度常用下式表示：

$$m_D = \pm(a + b \times 10^{-6} \times D)$$

式中　m_D——测距中误差，mm；

　　　a——仪器标称精度中的固定误差，mm；

　　　b——仪器标称精度中的比例误差系数；

D——测距边长数,km。

光电测距仪按精度划分为 3 级:Ⅰ级测距中误差 $m_D \leqslant 5mm$;Ⅱ级测距中误差 $5mm < m_D \leqslant 10mm$;Ⅲ级测距中误差 $10mm < m_D \leqslant 20mm$。

光电测距仪按其测程可分为短程光电测距仪(2km 以内)。中程光电测距仪(3~15km)和远程光电测距仪(大于 15km);按其采用的光源可分为激光测距仪和红外测距仪等。

4. 光电测距的原理

如图 2-17 所示,欲测定 A、B 两点间的距离 D。

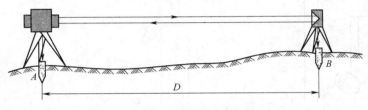

图 2-17 光电测距原理图

1)首先安置反射镜于 B 点,仪器发射的光束由 A 点到 B 点,经反射镜反射后返回到仪器上。

2)设光速 c 为已知,如果光束在欲测距离 D 上往返传播的时间 t_{2D} 已知,那么,距离 D 可由下式求出:

$$D = \frac{1}{2} c t_{2D}$$

$$c = c_0/n$$

式中,c_0 为真空中的光速值,$c_0 = 299792458m/s$;n 为大气折射率,与测距仪所用光源的波长、测线上的气温 t、气压 P 和湿度 e 有关。

光电测定距离的精度主要取决于测定时间 t_{2D} 的精度。

例如,要求保证 $\pm 1cm$ 的测距精度,时间测定要求准确到 $6.7 \times 10^{-11}s$,这是难以做到的。因此,大多采用间接测定法来测定 t_{2D}。间接测定 t_{2D} 的方法有以下两种。

①脉冲式测距。脉冲式测距是直接测电磁波传播时间来确定距离的方法,它通常只能达到米级精度。测量时,由光电测距仪的发射系统发出脉冲,经被测目标反射后,再由测距仪的接收系统接收,测出这一光脉冲往返所需时间间隔(t_{2D})的钟脉冲的个数,以求得距离 D。由于计数器的频率一般为 300MHz,测距精度为 0.5m,精度较低。

②相位式测距。相位式测距是将发射光波的光强调制成正弦波的形式,通过测量正弦光波在待测距离上往返传播的相位差解算距离。红外光电测距仪通常均采用相位测距法。

在测距仪的砷化镓(GaAs)发光二极管上加了频率为 f 的交变电压(即注入交变电流)后,它发出的光强就随注入的交变电流呈正弦变化,这种光称为调制光。测距仪在 A 点发出的调制光在待测距离传播,经反射镜反射后被接收器所接收,然后用相位计将发射信号与接收信号进行相位比较,由显示器显出调制光在待测距离往、返传播所引起的相位移 φ。

目前,用得最多的是通过测量光波信号往返传播所产生的相位移来间接测时,即相位法。

二、光电测距测量要点

1)安置仪器。先在测站上安置好经纬仪,对中、整平后,将测距仪主机安装在经纬仪支架上，用连接器固定螺钉锁紧，在目标点安置反射棱镜，对中、整平，并使镜面朝向主机。

2）观测垂直角、气温和气压。用经纬仪十字横丝照准觇板中心，如图 2-18 所示，测出垂直角 α。同时，观测和记录温度和气压计上的读数。

3）测距准备。按电源开关键"PWR"开机，主机自检并显示原设定的温度、气压和棱镜常数值，自检通过后将显示"good"。

如果修正原设定值，可按"TPC"键后输入温度、气压值或棱镜常数（一般通过"ENT"键）和数字键逐个输入。

4）距离测量。

①调节主机照准轴水平调整手轮和主机俯仰微动螺旋，使测距仪望远镜准确瞄准棱镜中心，如图 2-19 所示。

②精确瞄准后，按"MSR"键，主机将测定并显示经温度、气压和棱镜常数改正后的斜距。在测量中，若光速受挡或大气抖动等，测量将暂时被中断，待光强正常后继续自动测量；若光束中断 30s，须光强恢复后，再按"MSR"键重测。

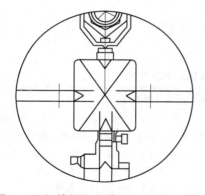
图 2-18　经纬仪十字横丝照准觇板中心图

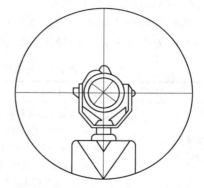
图 2-19　测距仪望远镜精确瞄准棱镜中心图

③斜距到平距的改算，通常在现场用测距仪进行，操作方法是：按"V/H"键后输入垂直角值，再按"SHV"键显示水平距离。连接按"SHV"键可依次显示斜距、平距和高差。

5）数据修正。在测距仪测得初始斜距值后，还需加上仪器常数改正、气象改正和倾斜改正等，最后求得水平距离。

①仪器常数改正。仪器修正常数有加常数 K 和乘常数 R 两个。

仪器常数是指由于仪器的发射中心、接收中心与仪器旋转竖轴不一致而引起的测距偏差值，称为仪器加常数。

实际上，仪器加常数还包括由于反射棱镜的制造偏心或棱镜等效反射面与棱镜安置中心不一致引起的测距偏差，称为棱镜加常数。仪器的加常数改正值 δ_K 与距离无关，并可预置于机内做自动改正。仪器乘常数主要是由于测距频率偏移而产生的。乘常数改正值 δ_R 与所测距离成正比。在有些测距仪中可预置乘常数做自动改正。

仪器常数改正数可用下式表达：

$$\Delta S = \delta_K + \delta_R = K + RS$$

②气象改正。野外实际测距时的气象条件不同于制造仪器时确定仪器测尺频率所选取的基准(参考)气象条件,故测距时的实际测尺长度就不等于标称的测尺长度,使测距值产生与距离长度成正比的系统误差。

光电测距仪气象改正数可用下面的公式表达:

$$\Delta S = \left(283.37 - \frac{106.2833p}{273.15 + t}\right)S$$

式中,p 为气压;t 为温度;S 为距离测量值。

三、光电测距应注意的问题

1)测线应尽量离开地面障碍物 1.3m 以上,避免通过发热体和较宽水面的上空。

2)测线应避开强电磁场干扰的地方。例如测线不宜接近变压器、高压线等。

3)气象条件对光电测距影响较大,微风的阴天是观测的良好时机。视场内只能有皮光棱镜,应避免测线两侧及镜站后方有其他光源和反光物体,并应尽量避免逆光观测;设置测站时要避免强电磁场的干扰,例如在变压器、高压线附近不宜设站。

4)严防阳光及其他强光直射接收物镜,避免光线经镜头聚焦进入机内。将部分元件烧坏,阳光下作业应撑伞保护仪器。

5)镜站的后面不应有反光镜和其他强光源等背景的干扰。

6)光电测距误差产生的原因及减弱方法见表 2-4。

表 2-4 光电测距误差产生的原因及减弱方法

类 别	误差分析内容及减弱方法
仪器本身观测条件及环境的影响	仪器误差主要有快速测定误差、频率误差、测相误差、周期误差、仪器常数误差、照准误差;观测误差主要是仪器和棱镜对中误差;外界环境因素影响主要是大气温度、气压和湿度的变化引起的大气折射率误差。其中光速测定误差、大气折射率误差、频率误差与测量的距离成比例,为比例误差;而对中误差、仪器常数误差、照准误差、测相误差与测量的距离无关,属于固定误差;周期误差既有固定误差的成分也有比例误差的成分
折射率误差	真空光速测定误差对测距的影响是 1km 产生 0.004mm 的比例误差,可以忽略不计,测距时的大气折射率 n,是根据光源的载波波长 λ 和实地测得的气象元素大气温度 t、大气压力 p 等才能算得的。这些测得元素的不精确性,将引起大气折射率误差;由于测距光波往返于测线时,光线上每点处的大气折射率是不相同的。因此,大气折射率应该是整个测线上的积分折射率。但在实际作业中,不可能测定各点处的气象元素来求得积分折射率。只能在测线两端测定气象元素,并取其平均来代替其积分折射率。由此引起的折射率误差称为气象代表性误差。实践表明,正确使用气象仪器、选择最佳时间进行观测、提高测线高度、利用阴天有微风天气观测等措施,都可以减小气象代表性误差
测相误差	测距仪的测相误差是测距中较为复杂的误差,包括有幅相误差、测相原理性误差、测线环境干扰误差等,随着测距仪自动化程度的提高,幅相误差较小,测距仪应避免在规定测程以外的场合以及环境变化剧烈的情况下测距。测相原理性误差由测距仪内部测相信号传输误差及测相装置误差所引起,其来源主要取决于装置本身质量。测线环境干扰误差包括大气湍流、大气衰减、光噪声等。一般来说,选择以阴天或晴天有风天气观测,并避免测距仪受到强烈热辐射等可以减少环境干扰误差

要获得高精度的观测结果,一是选择质量高的仪器;二是定期检定仪器,获得相应的技术参数,以便人为改正;三是选择有利的外界环境卫生观测,降低外界因素的影响。

第三章　水　准　测　量

第一节　水准仪及其使用

一、水准仪的种类

水准测量所使用的仪器为水准仪,它可以提供水准测量所需的水平线。国产水准仪按其精度分,有 DS_{05}、DS_1、DS_3 及 DS_{10} 等几种型号。D、S 分别为"大地测量"和"水准仪"的汉语拼音第一个字母,05、1、3 和 10 表示水准仪精度等级。目前,在工程测量中常使用 DS_3 型水准仪。

若以结构和功能来分,则可分为:

1)微倾式水准仪。利用水准管来获得水平视线的水准管水准仪。

2)自动安平水准仪。利用补偿器来获得水平视线的水准仪。

3)新型水准仪。也叫电子水准仪,它配合条纹编码尺,利用数字化图像处理的方法,可自动显示高程和距离,使水准测量实现了自动化。

二、水准仪的构造

以 DS_3 型水准仪为例介绍一下水准仪的构造。

DS_3 型微倾式水准仪由望远镜、水准器和基座 3 个主要部分组成,仪器通过基座与三脚架连接,基座下 3 个脚螺旋用于仪器的粗略整平。在望远镜一侧装有 1 个管水准器,当转动微倾螺旋时,可使望远镜连同管水准器做俯仰微量的倾斜,从而可使视线精确整平。因此,这种水准仪称为微倾式水准仪。仪器在水平方向的转动,由水平制动螺旋和水平微动螺旋控制。

微倾式水准仪的构造如图 3-1 所示。

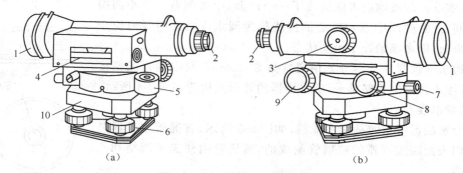

(a)　　　　　　　　　　　　　(b)

图 3-1　DS_3 型微倾式水准仪

1. 物镜　2. 目镜　3. 调焦螺旋　4. 管水准器　5. 圆水准器　6. 脚螺旋
7. 制动螺旋　8. 微动螺旋　9. 微倾螺旋　10. 基座

1. DS_3 微倾式水准仪的望远镜

微倾式水准仪的望远镜由物镜、对光透镜、十字丝板和目镜组成。其中,物镜由一组透镜组成,相当于一个凸透镜。根据几何光学原理,被观测的目标经过物镜和对光透镜后,成一个倒立实像于十字丝附近。由于被观测的目标离望远镜的距离不同,可转动对光螺旋使对光透镜在镜筒内前后移动,使目标的实像能清晰地成像于十字丝板平面上,再经过目镜的作用,使倒立的实像和十字丝同时放大而变成倒立放大的虚像。

放大的虚像与眼睛直接看到的目标大小比值,就是望远镜的放大率。DS₃ 微倾式水准仪的望远镜放大率约为 30 倍。

望远镜的构造及放大原理如图 3-2 所示。

为了用望远镜精确照准目标进行读数,在物镜筒内光阑处装有十字丝分划板,其类型多样,如图 3-3 所示。十字丝中心与物镜光心的连线称为望远镜的视准轴,也就是视线。视准轴是水准仪的主要轴线之一。

图 3-3 中相互正交的两根长丝称为十字丝,其中竖直的一根称为竖丝,水平的 1 根称为横丝或中丝,横丝上、下方的两根短丝是用于测量距离的,称为视距丝。

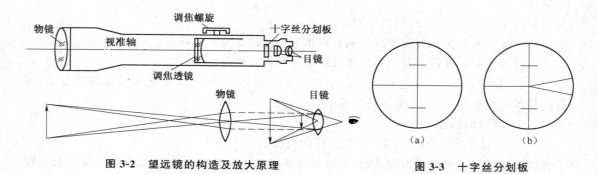

图 3-2 望远镜的构造及放大原理   图 3-3 十字丝分划板

2. DS₃ 微倾式水准仪的水准器

水准器是水准仪的重要组成部分,它是用来整平的仪器,有圆水准器和管水准器 2 种。

(1)圆水准器

圆水准器是用一个玻璃圆盒制成,装在金属外壳内,也叫圆盒水准器,圆水准器的玻璃内表面磨成了一个球面,中央刻着一个小圆圈或两个同心圆,圆圈中点和球心的连线称为圆水准轴。当气泡位于圆圈中央时,圆水准轴处于铅垂状态。

普通水准仪圆水准器分划值通常是 $8'/2mm$。圆水准器的精度较低,常用于仪器的粗略整平,圆水准器的外形及构造如图 3-4 所示。

(2)管水准器

符合水准器常指的是管水准器,如图 3-5 所示,普通管水准器是用一个内表面磨成圆弧的玻璃管制成的,玻璃管内注满了酒精和乙醚混合物。

气泡居中是指玻璃管内的气泡与圆弧形中点对称的状态,水准器零点是指水准管圆弧的中心点,水准轴指的是过零点和圆弧相切的直线。

管水准器的中央部分刻有间距为 2mm 的与零点左右的分划线,2mm 分划线所对的圆

图 3-4 圆水准器

心角表示水准管的分划值,分划值越小,灵敏度越高,DS$_3$型水准仪的水准管分划值一般为$20''/2mm$。

水准器是用来整平仪器的一种装置,它用来指示仪器的水平视线是否水平,竖轴是否铅直,致使仪器提供水平线和铅垂线,基本上外业测量仪器均是以水准器为基础的。

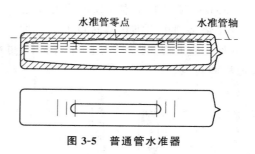

图 3-5　普通管水准器

现在用的管水准器均在其水准管上方设置一组棱镜,通过内部的折光作用,我们可以从望远镜旁边的小孔中看到气泡两端的影像,并根据影像的符合情况判断仪器是否处于水平状态,如果两侧的半抛物线重合为一条完整的抛物线,说明气泡居中,否则需要调节。这种水准器便是符合水准器,如图 3-6 所示,是微倾式水准仪上普遍采用的水准器。

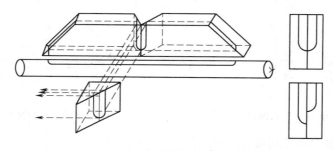

图 3-6　符合水准器

3. DS$_3$ 微倾式水准仪的基座

水准仪基座的作用是用来支承水准仪器上部的构件,它通过连接螺旋与三脚架连接起来。基座主要由螺旋轴座、脚螺旋和底板构成。

1)制动螺旋。用来限制望远镜在水平方向的转动。

2)微动螺旋。在望远镜制动后,利用它可使望远镜做轻微的转动,以便精确瞄准水准尺。

3)对光螺旋。它可以使望远镜内的对光透镜做前后移动,从而能清楚地看清目标。

4)目镜调焦螺旋。调节它,可以看清楚十字丝。

5)微倾螺旋。调节它可以使水准器的气泡居中,达到精确整平仪器的目的。

4. DS$_3$ 微倾式水准仪所配用的水准尺

DS$_3$型水准仪配用的标尺,常用干燥而良好的木材、玻璃钢或铝合金制成。尺的形式有直尺、折尺和塔尺,长度分别为 3m 和 5m。其中,塔尺能伸缩携带方便,但接合处容易产生误差,杆式尺比较坚固可靠。

水准尺尺面绘有 1cm 或 5mm 黑白相间的分格,米和分米处注有数字,尺底为零。为了便于倒像望远镜读数,注的数字常倒写,如图 3-7 所示。

通常,三等、四等水准测量和图根水准测量时所用的水准标尺是长度整 3m 的双面(黑红面)木质标尺,黑面为黑白相间的分格,红面为红白相间的分格,分格值均为 1cm。尺面上每五个分格组合在一起,每分米处注记倒写的阿拉伯数字,读数视场中即呈现正像数字,并由上往下逐渐增大,所以读数时应由上往下读。

5. DS₃微倾式水准仪所配用的尺垫

尺垫是用于水准仪器转点上的一种工具,通常由钢板或铸铁制成,如图3-8所示。

使用它时,应把3个尺脚踩入土中,将水准尺立在突出的圆顶上。尺垫的作用是防止下沉,稳固转点。

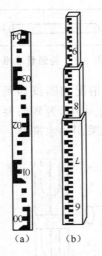

图 3-7　水准仪用水准尺

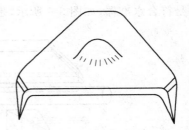

图 3-8　水准仪用尺垫示意图

三、水准仪应满足的几何条件

以微倾式水准仪为例,水准仪轴线应满足的几何条件有:

1)圆水准轴应平行于仪器的竖轴。

2)水准仪十字丝的横丝应垂直于仪器的竖轴。

3)水准管轴应平行于视准轴。

微倾式水准仪的轴线位置如图3-9所示。

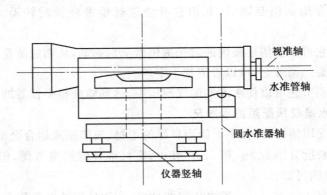

图 3-9　微倾式水准仪的轴线

四、水准仪的检验与校正

1. 检验与校正圆水准器与竖轴竖直

旋转脚螺旋使圆水准器气泡居中,然后将仪器绕竖轴旋转180°,如果气泡居中,则表示该几何条件满足;如果气泡偏出分划圈外,则需要校正。

如图 3-10a 所示,当圆水准器气泡居中时,圆水准器轴处于铅垂位置。设圆水准器轴与竖轴不平行,且交角为 α,那么竖轴与铅垂位置偏差 α 角。将仪器绕竖轴旋转 180°,如图 3-10b 所示,圆水准器转到竖轴的左面,圆水准器轴不但不铅垂,而且与铅垂线的交角为 2α。

调整脚螺旋,使气泡向零点方向移动偏离值的一半,如图 3-10c 所示,此时竖轴处于铅垂位置。

稍旋松圆水准器底部的固定螺钉,用校正针拨动 3 个校正螺钉,使气泡居中,这时圆水准器轴平行于仪器竖轴且处于铅垂位置,如图 3-10d 所示。

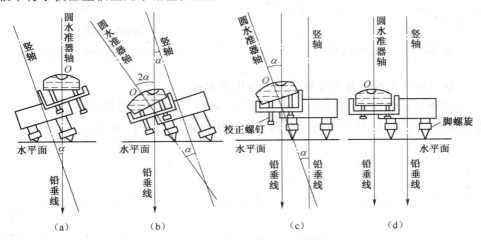

图 3-10　圆水准器轴平行于仪器的竖轴的检验与校正图

反复进行上述操作,直至仪器旋转至任何位置,圆水准器气泡居中为好,最后旋紧固定螺钉。

圆水准器校正螺钉的结构如图 3-11 所示。

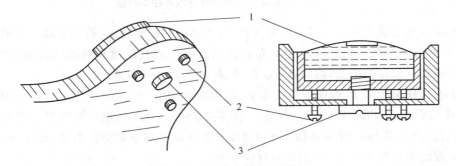

图 3-11　圆水准器校正螺钉

1. 圆水准器　2. 校正螺钉　3. 固定螺钉

2. 检验与校正十字丝横丝与竖轴垂直

先用横丝的一端照准一固定的目标或在水准尺上读一读数,然后,用微动螺旋旋动望远镜,用横丝的另一端观测同一目标或读数。

如果目标仍在横丝上或水准尺上读数不变,如图 3-12a 所示,说明横丝与竖轴垂直。若目标偏离了横丝或水准尺读数有变化,如图 3-12b 所示,说明横丝与竖轴不垂直,需要校正。

打开十字丝分划板的护罩,可见到 3 个或 4 个分划板的固定螺钉,如图 3-13 所示。松开这些固定螺钉,用手转动十字丝分划板座,反复试验使横丝的两端都能与目标重合或使横丝两端所得水准尺读数相同,校正完成。最后旋紧所有固定螺钉。

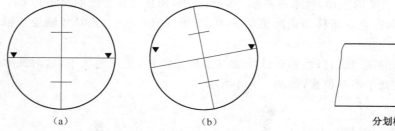

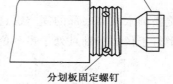

图 3-12　十字丝横丝的检验　　　　图 3-13　十字丝分划板校正图示

3. 检验与校正水准管与视准轴平行的操作和方法

首先,在平坦地面上选取 A、B 两点,而且在两点打入木桩或设置尺垫。

将水准仪置于离 A、B 等距的 Ⅰ 点,测得 A、B 两点上的读 a_1 和 b_1,则 $h_1 = a_1 - b_1$,如图 3-14a。

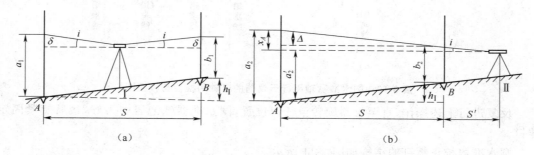

图 3-14　校验与校正水准管与视准轴平行图

若视准轴与水准管轴平行,h_1 就是 A、B 两点之间的正确高差,若视准轴与水准管轴不平行,但由于仪器到两点的距离相等,i 角构成的误差对后视读数和前视读数的影响相同,他们的差值可以使误差抵消,因此,h_1 也是 A、B 两点的正确高差。

把水准仪移至距离 B 点很近的地方 Ⅱ 点,再次测 A、B 两点的高差,如图 3-14b 所示,仍把 A 作为后视点,得高差 $h_Ⅱ = a_2 - b_2$。如果 $h_Ⅱ = h_1$,说明在测站 Ⅱ 所得的高差也是正确的,说明在测站 Ⅱ 观测时视准轴是水平的,水准管轴与视准轴是平行的,即 $i=0$。如果 $h_Ⅱ \neq h_1$,则说明存在 i 角误差,由图 3-14b 可知:

$$i = \frac{\Delta}{S}\rho$$

而　　　　　　　　　　　$\Delta = a_2 - b_2 - h_1 = h_Ⅱ - h_1$

式中,Δ 为仪器在 Ⅱ 和 Ⅰ 所测高差之差;S 为 A、B 两点间的距离。

ρ 为 $206265''$。对于一般水准测量,要求 i 角不大于 $20''$,否则应进行校正。

转动微倾螺旋,使十字丝的中丝对准 A 点尺上应读读数 a_2',此时,视准轴处于水平位置,而水准管气泡不居中。

用校正针先拨松水准管一端左、右校正螺钉,如图 3-15 所示,再拨动上、下两个校正螺钉,使偏离的气泡重新居中,最后,要将校正螺钉旋紧。

此项校正工作也需反复进行,直至达到要求为好。

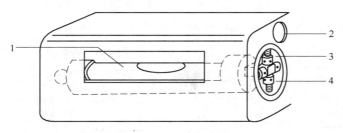

图 3-15　水准管的校正

1. 水准管　2. 气泡观察窗　3. 上校正螺钉　4. 下校正螺钉

五、水准仪的使用方法

DS_3 微倾式水准仪的使用操作程序:安置→粗平→照准→精平→读数。

1. 安置水准仪

1)首先打开三脚架,安置三脚架,要求高度适当、架头大致水平并牢固稳妥,在山坡上测量时应使三脚架的两脚在坡下、一脚在坡上。

2)将水准仪用中心连接螺旋连接到三脚架上。

3)取水准仪时,要确保已经握住仪器的坚固部位,且确认仪器已牢固地连接在了三脚架上之后才放手。

2. 粗略整平

1)先用双手按图 3-16a 的箭头方向操作,同时转动一对螺旋,使气泡居中。

2)按图 3-16b 的操作方法旋转第三个脚螺旋,使气泡居中。

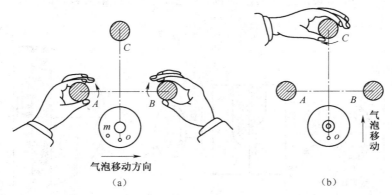

图 3-16　粗略整平图

3)如果测量结果仍有偏差,可重复以上操作。

3. 瞄准标尺

瞄准标尺的操作步骤及方法如下:

1)调节目镜。将望远镜转向明亮背景,转动调焦螺旋,使十字丝成像清晰。

2)初步瞄准。松开制动螺旋,利用望远镜上方的照门和准星瞄准目标,然后旋紧螺旋。

3)调焦,对光。转动物镜对光螺旋,看清目标,使目标成清晰像。

4)精确瞄准。转动微动螺旋,使十字丝的竖丝瞄准水准尺边缘或中央。

5)消除视差。照准标尺读数时,若对光不准,尺像没有落在十字丝分划板上,这时眼睛上下移动,读数随之变化,这种现象称为视差。此时要旋转调焦螺旋,仔细观察,直到不再出现尺像和十字丝有相对移动为止,此时视差消除,如图3-17所示。

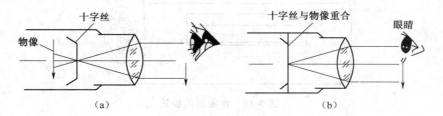

（a）　　　　　　　　　　　（b）

图 3-17　消除视差操作图

4. 精确整平

1)用眼睛观察水准气泡及气泡影像。

2)用右手缓慢地转动微倾螺旋,使气泡两端的影像严密吻合,视线应为水平视线。

3)同时,微倾螺旋的转动方向与左侧半气泡影像的移动方向一致。

精确整平的操作示意图如图3-18所示。

5. 读数

1)读数前应注意一下分米分划线与注字的对应,并检查水准管气泡是否符合。

2)用十字丝中间的横丝读取水准尺的读数。

3)尺上可直接读出的数值单位有米、分米和厘米数,还可估读出毫米数,水准尺的读数共有四位数(零也要读出)。

4)读数时,应从望远镜的上面向下面读,即先读小数,再读大数,如图3-19所示水准尺的读数。

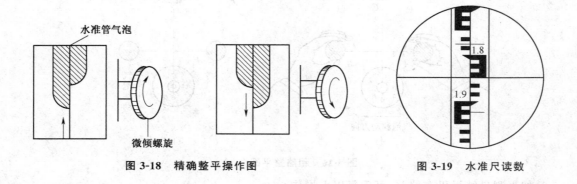

图 3-18　精确整平操作图　　　　　　　　图 3-19　水准尺读数

第二节　水准测量实用技术

一、水准测量原理

水准测量的原理即是已知某点高程,利用水准仪提供的水平视线测得已知点与欲求点两点的高差,从而计算欲求点的高程的方法。

如图 3-20 所示,已知 A 点的高程,求 B 点的高程。可以在 A、B 两个点上竖立带有分划的标尺——水准尺,在两点之间安置可提供水平视线的仪器——水准仪。当视线水平时,在 A、B 两个点的标尺上分别读得读数 a 和 b,则 A、B 两点的高差等于两个标尺读数之差。即:

$$h_{AB} = a - b$$

则 B 点的高程为:

$$H_B = H_A + h_{AB}$$

将在已知高程点上的水准尺读数称为"后视读数",那么在欲求点 b 高程点上的水准尺读数称为"前视读数",高差的后视读数减去前视读数即为高差。A、B 两点的高差值如果是正值,则表示 B 点高于已知点 A,负值则表示待求点 B 低于已知点 A。高差值的正负值与测量方向有关,计算高差应表明正负号,说明测量方向。

图 3-20 中,A 点的高程 H_A 加后视读数 a 就是仪器架设高程(也叫视线高),通常用 H_i 表示,那么 B 点高程,也可以用 H_i 减前视读数求得,即:

$$H_B = H_i - b = (H_A + a) - b$$

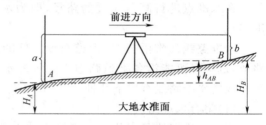

图 3-20　水准测量原理图

二、水准测量要点

1. 水准点的设置

水准点是指为了统一全国的高程系统,测绘部门在全国各地埋设和用水准测量的方法测定的许多的高程点,常用 BM 表示。

按等级与保留时间不同,水准点分为永久性准点和临时性水准点两种。

(1)永久性水准点

永久性水准点一般为混凝土和石料制成,如图 3-21a 所示,标石中间均嵌有水准标志。在城镇、厂矿区也可将水准点标志凿埋在坚固稳定的建筑物墙脚适当高度处,如图 3-21b 所示,建筑工地上的永久性水准点,通常由混凝土制成,顶部嵌入半球形金属作标志,如图 3-21c。

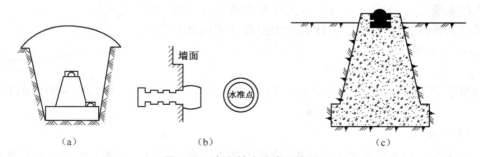

图 3-21　永久性水准点示意图

(a)国家等级水准点　(b)城镇、厂矿区水准点　(c)建筑工程水准点

(2)临时性水准点

临时性的水准点可用地面上突出的坚硬岩石或用大木桩打入地下,桩顶钉以半球状铁钉,作为水准点的标志,如图 3-22 所示。

为方便使用时寻找,水准点应在埋石之后立即绘制点之记,图 3-23 为一水准点的点之记示例。点之记应作为水准测量成果妥善保管。

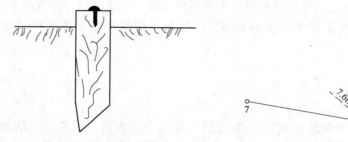

图 3-22　临时性水准点

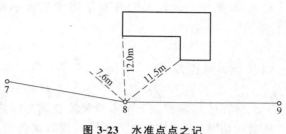

图 3-23　水准点点之记

2. 水准路线的布设

在水准点进行测量经过的路径,即为水准路线。

水准路线通常沿公路、大道布设。低的水准路线,也应尽可能沿各类道路布设。等外水准测量常设的水准路线有以下几种。

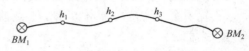

图 3-24　附合水准路线

（1）附合水准路线

附合水准路线是指从一个高级水准点开始,结束于另一高级水准点的水准路线,如图 3-24 所示,这种水准路线可使测量成果得到可靠的检核。从理论上讲,附合水准路线各测段高差代数和等于两个已知高程的水准点之间的高差,即:

$$\sum h_{th} = H_B - H_A$$

因为误差的存在,实测各测段高差代数和 $\sum h_m$ 与理论值 $\sum h_{th}$ 并不相等,高差闭合差 W_h 为:

$$W_h = \sum h_m - \sum h_{th} = \sum h_m - (H_B - H_A)$$

（2）闭合水准路线

闭合水准路线是指从一已知水准点开始最后又闭合到起始点上的水准路线,如图 3-25 所示,这种水准路线也可以使测量成果得到检核。从理论上讲,闭合水准路线各测段高差代数和 $\sum h_{th}$ 应等于零,即:

$$\sum h_{th} = 0$$

如果不等于零,则高差闭合差 W_h 为:

$$W_h = \sum h_m$$

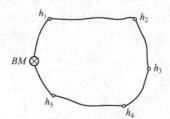

图 3-25　闭合水准路线

（3）水准支线

水准支线是指从已知水准点开始,既不闭合也不附合到另一已知水准点上的水准路线。这种形式的水准路线由于不能对测量成果自行检核,因此,必须进行往返测量或用两组仪器进行并测,如图 3-26 所示,从理论上讲,支线水准路线往测高差与返测高差的代数和应为零,即:

$$\sum h_f + \sum h_b = 0$$

如果不等于零,则高差闭合差为:

$$W_h = \sum h_f + \sum h_b$$

3. 水准测量外业测量

(1)操作

如果外业测量相距较远或高差较大的两点时,安置一次仪器难以测出两点间的高差,那么可以采用连续的分段观测方法来完成。

如图 3-26,已知 A 点高程,试测量并求出 B 点高程,实操步骤与方法如下:

首先,在已知高程点 A 上竖立水准尺,在测量前进方向设立第一个转点 M_1,若需要可放置尺垫。

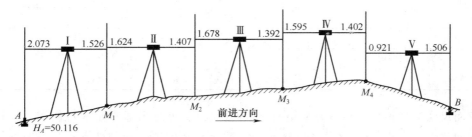

图 3-26　水准作业分段测量图

在已知 A 点与所求 B 点之间安置水准仪,测出两点高差。

再保持转点 M_1 处的水准尺不动,只把尺面转向前进方向。

将 A 点的水准尺和水准仪向前转移,水准尺安装在转点 M_2 上,水准仪则安置在 M_1、M_2 两点间的测站Ⅱ处,测出 M_1、M_2 两点之间的高差。

如此继续上述测法,一直到测到待求的高程 B 点,每安置一次仪器的点,称为一个测站点,每个测站点都对应着两个立尺点,其中的过渡性立尺点称为转点,它们本身的高程不用测知,它们只起传递作用。

设通过每个测站上所测高差分别为 h_1、h_2、h_3…,利用这些数据可知 A、B 两点的高差为:

$$h_{AB} = h_1 + h_2 + h_3 + \cdots = (a_1 - b_1) + (a_2 - b_2) + (a_3 - b_3) + \cdots = \sum a - \sum b$$

因为 A 点高程已知,所以可以通过上式算得 B 点的高程。

(2)记录

如果将上述图 3-26 中测得的数据记录到水准测量手簿中,试计算数据,算出 B 点的高程。

将观测数据填入相应手簿中,见表 3-1。

填好表后,还要进行数据检核。检查后视读数之和减去前视读数之和($\sum a - \sum b$)是否等于各站高差之和($\sum h$),并等于终点高程减起点高程。如不相等,则计算中必有错误,此检核只是对计算数据的检查,对于所测成果的正确和精度,应采取测站检核和水准路线检核。

(3)测站检核

变动仪器高差法测站检核。检核时在每个测站上测出两点间高差后,重新安置仪器(两次仪器高差值大于 10cm)再测一次,两次测得的高差不符值应在允许范围内,这个允许值不同等级的水准测量有不同的要求,等外水准测量两次高差不符值的绝对值应小于 5mm,否则要重测。

表 3-1　水准测量手簿

测　点	后视读数	前视读数	高　差		高　程	备　注
			＋	－		
A	2.073				50.116	已知
M_1	1.624	1.526	0.547			
M_2	1.678	1.407	0.217			
M_3	1.595	1.392	0.286			
M_4	0.921	1.402	0.193			
B		1.506		0.585	50.774	
$\sum$	7.891	7.223	1.243	0.585		
计算检核			$\sum a-\sum b=+0.658$；$\sum h=+0.658$；$\sum H_B-H_A=0.658$			

双面尺法测站检核。检核时采用一对双面标尺(双面标尺通常是成对使用),该标尺红面和黑面相差一个常数(现多为 4687mm 和 4787mm),即黑面的刻度方式与一般标尺是一样的,两根标称的红面刻度分别为 4687mm 和 4787mm,在一个测站上对同一根标尺读取黑面和红面两个读数,据此检查红面、黑面读数之差以及由红面、黑面所测的高差之差是否在允许范围内。

这种方法的优点在于安置一次仪器就可以完成检验,从而节约了观测的时间,提高了工作效率。

(4)水准路线检核

闭合水准路线检核法。闭合水准路线实测的高差总和 $\sum h$ 应与其理论值 $\sum h_理$ 相等,都应等于零。但由于测量中不可避免带有误差,使观测所得的高差之和不一定等于零,其差值称为高差闭合差,若用 f_h 表示高差闭合差,则:

$$f_h=\sum h_测-\sum h_理$$

附合水准路线检核法。附合水准路线实测的高差总和 $\sum h_测$ 理论上应与两个水准点的已知高差($H_终-H_始$)相等。同样由于观测误差的影响,$\sum h_测$ 与 $\sum h_理$ 不一定相等,其差值即为高差闭合差 f_h:

$$f_b=\sum h_测-\sum h_理=\sum h_测-(H_终-H_始)$$

支水准路线检核法。支水准路线既不回到起点,又不连测另一个已知高程的水准点上,这种水准路线因无检核条件,一般采用往、返观测。支水准路线往测的高差总和 $\sum h_往$ 与返测的高差总和 $\sum h_返$ 理论上应大小相等,符号相反,即往、返测高差的代数和应为零。则支水准路线的高差闭合差 f_h 为:

$$f_h=\sum h_往+\sum h_返$$

4. 水准测量内业计算

(1)高差闭合差计算

高差闭合差应依据不同的水准路线来计算,且还应与工程测量规范规定的高差闭合差的允许值相比较,允许值按下列公式计算:

$$f_h = \pm 40\sqrt{L}\,(\text{平地})$$

$$f_h = \pm 12\sqrt{n}\,(\text{山地})$$

式中，L 为整个水准路线长度（km）；n 为水准路线部的测站数。

如果高差闭合差不超过允许闭合差，可进行后续计算。

如果高差闭合差超过允许闭合差，应先检查已知数据有无抄错，再检查计算有无错误。当确认内业计算无误后，应根据外业测量中的具体情况，分析可能产生较大误差的测段并进行野外检测，直到符合限差要求。

（2）调整高差闭合差

高差闭合差的调整公式为：

$$v_i = -\frac{f_h}{\sum L} L_i$$

或

$$v_i = -\frac{f_h}{\sum n} n_i$$

式中，L_i 为各测段的路线长（m）；n_i 为各测段的测站数。

由上式可以看出，当实际的高程闭合差在容许值以内时，可把闭合差分配到各测段的高差上。高程测量的误差是随水准路线的长度或测站数的增加而增加，所以，分配的原则是把闭合差以相反的符号根据各测段路线的长度或测站数按比例配到各测段的高差上。

（3）计算调整后的高差

每一段实际测量的高差与它的调整值之和即为调整后的高差。

（4）计算高程

用水准路线起点的高程加上第一测段改正后高差，即等于第一个点的高程。用第一个点的高程加上第二测段改正后的高差，即等于第二个点的高程。以此类推，直至计算结束。

对于闭合水准路线，终点的高程应等于起点的高程。

对于附合水准路线，终点的高程应等于另一个已知点的高程，如果不符合这样的要求，说明内业计算有误，应该仔细检查，找到错误所在，如果检查不出，应该重新进行计算。

对于支水准路线，无检核条件，仔细计算就是。

三、全站仪等级水准测量作业方法

1. 全站仪水准测量路线布设

水准路线布设构成一条连续、严密、精确的几何关系路线，高程测量在 A_0，T_1、P_1、T_2、P_2、T_3、B_0 关系点上传递。观测中是要把握住这些关系点间的照准位置，气象参数修正等的正确性，就能使高程误差控制在毫米级范围内。

图 3-27 中 T_1、T_2、T_3（或 T）在同一水准路线中代表全站仪测站，P_1、P_2（或 P_n）代表棱镜，A_0 是水准路线中的高程起始点，B_0 是水准路线中高程求测点。观测作业中全站仪根据天顶距 Z 和平距（或斜距）直接显示高差 h_1、h_3、……h_5（或 h_n）。测量记录手册中直接记录它们各自的高差正负值，读数记录至毫米。

2. 全站仪等级水准观测作业步骤

（1）高程起测部分（仪器高程）

图 3-27 中测站 T_1 和 A_0 高程起始点间的观测作业称高程起测部分。通过高程起测部分观测并计算，将 A_0 点高程值加 h_1 高差值，就有了新的高程值 A_1。将 A_1 赋值给全站仪

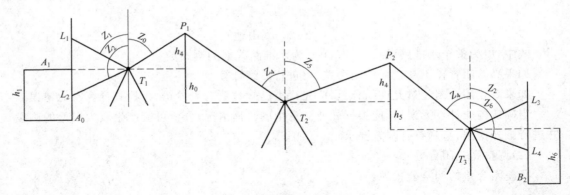

图 3-27　全站仪水准路线布设

水平轴，A_1 就叫仪器高程值。这种高程引测方法叫做"双分划双竖角观测法"。仪器高程值 A_1 由下述观测作业方法和计算公式求给：

1）在起始高程点 A_0 立水准标尺。

2）相距约 20m（20m～40m 间均可）处设全站仪测站。

3）全站仪天顶距略处 90°位置照准 A_0 点水准标尺，寻找水平丝所切标尺读数 L（L 读数读至厘米级整数即可）。

4）L 读数分别上、下各增减 50cm，设水准标尺读数 L_1、L_2。

5）全站仪水平丝分别切准 L_1、L_2，分别测得天顶距 Z_1 和 Z_2 记录。

6）计算高程起始点 A_0 与 T_1 全站仪水平轴间的高差 h_1。

7）检核 h_1 高差值观测与计算是否正确，全站仪天顶距严格位于 90°（或 270°）时，水平丝所切水准标尺上的读数应为 h_1。测站不动，观测作业转入下一步，高程连测部分或称高程传递。

（2）高程连测部分（高程传递）

高程传递部分是连续测定各反射棱镜板中心位置与全站仪水平轴间的高差，即 h_2、h_3 …h_5（或 h_n）记录这些有正、负符号的高差值，参与水准路线的高程值计算。水准路线观测作业中注意下述各点：

1）全站仪视准轴对各棱镜的照准必须精确，正确使用水平丝和竖丝。

2）测站与棱镜的架设必须稳固，不允许有下沉，上升或移动。

3）当测站转移，棱镜转向时保持棱镜转向的平稳不晃动。

4）观测作业中加入当时当地的气象修正参数、气压值、气温值。

5）高程传递过程中，保持棱镜与测站间前后视距基本等距。

6）观测作业前，对全站仪、棱镜进行检验校正，2C 差控制在±2s 内，竖盘 i 角差控制在±5s 内，检验全站仪。棱镜的水平气泡，其不平度，调整到 1/4 格内。

7）清除全站仪内存数据，如仪器高、棱镜高，测站高程等。

高程连测部分的观测作业就是将 T_1 水平轴上的高程值，传递到棱镜板中心；下一测站 T_2 将 L_1 棱镜板中心的高程值传递到全站仪水平轴上，如此反复，直到高程接测部分。

（3）高程接测部分（计算求测点 B_0 高程值）

图 3-27 中 T_3（即 T_n）与 B_0 间的观测是等级水准路线观测作业的最后一站，其观测作

业过程,同高程起测部分。H_6(或 h_n)计算值符号为负值,请注意。至此,求测点 B_0 的高程值有了结果。

（4）计算 B_0 点高程值

公式：$B_0 = A_1 + h_1 + h_2 + \cdots + h_6$（或 h_n）。数值计算中,同时带入各自的正负符号。

利用全站仪进行等级水准观测作业方法不同于全站仪在同一测站中同时测量多个高程求测点的操作模式。本文水准路线中对高程（高差）的求测不需量测仪器高和棱镜高。当用小钢卷尺量测仪器高,棱镜高量测误差一般在 $\pm 3\text{mm}$,在同一水位线中会有许多个测站点与棱镜架设点,就会有许多个量侧仪器高、棱镜高的误差值,这些误差值的积累将直接影响路线水准的高程精度,故本文作业方法中剔除量测仪器高和棱镜高误差以"双分划双竖角观测法"作高程起测与接测。中间的高程连测（高程传递）排除不量测仪器高和棱镜高后,可获得理想的高程测量精度。

四、影响工程水准测量精度的原因

1. 方案问题

由于水准测量比较简单,在施工前不进行方案选择评定、实测方法研究、精度分析等工作。实际上,进行方案研究不仅是工作的需要,而且是提高工程质量、积累技术经验的主要途径和必经之道。

方案研究的主要内容是任务分析、技术要求、仪器和作业方法选择、精度估算、质量保证措施等。这些对于一般的工程可能不需要进行书面的作业,但对于重要的项目,就应该按规范要求进行必要的作业设计。

实际上,从以往的工作中反映出的问题来看,有很多问题就出在最初的方案设计中,就有技术上和质量上的漏洞。

2. 方法问题

由于方案研究不够,造成方法选择上不科学或是考虑方面欠缺,影响到实测质量。比如水准视距控制、跨越障碍物方法、仪器等级选择、图形条件、闭合条件等选择不当,会带来一系列问题,不仅仅是精度问题,很多时候是增加出错误的机会。所以,方案优化是很重要的技术措施。

【示例】 某工程由两个项目组成,施工中存在一些时间上的差别,A,B项目的水准控制点是各自独立做的,布置路线和实测路线分别如图 3-28 及图 3-29 所示。

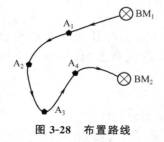

图 3-28 布置路线

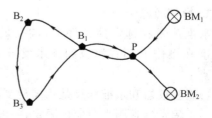

图 3-29 实测路线

这两种实测方法均存在一些技术漏洞。说明如下：

1）A 方法没有在施工控制点之间构成闭合线路,容易将施工区域外的测量误差引入到区域控制点上,引起相邻的点位如 A_1,A_4 点之间产生较大误差,当控制起算点到工地的距离较远时,误差会大到不允许的地步。

2)B 方法在施工控制点之间构成了闭合线路,但是进出区域控制网只有一个结点,而且主要线路重合,也是容易出问题的。一旦 B_1,P 点出现问题,就有可能影响到整个施工区域水准网。从图形强度来说,完全是一个柔性链接,没有强度可言。

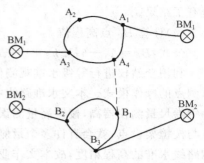

图 3-30　改进后的水准路线

两种情况应该改为如图 3-30 所示的方式,当 A,B 有联系时,还应该进行必要的联测,保证 A,B 为同一个系统。当然,A,B 区域也可以同时作,高程基准从 BM_1 经 A_1,A_4,B_1,B_3 到 BM_2,形成附和线路,满足要求后,A,B 区各自选一个起算点,进行闭合环平差,保证区域内部环线有足够的相对精度。

【示例】　某工程施工区域距控制点较远,只有一个方向有高程控制点。最初的水准路线如图 3-31 所示,往测时联测了 D_1,D_2,D_3,…,D_{12},返测时虽然沿原往测线路返回,但线路设计上不考虑原点。计算时从 D_{12} 直接到 BM 点。

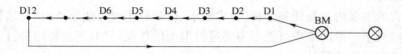

图 3-31　最初的水准路线

在上面的方法中存在的主要问题是权系数在 D_{12} 点上差别极大,本来就是单线路往返测,分开后表面上是闭合环,实际上降低了观测的精度。网图设计和计算应按如图 3-32 所示。对应的点应该按往返测进行比较,高程最好取中数。

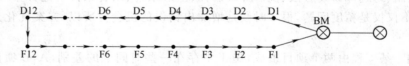

图 3-32　网图设计和计算时采用的水准路线

3. 操作问题

水准测量在选定的条件下,应按最佳观测方法尽量提高操作质量和观测精度。等级水准在操作上都有相应的技术要求,除此之外,为保证观测质量,操作上还应注意以下几点:

1)查验仪器和水准标尺是否满足要求。

2)工程水准观测视距应该限定,一般应提高一个精度等级来处理。

3)手扶标尺会有所晃动,观测时读数应取较小值,以减少标尺倾斜时的读数误差累积。

4)观测前和观测过程中,应注意所用标尺刻划的情况,不同标尺会有所不同,尤其是 5cm,10cm 和整米刻划处。

5)读数时必须对所读数值肯定,不能含糊或凭印象估计。

第三节　四等水准测量

一、四等水准测量技术要求

三等水准测量与四等水准测量观测方法类似，都是建立测区首级高程控制最常用的方法，它们的测量技术要求见表 3-2。

表 3-2　水准测量主要技术要求

| 等级 | 水准仪 | 水准尺 | 附合路线长度（km） | 视线长度（m） | 视线高（m） | 前后视距差（m） | 视距累计差（m） | 观测顺序 | 黑红面读数差（mm） | 黑红面高差之差（mm） | 观测次数 | | 往返较差、附合或环形闭合差 | |
											与已知点联测	附合或环形	平地（mm）	山地（mm）
三	DS$_1$	因瓦	45	≤80	三丝能读数	≤2	≤5	后前前后	1.0	1.5	往返各一次	往一次	±12$\sqrt{L}$	±4$\sqrt{n}$
	DS$_3$	双面							2.0	3		往返各一次		
四	DS$_1$	因瓦	15	≤100	三丝能读数	≤3	≤10	后后前前	3.0	3	往返各一次	往一次	±20$\sqrt{L}$	±6$\sqrt{n}$
	DS$_3$	双面												
图根	DS$_{10}$	单面	8	≤100							往返各一次	往一次	±40$\sqrt{L}$	±12$\sqrt{n}$

二、四等水准测量外业测量

1. 测站观测及记录

1）首先，在两测点中间安置仪器，使前后视距大致相等，其差以不超过 3m 为准。

2）用圆水准器整平仪器照准后视尺黑面，转动微倾螺旋使水准管气泡严格居中，分别读取下、上、中三丝读数①、②、③。

3）照准后视尺红面，符合气泡居中后读中丝读数④。

4）照准前视尺黑面，符合气泡居中后分别读下、上、中三丝读数⑤、⑥、⑦。

5）照准前视尺红面，符合气泡居中后读中丝读数⑧。

上述①、②、…、⑧表示观测与记录次序，一定要边观测边记录，按顺序计入记录表的相应栏中。

这样的观测顺序被称为"后—后—前—前"步骤。如果在土质松软地区施测，则需要采用三等水准测量的"后—前—前—后"观测步骤。

2. 测站计算和校核

（1）计算与校核视距

后视距离为：⑨＝①－②；前视距离为：⑩＝⑤－⑥。

前、后视距填记录表时均以 m 为单位，即（下丝－上丝）×100。视距长应不大于 100m。

前后视距差：⑪＝⑨－⑩，其值不得超过 3m。

前后视距累积差:⑫=本站的⑪+上站的⑫,其值不超过 10m。

(2)计算与校核高差

同一水准尺红、黑面读数差为,⑬=③+K-④;⑭=⑦+K-⑧。

K 为水准尺红、黑面常数差,一对水准尺的常数 K 分别为 4.687 和 4.787。对于四等水准测量,红、黑面读数不得超过 3mm。

黑面读数和红面读数所得的高差分别为:⑮=③-⑦;⑯=④-⑧。

黑面和红面所得高差之差⑰可按下式计算,可用⑬-⑭来检查:⑰=⑮-⑯±100=⑬-⑭。

上式中的±100 为两水准尺常数 K 之差。对于四等水准测量,黑、红面高差之差不得超过 5mm。

平均高差:$⑱=\frac{1}{2}[⑮+⑯±100]$

(3)计算和检核每一测段

计算和检核视距:末站的⑫=∑⑨-∑⑩,总视距=∑⑨+∑⑩

计算和检核高差:当测站数为奇数时,总高差$=∑⑱=\frac{1}{2}[∑⑮+∑⑯±100]$;当测站数为偶数时,总高差$=∑⑱=\frac{1}{2}[∑⑮+∑⑯]=\frac{1}{2}\{∑[③+④]-∑[⑦+⑧]\}$

三、四等水准测量内业计算

1)当一条水准路线的测量工作完成以后,首先,对计算表格中的记录、计算进行详细的检查,并计算高差闭合差是否超限。

2)确定无误后,才能进行高差闭合差的调整与高程计算,否则要局部返工,甚至要全部返工。

3)闭合差的调整和高程计算详见前面水准测量相关内容。

第四章 角度测量

第一节 经纬仪及其使用

一、经纬仪的种类

经纬仪是测量角度的仪器,它虽也兼有其他功能,但主要是用来测角,不但能测水平角,还能测垂直角。根据测角精度的不同,我国的经纬仪系列分为 DJ_{07}、DJ_1、DJ_2、DJ_6、DJ_{30} 等几个等级。D 和 J 分别是大地测量和经纬仪两词汉语拼音的首字母,脚码注字是它的精度指标。如 DJ_6 表示一测回方向观测中误差不超过 $\pm6''$。DJ_{07}、DJ_1、DJ_2 型经纬仪为精密经纬仪,DJ_6、DJ_{30} 型等属于普通经纬仪,按其度盘计数方式有光学经纬仪和电子经纬仪两类。

二、经纬仪的构造

以 DJ_6 型光学经纬仪为例阐述一下经纬仪的构造。DJ_6 型光学经纬仪主要由三部分构成,即照准部、水平度盘和基座,如图 4-1 所示。

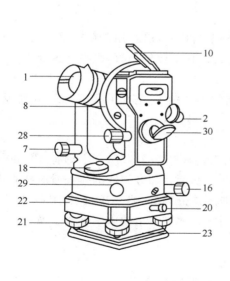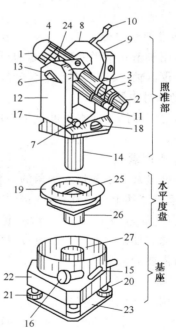

图 4-1 DJ_6 型光学经纬仪

1. 望远镜物镜 2. 望远镜目镜 3. 望远镜调焦螺旋 4. 准星 5. 照门 6. 望远镜固定扳手

7. 望远镜微动螺旋 8. 竖直度盘 9. 竖盘指标水准管 10. 竖盘指标水准管反光镜 11. 读数显微镜目镜

12. 支架 13. 水平轴 14. 竖轴 15. 照准部制动扳手 16. 照准部微动螺旋 17. 水准管 18. 圆水准器

19. 水平度盘 20. 轴套固定螺旋 21. 脚螺旋 22. 基座 23. 三角形底板 24. 罗盘插座 25. 度盘轴套

26. 外轴 27. 度盘旋转轴套 28. 竖盘指标水准管微动螺旋 29. 水平度盘变换手轮 30. 反光镜

1. 照准部

照准部是指水平度盘之上，能绕其旋转轴旋转的全部部件的名称，它包括竖轴、U 形支架、望远镜、横轴、竖直度盘、管水准器、竖盘指标管水准器和读数装置等。

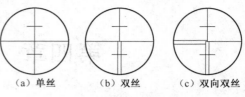

图 4-2　分划板的刻划方式

1）望远镜的构造与水准仪的基本相同。不同之处在于望远镜调焦螺旋的构造和分划板的刻线方式上。经纬仪的望远镜调焦螺旋不在望远镜的侧面，而在靠近目镜端的望远镜筒上。方式如图 4-2 所示，以适应照准不同目标的需要。

2）横轴与望远镜固定在一起，并且水平安置在两个支架上，望远镜可绕其上下转动。在一端的支架上有一个制动螺旋，当旋紧时，望远镜不能转动。另有一个微动螺旋，在制动螺旋旋紧的条件下，转动它可使望远镜上下微动，以便于精确地准照目标。

2. 竖直度盘

竖直度盘用于测量垂直角，竖直度盘固定在横轴的一端，随望远镜一起转动，同时还设有竖直度盘指标水准管及其微动螺旋，用来控制竖盘读数指标。

3. 读数设备

读数设备用于读取水平度盘和竖直度盘的读数，它包括读数显微镜、测微器以及光路上一系列光学透镜和棱镜。

4. 照准部水准管

它是用于精确整平的仪器，有的经纬仪上还装有圆水准器，用于粗略整平仪器。水准管轴垂直于仪器轴，当准照部水准管气泡居中时，经纬仪的竖轴铅直，水平度盘处于水平位置。

5. 光学对中器

光学对中器用于使水平度盘中心位于测站的铅垂线上，它由目镜、物镜、分划板和转向棱镜组成。

6. 水平度盘

水平度盘是用于测量水平角的。它是由光学玻璃制成的圆环，环上刻有 0°、360°的分划线，在整度分划线上标有注记，并按顺时针方向注记，两相邻分划线的弧长所对圆心角，称为度盘分划值，通常为 1°或 30′。水平度盘与照准部是分离的，当照准部转动时，水平度盘并不随之转动。如果需要改变水平度盘的位置，可通过照准部上的水平度盘变换手轮，将度盘变换到所需要的位置。

7. 基座

基座用于支承整个仪器，并通过中心连接螺旋将经纬仪固定在三脚架上。基座上有 3 个脚螺旋一个圆水准气泡，用来粗平仪器。在基座上还有 1 个轴座固定螺旋，用于控制照准部和基座之间的衔接。

水平度盘旋转轴套套在竖轴套外围、拧紧轴套固定螺旋，可将仪器固定在基座上；旋松该螺旋，可将经纬仪水平度盘连同照准部从基座中拔出。

8. 读数装置

经纬仪的读数装置包括度盘、读数显微镜及测微器等。DJ₆ 级光学经纬仪的读数装置可以分为测微尺读数和单平板玻璃读数 2 种。

光学经纬仪的水平度盘及竖直度盘皆由环状的平板玻璃制成,在圆周上刻有 360°分划,在每度的分划线上注以度数。在工程上常用的 DJ₆ 级经纬仪一般为 1°或 30″一个分划。DJ₂ 级仪器则将 1°的分划再分为 3 格,即 20″一个分划。

光学经纬仪的度盘分划线,由于度盘尺寸限制,最小分划值难以直接刻划到秒,为了实现精密测角,要借助光学测微技术制作成测微器来测量不足度盘分划值的微小角值。DJ₆ 型光学经纬仪常用分微尺测微器和单平板玻璃测微器 2 种方法,DJ₂ 型光学经纬仪常用为双光楔测微器。

三、经纬仪的读数方法

1. 分数尺及其读数方法

在读数目镜中看到的度盘影像和分微尺影像如图 4-3 所示。上部为水平度盘影像,下部为竖直度盘影像。该分微尺的"0″"分划线就是读数指标线。度盘分划值为 1°,小于 1°的读数可以从分微尺读取。度盘 1°的间隔经放大后与分微尺长度相等,分微尺全长等分为 60 小格,每格 1′,因此在分微尺上可以直接读 1′,不足 1′的数可以估读到 0.1′即 6″。读数时,首先看分微尺上度数的分划线,线上注的字即为"度"的读数值,然后看分微尺上 0 分划线到水平度盘分划线间的分格数即为"分"的读数,不足 1′的估读,三者加起即为全部读数。图 4-3 中,水平度盘读数为 234°44.2′,即234°44′12″;竖盘读数为 90°27.6′,即 90°27′36″。

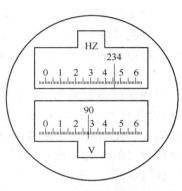

图 4-3 分微尺影像

2. 单平板玻璃测微器装置及读数方法

单子板玻璃测微器由平板玻璃、测微尺、测微轮及传动装置组成。单平板玻璃安装在光路的显微透镜组之后,与传动装置和测微尺连在一起,转动测微轮,单平板玻璃与测微尺同轴转动。平板玻璃随之倾斜。根据平板玻璃的光学特性,平板玻璃倾斜时,出射光线与入射光线不共线而偏移一个量,这个量由测微尺度量出来。转动测微轮使盘线移动 1 个分划值(1 格)30′,测微尺刚好移动全长。度盘最小分划值为 30′,测微尺共 30 大格,1 大格分划值为 1′,1 大格又分为 3 小格,则 1 小格分划值为 20″。

平板玻璃测微尺读数装置的读数窗视场如图 4-4 所示。它有 3 个读数窗口,其中下窗口为水平度盘影像窗口,中间窗口为竖直度盘影像窗口,上窗口为测微尺影像窗口。

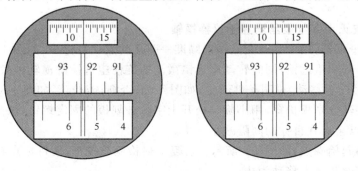

　　(a)水平度盘读数5°41′50″　　　　(b)竖直度盘读数92°17′34″

图 4-4 单平板玻璃分微尺测微器读数现场

读数时，先旋转测微螺旋，使两个度盘分划线中的某 1 个分划线精确地位于双指标线的中央，0.5°整倍数的读数根据分划线注记读出，小于 0.5°的读数从测微尺上读出，2 个读数相加即为度盘的读数。

四、经纬仪应满足的几何条件

如图 4-5 所示，经纬仪的主要轴线有竖轴 VV、横轴 HH、视准轴 CC 和水准管轴 LL。检验经纬仪各轴线之间应满足的几何条件有：

1）水准管轴 LL 应垂直于竖轴 VV。

2）十字丝纵丝应垂直于横轴 HH。

3）视准轴 CC 应垂直于横轴 HH。

4）横轴 HH 应垂直于竖轴 VV。

5）竖盘指标差为零。

通常仪器经过加工、装配、检验等工序出厂时，经纬仪的上述几何条件是满足的，但是，由于仪器长期使用或受到碰撞、振动等影响，均能导致轴线位置的变化。所以，经纬仪在使用前或使用一段时间后，应进行检验，如发现上述几何条件不满足，则需要进行校正。

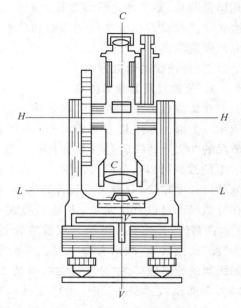

图 4-5 经纬仪轴线图

五、经纬仪的检验与校正

1. 检验与校正水准管轴 LL 垂直于竖轴

1）先整平仪器，照准部水准管平行于任意一对脚螺旋，转动该对脚螺旋使气泡居中，照准部旋转 180°，若气泡仍居中，说明此条件满足，否则需要校正。

2）如图 4-6a 所示，设水准管轴与竖轴不垂直，倾斜了 α 角，将仪器绕竖轴旋转 180°后，竖直位置不变，此时水准管轴与水平线的夹角为 2α，如图 4-6b 所示。

3）校正时，先相对旋转这两个脚螺旋，使气泡向中心移动偏离值的一半，如图 4-6c 所示，此时竖轴处于竖直位置。再用校正针拨动水准管一端的校正螺钉，使气泡居中，如图 4-6d 所示，此时水准管轴处于水平位置。

此检验与校正需反复进行，直到照准部旋转到任意位置气泡偏离零点都不超过半格为止。

2. 检验与校正十字丝竖丝垂直于仪器横轴

1）首先，整平仪器，用十字丝交点精确瞄准一明显的点状目标 P，如图 4-7 所示。

2）制动照准部和望远镜，同时转动望远镜微动螺旋使望远镜绕横轴做微小俯仰，如果目标点 P 始终在竖丝上移动，说明条件满足，如图 4-6a，否则，需校正，如图 4-6b。

3）旋下十字丝分划板护罩，用小旋具松开十字丝分划板的固定螺钉，微微转动十字丝分划板，使竖丝端点至点状目标的间隔减小一半。

4）再返转到起始端点，如图 4-8 所示。反复上述检验与校正，使目标点在望远镜上下俯仰时始终在十字丝竖丝上移动为止。

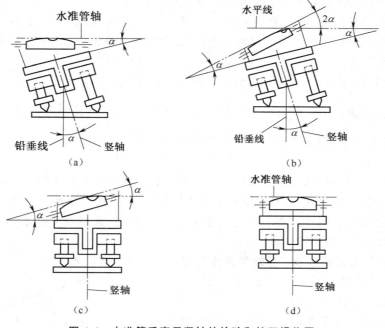

图 4-6　水准管垂直于竖轴的检验和校正操作图

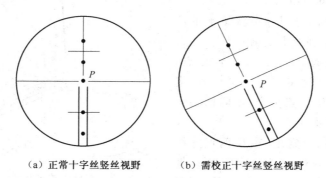

（a）正常十字丝竖丝视野　　（b）需校正十字丝竖丝视野

图 4-7　十字丝竖丝的检验

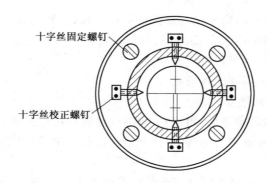

图 4-8　十字丝竖丝的校正

5)最后旋紧固定螺钉,旋上护盖。

3. 检验与校正视准轴垂直于横轴的操作与方法

1）首先，整平经纬仪，使望远镜大致水平，用盘左照准远处（80～100m）一明显标志点，读盘左水平度盘读数 L，再用盘右照准标志点，读水平度盘读数 R，如果 L 与 R 的读数相差 180°，说明条件满足。

2）如果读数相差不为 180°，差值为两倍视准轴误差，用 $2C$ 来表示。

3）校正时，在盘右位置按公式 $R_{正}=\dfrac{1}{2}[R+(L\pm180°)]$，计算出盘右的正确读数。

4）转动水平微动螺旋，使水平度盘置于正确读数 $R_{正}$，此时，望远镜十字丝交点已偏离了目标点。

5）旋下十字丝分划板护盖，稍微松开十字丝环上下两个校正螺钉，再拨动十字丝环的左右两个螺钉，一松一紧（先松后紧），推动十字丝环左右移动，使十字丝交点精确对准标志点。

反复上述操作，直到符合要求为止。另外，若采用盘左、盘右观测并取其平均值计算角值时，可以消除此项误差的影响。

4. 检验与校正横轴垂直于竖轴的操作与方法

1）在距一垂直墙面 20～30m 处，安置经纬仪，整平仪器，如图 4-9 所示。

2）盘左位置。瞄准墙面上高处一明显目标 P，仰角宜在 30°左右。

3）固定照准部。将望远镜置于水平位置，根据十字丝交点在墙上定出一点 A。

4）倒转望远镜成盘右位置，瞄准 P 点，固定照准部，再将望远镜置于水平位置，定出点 B。如果 A、B 两点重合，说明横轴垂直于竖轴；否则，需要校正。

5）校正时，在墙上定出 A、B 两点连线的中点 N，仍以盘右位置转动水平微动螺旋，照准 N 点，转动望远镜，仰视 P 点，此时十字丝交点必然偏离 P 点，设为 P' 点。

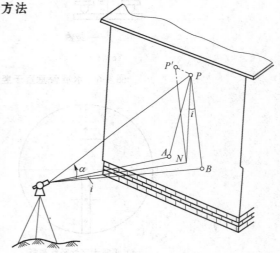

图 4-9　横轴垂直于竖轴的检验与校正图

6）打开仪器支架的护盖，松开望远镜横轴的校正螺钉，转动偏心轴承，升高或降低横轴的一端，使十字丝交点准确照准 P 点，最后拧紧校正螺钉。

此项检验与校正也需反复进行。

现代新型经纬仪已不需要此项校正。

5. 检验与校正竖盘水准管

1）安置经纬仪，待仪器整平后，用盘左、盘右观测同一目标点 A。

2）分别使竖盘指标水准管气泡居中，读取竖盘读数 L 和 R，计算竖盘指标差 x，若 x 值超过 1′时，需要校正。

3）校正时，先计算出盘右位置时竖盘的正确读数 $R_0=R-x$，原盘右位置瞄准目标 A 不动。

4）转动竖盘指标水准管微动螺旋，使竖盘读数为 R_0，此时，竖盘指标水准管气泡不再居中了,用校正针拨动竖盘指标水准管一端的校正螺钉,使气泡居中。

此项检校需反复进行,直至指标差小于规定的限度为止。

竖盘指标差如图 4-10 所示。

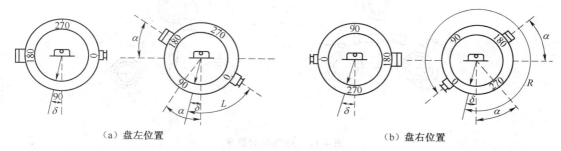

（a）盘左位置　　　　　　　　　　　　　　　（b）盘右位置

图 4-10　竖盘指标差图示

六、经纬仪的使用方法

1. 安置仪器

安置仪器是将经纬仪安置在测站点上,包括对中和整平两项内容。对中的目的是使仪器中心与测站点标志中心位于同一铅垂线上;整平的目的是使仪器竖轴处于铅垂位置,水平度盘处于水平位置。

安置仪器可按初步对中整平和精确对中整平两步进行。

（1）初步对中整平

1）用锤球对中时,其操作方法如下:

①将三脚架调整到合适高度,张开三脚架安置在测站点上方,在脚架的连接螺旋上挂上锤球,如果锤球尖离标志中心太远,可固定一脚移动另外两脚或将三脚架整体平移,使锤球尖大致对准测站点标志中心,并注意使架头大致水平,然后,将三脚架的脚尖踩入土中。

②将经纬仪从箱中取出,用连接螺旋将经纬仪安装在三脚架上。调整脚螺旋,使圆水准器气泡居中。

③如果锤球尖偏离测站点标志中心,可旋松连接螺旋,在架头上移动经纬仪,使锤球尖精确对中测站点标志中心,然后,旋紧连接螺旋。

2）用光学对中器对中时,其操作方法如下:

①使架头大致对中和水平,连接经纬仪;调节光学对中器的目镜和物镜对光螺旋,使光学对中器的分划板小圆圈和测站点标志的影像清晰。

②转动脚螺旋,使光学对中器对准测站标志中心,此时,圆水准器气泡偏离,伸缩三脚架架腿,使圆水准器气泡居中,注意脚架尖位置不得移动。

（2）精确对中和整平

1）对中时,先旋松连接螺旋,在架头上轻轻移动经纬仪,使锤球尖精确对中测站点标志中心或使对中器分划板的刻划中心与测站点标志影像重合;然后,旋紧连接螺旋。锤球对中误差一般可控制在 3mm 以内,光学对中器对中误差一般可控制在 1mm 以内。

2）整平。先转动照准部,使水准管平行于任意一对脚螺旋的连线,如图 4-11a 所示,两手同时向内或向外转动这两个脚螺旋,使气泡居中、注意:气泡移动方向始终与左手大拇指移动方向一致;然后将照准部转动 90°,如图 4-11b 所示,转动第三个脚螺旋,使水准管气泡居中。再将照准部转回原位置,检查气泡是否居中,若不居中,按上述步骤反复进行,直到水准管在任何位置,气泡偏离零点不超过一格为止。

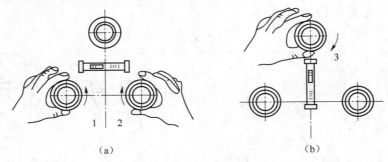

图 4-11　经纬仪的整平

对中和整平,一般都需要经过几次"整平—对中—整平"的循环过程,直至整平和对中均符合要求。

2. 瞄准操作

1)松开望远镜制动螺旋和照准部制动螺旋,将望远镜朝向明亮背景,调节目镜对光螺旋,使十字丝清晰。

2)利用望远镜上的照门和准星粗略对准目标,拧紧照准部及望远镜制动螺旋;调节物镜对光螺旋,使目标影像清晰,并注意消除视差。

3)转动照准部和望远镜微动螺旋,精确瞄准目标。测量水平角时,应用十字丝交点附近的竖丝瞄准目标底部,如图 4-12 所示。

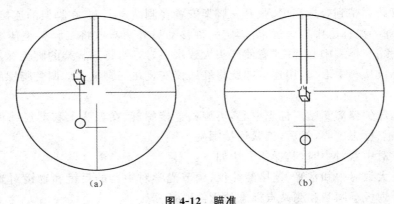

图 4-12　瞄准

3. 读数

1)打开反光镜,调节反光镜镜面位置,使读数窗亮度适中。

2)转动读数显微镜目镜对光螺旋,使度盘、测微尺及指标线的影像清晰。

3)根据仪器的读数设备,按经纬仪读数方法进行读数。

第二节　全站仪及使用

一、全站仪的构造

全站仪由电子测角、电子测距、电子补偿和微机处理装置 4 大部分组成,如图 4-13～图

4-15所示,全站仪本身就是一个带有特殊功能的计算机控制系统。由微机处理器对获取的倾斜距离、水平角、垂直角、轴系误差、竖盘指标差、棱镜常数、气温、气压等信息加以处理,从而获得各项改正后的观测数据和计算数据。

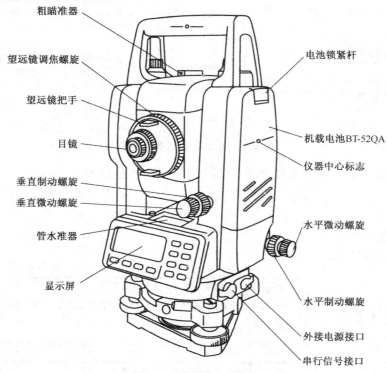

图 4-13　GTS-335 全站仪

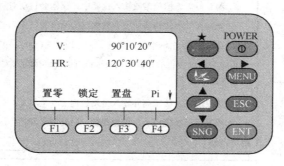

图 4-14　GTS-335 全站仪操作面板

全站仪在仪器的只读存储器固化了测量程序、测量过程由程序完成。

全站仪的测角部分为电子经纬仪,可以测定水平角、垂直角、设置方位角;测距部分为光电测距仪,可以测定两点之间的距离;补偿部分可以实现仪器垂直轴倾斜误差对水平角、垂直角测量影响的自动补偿改正;中央处理器接受输入命令、控制各种观测作业方式、进行数据处理等。

二、全站仪的等级

全站仪的测距精度依据国家标准分为3个等级,小于5mm为Ⅰ级仪器,标准差大于5mm小于10mm为Ⅱ级仪器,大于10mm小于20mm为Ⅲ级仪器。

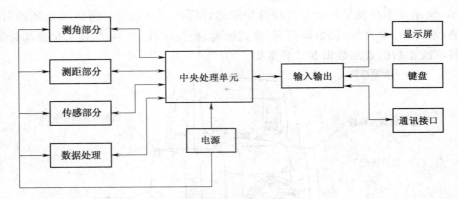

图 4-15　全站仪的组合框架图

全站仪测距和测角的精度通常应遵循等影响的原则，公式为：

$$\frac{m_D}{D}=\frac{m_\beta}{\beta}\quad 或 \quad \frac{m_\beta}{\beta}=2\times\frac{m_D}{D}$$

三、全站仪的功能

全站仪的功能如图 4-16 所示。

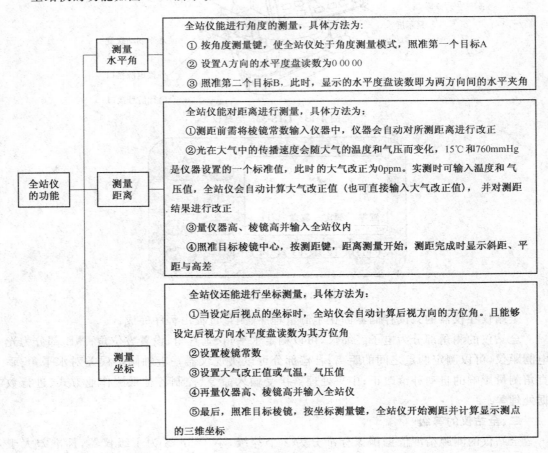

图 4-16　全站仪的测量功能

四、全站仪的检测

全站仪作为一种现代化的计量工具,必须依法对其进行计量检定,以保证量度的统一性、标准性及合格性。检定周期最多不能超过 1 年。对全站仪的检定分为 3 个方面,即对测距性能的检测、对测角性能的检测和对其数据记录数据通信及数据处理功能的检查。

对全站仪的检测主要有以下几方面:

1)光电测距单元性能测试。测试光相位均匀性、周期误差、内符合精度、精测尺频率,加、乘常数及综合评定其测距精度。必要时,还可以在较长的基线上进行测距的外符合检查。

2)电子测角系统检测。主要是光学对中器和水准管的检校,照准部旋转时仪器基座方位稳定性检查,测距轴与视准轴重合性检查,仪器轴系误差(照准差 C,横轴误差 i,竖盘指标差 I)的检定,倾斜补偿器的补偿范围与补偿准确度的检定,一测回水平方向指标差的测定和一测回竖直角标准偏差测定。

3)数据采集与通信系统的检测。主要检查内存中的文件状态,检查储存数据的个数和剩余空间;查阅记录的数据;对文件进行编辑、输入和删除功能的检查;数据通信接口、数据通信专用电缆的检查等。

五、全站仪的使用方法

1. 安置仪器

使用时,首先,在测站点安置电子经纬仪,在电子经纬仪上连接安装光电测距仪,在目标点安置反光棱镜,用电子经纬仪瞄准反光棱镜的觇牌中心,操作键盘,在显示屏上显示水平角和垂直角。

2. 测量

用光电测距仪瞄准反光棱镜中心,操作键盘,测量并输入测量时的温度、气压和棱镜常数,然后,置入天顶距(即电子经纬仪所测垂直角),即可显示斜距、高差和水平距离。最后,再输入测站点的坐标方位角及测站点的坐标和高程,即可显示照准点的坐标和高程。

3. 数据处理并绘图

全站仪的电子手簿中可储存上述数据,最后输入计算机进行数据处理和自动绘图。

目前,全站型电子速测仪已逐步向自动化程度更高、功能更强大的全站仪发展。

1)使用全站仪前,应认真阅读仪器使用说明书。先对仪器有全面的了解,着重学习一些基本操作,如测角、测距、测坐标、数据存储、系统设置等。在此基础上再掌握其他如导线测量,放样等测量方法。然后可进一步学习掌握存储卡的使用。

2)凡迁站都应先关闭电源并将仪器取下装箱搬运。

3)电池充电时间不能超过专用充电器规定的充电时间,否则有可能将电池烧坏或者缩短电池的使用寿命。若用快速充电器,一般只需要 60~80min。电池如果长期不用,则一个月之内应充电 1 次。存放温度以 0~40℃ 为宜。

4)仪器安置在三脚架上之前,应检查三脚架的三个伸缩螺旋是否已旋紧。在用连接螺旋将仪器固定在三脚架上之后才能放开仪器。在整个操作过程中,观测者决不能离开仪器,以避免发生意外事故。

5)严禁在开机状态下插拔电缆,电缆、插头应保持清洁、干燥。插头如有污物,需进行清理。

6)在阳光下或阴雨天气进行作业时,应打伞遮阳、避雨。

7)望远镜不能直接照准太阳,以免损坏测距部的发光二极管。

8)仪器应保持干燥,遇雨后应将仪器擦干,放在通风处,待仪器完全晾干后才能装箱。仪器应保持清洁、干燥。由于仪器箱密封程度很好,因而箱内潮湿会损坏仪器。

9)电子手簿(或存储卡)应定期进行检定或检测,并进行日常维护。

10)全站仪长途运输或长久使用以及温度变化较大时,宜重新测定并存储视准轴误差及整盘指示差。

全站仪是一种由机械、光学、电子元件组合而成的测量仪器,可以进行角度(水平角、竖直角)、距离(斜距、平距)、高差测量和数据处理,只需 1 次安置仪器便可以完成测站上所有的测量工作。

全站仪实现了观测结果的完全信息化、观念信息处理的自动化和实时化,并可实现观测数据的野外实时存储以及内业输出等,极大地方便了测量工作。

第三节　角度测量实用技术

一、水平角测量

1. 水平角测量原理

如图 4-17 所示,A、B、C 是地面上三个不同高程的点,$\angle CAB$ 为直线 AB 与 AC 之间的夹角,测量中所要观测的水平角是 $\angle CAB$ 在水平面上的投影 β,即 $\angle cab$。

从图 4-17 上可以看出,地面上的三点 A、B、C 的水平投影 a、b、c 是通过做它们的铅垂线得到的。如设想在竖线 aA 上的 O 点水平地放置一个按顺时针注记的全圆量角器(水平度盘),注记由 $0°$ 递增到 $360°$,通过 AC 的方向线沿竖面投影在水平度盘上的读数为 n,通过 AB 的方向线沿竖面投影在水平度盘上的读数为 m,则 m 减 n 就是圆心角 β,即:

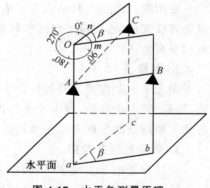

图 4-17　水平角测量原理

$$\beta = m - n$$

那么,β 就是我们要测的水平角。

2. 水平角测量要点

(1)测回法

测回法用于测量两个方向之间的夹角。如图 4-18 所示,设 O 为测站点,A、B 为观测目标,用测回法观测 OA 与 OB 两方向之间的水平角 β。测回法测量水平角的操作步骤及方法如下:

①首先,在测站点 O 安装经纬仪,在 A、B 两点竖立测杆或测钎等,作为目标标志。

②将经纬仪放置于盘左位置(竖直度盘位于望远镜的左侧,也称正镜)。

③转动照准部,先瞄准左目标 A(此时 A 为起始目标,OA 为起始方向),读取水平度盘读数 α_L,将记录填入观测手簿表内。

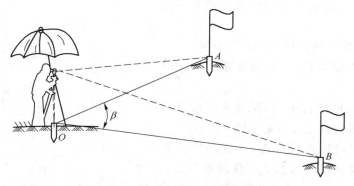

图 4-18　水平角测量(测回法)示意图

④松开照准部制动螺旋,顺时针转动照准部,瞄准右目标 B,读取水平度盘读数 β_L,并同样将记录填入表内。此时,完成上半测回。

⑤松开照准部制动螺旋,倒转望远镜成盘右位置(竖直度盘位于望远镜的右侧,也称倒镜),先瞄准右目标 B,读取水平度盘读数 β_R。

⑥松开照准部制动螺旋,逆时针转动照准部,瞄准左目标 A,读取水平度盘读数 α_R,此时,完成下半测回。

上半测回和下半测回构成一个测回。

⑦对于 DJ$_6$ 型光学经纬仪,如果上、下两半测回角值之差不大于 $\pm40''$,即 $|\beta_L-\beta_R|\leqslant 40''$,认为观测合格。此时,可取上、下两半测回角值的平均值作为一测回角值 β,计算公式为:

$$\beta=\frac{1}{2}(\beta_L+\beta_R)$$

⑧由于水平度盘是顺时针刻划和注记的,所以,在计算水平角时,总是用右目标的读数减去左目标的读数,如果不够减,则应在右目标的读数上加上 360°,再减去左目标的读数,绝不可以倒过来减。

⑨当测角精度要求较高时,需对一个角度观测多个测回,为了减弱度盘分划误差的影响,各测回在盘左位置观测起始方向时,应根据测回数 n,以 $180°/n$ 的差值安置水平度盘读数。

⑩安置水平度盘读数时,先转动照准部瞄准起始目标,再按下度盘变换手轮下的保险手柄,将手轮推压进去,同时转动手轮,直至从读数窗看到所需读数。

(2)方向观测法

方向观测法也叫全圆方向测量法,它是以某个目标作为起始方向,依次观测出其余各个目标相对于起始方向的方向值,再根据方向值计算水平角,它适用于三个及以上方向之间的夹角测量。

如图 4-19 所示,先在测站 O 上安置仪器,对中、整平后,选择 A 目标作为零方向,观测 B、C、D 三个方向的方向值,然后,计算相邻两方向的方向值之差获得水平角,当方向超过 1 个时,需在每个半测回末尾端再观测 1 次方向(称为归零),2 次观测零方向的读数应相等或差值不超过规范要求,其差值称"归零差"。如果半测回归零差超限,应立即查明原因并且重新测量。

方向观测法测量水平角的操作步骤及方法如下。

1）将仪器安置于测站 O 上，对中、整平。

2）选与 O 点相对较远、成像清晰的目标 A 作为起始方向。

3）盘左位置，照准目标 A，配置水平度盘的起始读数，读取该数并记入观测手簿中。

4）顺时针方向转动照准部，依次瞄准目标 B、C、D 和 A，读取相应的水平度盘读数并记入观测手簿中。

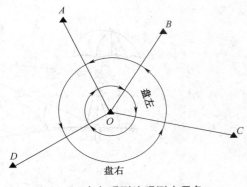

图 4-19　方向观测法观测水平角

以上 3）、4）步为上半测回，观测顺序为 A、B、C、D、A。

5）倒转望远镜使仪器成盘右位置，照准起始方向 A，读取水平度盘读数并记入观测手簿中。

6）逆时针方向转动照准部，依次照准目标 D、C、B，再次瞄准目标 A，读取相应的水平度盘读数并记入观测手簿中。

以上 5）、6）称为下半测回，观测顺序为 A、D、C、B、A。

上、下半测回合起来称为一个测回。方向观测法测量水平角相关计算及规定如图 4-20 所示。

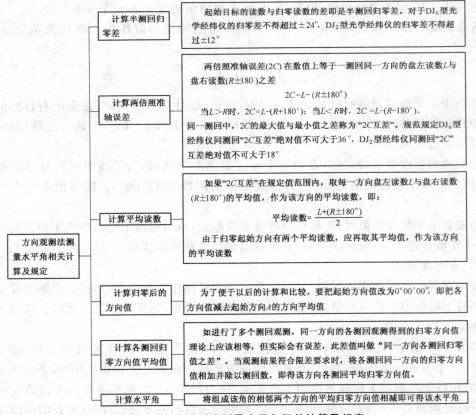

图 4-20　方向观测法测量水平角相关计算及规定

二、竖直角测量

1. 竖直角测量原理

在同一铅垂面内，观测视线与水平线之间的夹角，叫作竖直角，也叫倾角，通常用 α 表示，其大小范围在 $0°\sim\pm90°$ 之间。当方向线位于水平线上方时，竖直度为正值，称为仰角；当方向线位于水平线下方时，竖直角为负值，称为俯角。

如图 4-21 所示，竖直度的测量是用望远镜瞄准目标的视线与水平线分别在竖直度盘上有对应读数，两读数之差即为垂直角的角值。所不同的是，垂直角的两方向中的一个方向是水平方向。

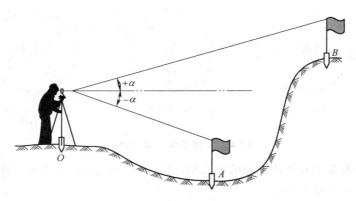

图 4-21　竖直角测量原理图

无论对哪一种经纬仪来说，视线水平时的竖盘读数都应为 90° 的倍数。所以，测量垂直角时，只要瞄准目标读出竖盘读数，即可计算出垂直角。

2. 竖直角的计算

测定竖直角，实际上只对视线照准目标进行读数。在计算竖直角时，究竟是哪一个读数减哪一个读数，视线水平时的读数是多少，应按竖盘的注记形式来确定。

观测竖直角之前，先以盘左位置将望远镜放在大致水平的位置，观察一个读数，以确定竖盘始读数，再渐渐仰起望远镜，观察竖直度盘读数是增加还是减少。

如果竖直盘读数增加，则竖直角的计算公式为 $\alpha=$ 照准目标时的读数－竖盘始读数；若读数减少，则 $\alpha=$ 竖盘始读数－照准目标时的读数。

现以图 4-22a、图 4-22b 及图 4-22c 为 DJ_6 型经纬仪在盘左时的 3 种情况，若指标位置正确，那么视准轴水平、指标水准管气泡居中时，指标所指的竖直度盘读数为 90°（用 $L_{水平}$ 表示），抬高望远镜时，测得仰角读数 $L_{水平}$（$L_{水平}=90°$）小；当降低望远镜时，读数比 $L_{水平}$（$L_{水平}=90°$）大。

所以，盘左时竖直角的计算公式应为：

$$\alpha_{左}=90°-L_{读}$$

即 $\alpha_{左}>0°$ 为仰角；$\alpha_{左}<0°$ 为俯角。

图 4-22d、图 4-22e 及图 4-22f 为盘右时的三种情况，竖直盘读数为 270°（用 $R_{水平}$ 表示），与盘左相反，俯角时读数比 $R_{水平}$（$R_{水平}=270°$）大，俯角时比 $R_{水平}$ 小。因此，盘右时竖直角的计算公式应为：

$$\alpha_{右}=R_{读}-270°$$

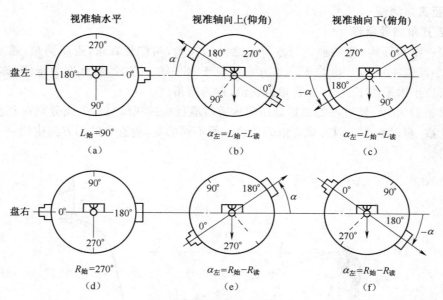

图 4-22　竖直角计算原理图

以上为竖直度盘顺时针注记时的竖直角计算公式,当竖直度盘为逆时针注记时,同理很容易得出竖直角的计算公式:

$$\alpha_{左} = L_{读} - 90°$$

$$\alpha_{右} = 270° - R_{读}$$

3. 竖盘指标差

竖盘指标差是指竖盘读数指标差的实际位置与正确位置的差值,即当指标水准管气泡居中时,指标从正确位置偏移了一个值。这个差值以 x 来表示。

当指标偏移方向与竖盘注记方向一致时,则使读数中增大了一个 x,令 x 为正;反之,指标偏移方向与竖盘注记方向相反时,则使读数中减小了一个 x,令 x 为负。

如图 4-23 所示,盘左位置时,照准轴水平,指标偏在读数大的一方,盘左时的始读数为 $(90° + x)$,正确的竖直角应为:

$$\alpha = (90° + x) - L$$

同理,盘右时的正确竖直角应为:

$$\alpha = R - (270° + x)$$

将上两式相加得:

$$\alpha = \frac{1}{2}(R - L - 180°)$$

两式相减得:

$$x = \frac{1}{2}(L + R - 360°)$$

利用盘左、盘右观测竖直角并取平均值可以消除竖盘指标差的影响,即 α 与 x 的大小无关,也就是说指标差本身对求得的竖直角没有影响,只是指标差过大时心算不太方便,应予以纠正。另外 α 与 x 均有正、负之分,计算时应注意。

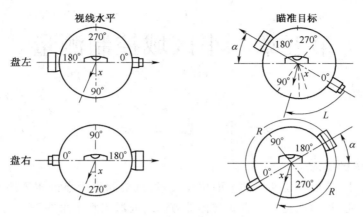

图 4-23 竖盘指标差示意图

4. 竖直角观测方法

（1）中丝法

中丝法指用十字丝的中丝（即水平长丝）切准目标进行竖直角观测的方法。其操作步骤为：

1）如图 4-22 所示，安置仪器于测站上，确定仪器竖直角计算公式。设盘左位置，望远镜水平时的竖盘读数为 90°，抬高望远镜，读数减少；照准目标，固定照准部和望远镜，转动水平微动螺旋和竖直微动螺旋，使十字丝的中丝精确切准目标的特定部位。

2）如果仪器竖盘指标为自动归零装置，则直接读取读数 L；如果采用的是竖盘指标水准管，应先调整竖盘指标水准管微动螺旋使气泡居中再读数，记入记录手簿。

3）盘右精确照准同一目标的同一特定部位，读数并记录。根据竖直角计算公式，计算竖直角。

（2）三丝法

三丝法的操作步骤为：

1）盘左用十字丝的上、中、下三丝分别相切于目标的确定高度，调平竖盘指标水准管气泡，然后，读竖盘读数，计算三个竖直角。

2）盘右再用上、中、下三丝分别相切于目标同一高度，调平竖盘指标水准管气泡，读竖盘读数，计算三个竖直角。

3）取 6 个竖直角平均值为最后结果。

第五章　小区域控制测量

第一节　直线定向

一、直线定向的概念

在测量工作中,若要确定两点的平面位置关系,既要测量两点的水平距离,还要明确通过两点的直线方向,这种确定一条直线与标准方向之间所夹水平角的工作就叫作直线定向。直线定向也是测量的基本作。

二、标准方向

我国通用的标准方向有真子午线方向、磁子午线方向和坐标纵轴方向,简称为真北方向、磁北方向和轴北方向,即三北方向,如图 5-1 所示。

1. 真子午线方向

通过地球上某点及地球的北极和南极的半个大圆称为该点的真子午线。真子午线方向指出地面上某点的真北和真南方向。真子午线方向要用天文观测方法、陀螺经纬仪和 GPS 来测定。

由于地球上各点的真子午线都向两级收敛而会集于两极,所以,虽然各点的真子午线方向都是指向真北和真南,然而在经度不同的点上,真子午线方向互不平行。

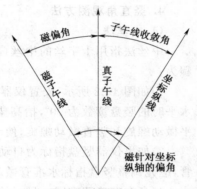

图 5-1　标准方向

2. 磁子午线方向

过地球上某点及地球南北磁极的半个大圆称为该点的磁子午线。自由旋转的磁针静止下来所指的方向,就是磁子午线方向。磁子午线方向可用罗盘来确定。

由于地球磁极位置不断地在变动,以及磁针受局部吸引等影响,因此,磁子午线方向不宜作为精确方向的基本方向,使由于用磁子午线定向方法简便,在独立的小区域测量工作中仍可采用。

3. 坐标纵轴方向

在高斯平面直角坐标系中,其每一投影带中央子午线的投影为坐标纵轴方向,即轴北方向。如果采用假定坐标系则坐标纵轴方向为标准方向。坐标纵轴方向是测量工作中常用的标准方向。

三、表示直线方向的方法

1. 方位角表示直线方向

直线的方位角是从标准方向的北端顺时针旋转至某直线所夹的水平角,通常用 α 表示,角度范围为 $0° \sim 360°$,方位角可分为真方位角、磁方位角和坐标方位角。

1)真方位角。从真子午线的北端顺时针旋转到某直线所成的水平角称为该直线的真方位角,用 $A_真$ 表示。

2)磁方位角。从磁子午线的北端顺时针旋转到某直线所成的水平角称为该直线的磁方位角,用 $A_磁$ 表示。

3)坐标方位角。从坐标纵轴的北端顺时针旋转到某直线所成的水平角称为该直线的坐标方位角,一般用 α 表示。

在工程测量中,通常采用坐标方位角来表示直线的方向。

2. 各个方位角之间的关系

各个方位角之间的关系见表5-1。

表 5-1　各个方位角之间的关系

类　　别	内　　容
真方位角与磁方位角的关系	由于地磁的两极与地球的两极并不重合,故同一点的磁北方向与真北方向一般是不一致的,它们之间的夹角称为磁偏角,以 δ 表示。真方位角与磁方位角之间的关系如图 5-2,其换算关系式为: $$A_真 = A_磁 + \delta$$ 当磁针北端偏向真北方向以东称为东偏,磁偏角为正;当磁针北端偏向真北方向以西称西偏,磁偏角为负。我国的磁偏角的变化范围大约在 $-10° \sim +6°$
真方位角与坐标方位角的关系	赤道上各点的真子午线方向是相互平行的,地面上其他各点的真子午线都收敛于地球两极,是不平行的。地面上各点的真子午线北方向与坐标纵线北方向之间的夹角,称为子午线收敛角,通常用 r 表示 真方位角与坐标方位角的关系如图 5-3,换算关系为: $$A_真 = \alpha + r$$ 在中央子午线以东地区,各点的坐标纵线北方向偏在真子午线的东边,r 为正值,在中央子午线以西地区,r 为负值
坐标方位角与磁方位角的关系	如果已知某点的子午线收敛角 r 和磁偏角 δ,则坐标方位角与磁方位角之间的关系为: $$\alpha = A_磁 + \delta - r$$

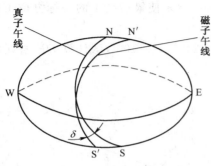

图 5-2　真方位角与磁方位角关系

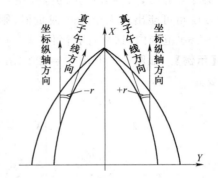

图 5-3　真方位角与坐标方位角关系

3. 正、反坐标方位角

测量工作中所用直线是有方向的,一条直线存在正、反两个方向,如图5-4所示,过 A

点的坐标纵轴北方向与直线 AB 所夹的水平角 α_{AB} 称为直线 AB 的正坐标方位角,过 B 点的坐标纵轴北方向与直线 BA 所夹的水平角 α_{BA} 称为直线 AB 的反坐标方位角。正、反坐标方位角互差为 $180°$,可用下式表示:

$$\alpha_{BA} = \alpha_{AB} \pm 180°$$

4. 坐标方位角的推算

测量工作中,并不直接测定每条直线的坐标方位角,而是通过一已知直线的坐标方位角,根据该直线与另一直线所夹的水平角,推算另一直线的坐标方位角,如图 5-5 所示。折线 $A—B—C—D—E$ 所夹的水平角 β_1、β_2、β_3 称为转折角,在推算方向左侧的转折角称为左角,在推算方右侧的转折称为右角。

(1)相邻两条边坐标方位角的推算

设 α_{AB} 为已知方位角,各转折角为左角。

$$\alpha_{BC} = \alpha_{AB} + \beta_1 - 180°$$

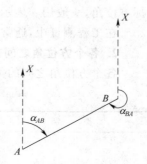

图 5-4　正、反坐标方位角

同理有:

$$\alpha_{CD} = \alpha_{BC} + \beta_2 - 180°$$

$$\alpha_{DE} = \alpha_{CD} + \beta_3 - 180°$$

因此,可以得出按左角推算相邻坐标方位角的计算公式为:

$$\alpha_{前} = \alpha_{后} + \beta_{左} - 180°$$

根据左右角间的关系,将 $\beta_{左} = 360° - \beta_{右}$ 代入上式,则有:

$$\alpha_{前} = \alpha_{后} - \beta_{右} + 180°$$

综合上式可得出相邻两条边坐标方位角的计算公式为:

$$\alpha_{前} = \alpha_{后} \pm \beta \pm 180°$$

(2)任意边坐标方位角的推算

综合上述关系式,可以得到坐标方位角的计算公式通式为:

$$\alpha_{终} = \alpha_{始} \pm \sum\beta \pm n \times 180°$$

此式中的 β 前的"±"取法:当 β 为右角时取"+",当 β 为左角时取"−"。

实际计算时,坐标方位角的范围在 $0°\sim360°$,$n \times 180°$ 前的"±"可以任意取"+"或"−",坐标方位角可能出现大于 $360°$ 或负值,则可通过 $\pm360° \times n$ 使最后结果的坐标方位角取值在 $0°\sim360°$ 范围内,这样计算简便。

【**示例**】　如图 5-5 中,$\alpha_{AB} = 120°$,$\beta_1 = 130°$,$\beta_2 = 240°$,$\beta_3 = 100°$,试计算 DE 直线的方位角 α_{DE}。

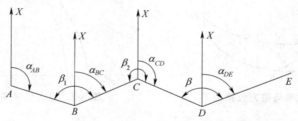

图 5-5　坐标方位角的推算

解：依据任意边坐标方位角计算通式，DE 直线的方位角 α_{DE} 的值为：

$$\alpha_{DE}=120°+130°+240°+100°+3×180°=1130°$$

由于 $1130°>360°$，化为 $0°\sim360°$ 为：$50°$。

5.象限角表示直线方向

直线的方向还可以用象限角来表示。由标准方向（北端或南端）度量到直线的锐角，称为该直线的象限角，用 R 表示，取值范围为 $0°\sim90°$，为了确定不同象限中相同 R 值的直线方向，将象限角分别用北东（第Ⅰ象限）、南东（第Ⅱ象限）、南西（第Ⅲ象限）和北西（第Ⅳ象限）表示，如图 5-6 所示。

坐标方位角与象限角之间的关系见表 5-2。

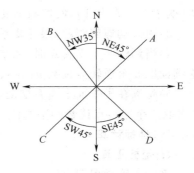

图 5-6 象限角

表 5-2 坐标方位角与象限角之间的关系

象 限	坐标方位角与象限角之间的关系	象 限	坐标方位角与象限角之间的关系
第Ⅰ象限	$\alpha=R$	Ⅲ象限	$\alpha=R+180°$
Ⅱ象限	$\alpha=180°-R$	Ⅳ象限	$\alpha=360°-R$

四、直线方向的测定

1. 磁方位角的测定

1）将罗盘仪安置在直线的起点，对中，整平（罗盘盒内一般均设有水准器，指示仪器是否水平）。

2）旋松螺旋，放下磁针，然后，转动仪器，通过瞄准设备去瞄准直线另一端的标杆。

3）待磁针静止后，读出磁针北端所指的读数，即为该直线的磁方位角。

2. 真方位角的测定

先使陀螺经纬仪在测线起点，对中、整平，在盘左位置装上陀螺仪，并使经纬仪和陀螺仪的目镜同侧，接通电源。

（1）粗定向

有两逆转点法、1/4 周期法和罗盘法，其中，两逆转点法的操作方法如下：

1）启动电动机，旋转陀螺仪操作手轮，放下灵敏部，松开经纬仪水平制动螺旋。

2）由观测目镜中观察光标线游动的方向和速度，用手扶住照准部进行跟踪，使光标线随时与分划板零刻划线重合。

3）当光标线游动速度减慢时，表明已接近逆转点。在光标线快要停下来的时候，旋紧水平制动螺旋，用水平微动螺旋继续跟踪，当光标出现短暂停顿到达逆转点时，马上读出水平度盘读数；随后光标反向移动，同法继续反向跟踪，当到达第二个逆转点时再读取。托起灵敏部制动陀螺，取两次读数的平均值，即得近似北方向左度盘上的读数。将照准部安置在此平均读数的位置上，这时，望远镜视准轴就近似指向北方向。

（2）精密定向

当望远镜已接近指北，便可进行精密定向。精密定向有跟踪逆转点法和中天法，其中，跟踪逆转点法的操作方法如下：

1)将水平微动螺旋放在行程中间位置,制动经纬仪照准部。

2)启动电动机,达到额定转速并继续运转 3min 后,缓慢地放下陀螺灵敏部,并进行限幅(摆幅 3°~7° 为宜),使摆幅不要超过水平微动螺旋行程范围。

3)用微动螺旋跟踪,跟踪要平稳和连续,不要触动仪器各部位。

4)当到达一个逆转点时,在水平度盘上读数,然后朝相反的方向继续跟踪和读数,如此连续读取 5 个逆转点读数 u_1、u_2、u_3、u_4、u_5。结束观测,托起灵敏部,关闭电源,收测。

5)陀螺在子午面上左右摆动,其轨迹符合正弦规律,但摆幅会略有衰减,如图 5-7 所示。2 次取 5 个逆转点读数的平均值,就得到陀螺北方向的读数 N_T。

五、坐标计算

1. 坐标正算

坐标正算是根据直线起点的坐标、直线的水平距离及其坐标方位角来计算直线终点的坐标。

如图 5-8 所示,已知直线 AB 的起点 A 的坐标(x_A, y_A)、AB 两点间的水平距离 D_{AB} 和 AB 边的坐标方位角 α_{AB},那么终点 B 的坐标(x_B, y_B)的计算步骤如下:

设 $\Delta x_{AB} = x_B - x_A$,$\Delta x_{AB}$ 称为 A 点至 B 点的纵坐标增量,$\Delta y_{AB} = y_B - y_A$,$\Delta y_{AB}$ 称为 A 点至 B 点的横坐标增量。

用数学公式可以得出:

$$\left.\begin{array}{l} \Delta x_{AB} = D_{AB}\cos\alpha_{AB} \\ \Delta y_{AB} = D_{AB}\sin\alpha_{AB} \end{array}\right\}$$

那么,B 点的坐标计算公式为:

$$\left.\begin{array}{l} x_B = x_A + \Delta x_{AB} = x_A + D_{AB}\cos\alpha_{AB} \\ y_B = y_A + \Delta y_{AB} = y_A + D_{AB}\sin\alpha_{AB} \end{array}\right\}$$

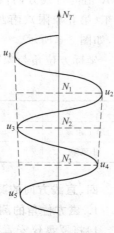

图 5-7 跟踪逆转点法

2. 坐标反算

坐标反算是根据直线始点和终点的坐标,计算直线的水平距离和该直线的坐标方位角,称为坐标反算。

如图 5-9 所示,A、B 两点的水平距离及坐标方位角可以按下面的公式来计算:

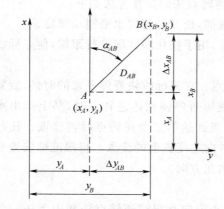

图 5-8 坐标正、反算图

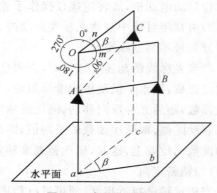

图 5-9 水平角测量原理

$$D_{AB}=\sqrt{\Delta x_{AB}^2+\Delta y_{AB}^2}=\sqrt{(x_B-x_A)^2+(y_B-y_A)^2}$$

$$\alpha'_{AB}=\arctan\frac{|\Delta y_{AB}|}{|\Delta x_{AB}|}=\arctan\frac{|y_B-y_A|}{|x_B-x_A|}$$

用上式公式所得的角值,要进行象限判别。

①当 $\Delta x_{AB}>0$, $\Delta y_{AB}>0$ 时, α_{AB} 是第Ⅰ象限的角,其范围在 0°~90°。所求的坐标方位角 α_{AB} 就等于计算的角值 α'_{AB},即 $\alpha_{AB}=\alpha'_{AB}$。

②当 $\Delta x_{AB}>0$, $\Delta y_{AB}<0$ 时, α_{AB} 是第Ⅳ象限的角,其范围在 270°~360°。所求的坐标方位角 α_{AB} 等于计算所得的负角值 α'_{AB} 加上 360°,即 $\alpha_{AB}=\alpha'_{AB}+360°$。

③当 $\Delta x_{AB}<0$, $\Delta y_{AB}<0$ 时, α_{AB} 是第Ⅲ象限的角,其范围在 180°~270°。所求的坐标方位角 α_{AB} 等于计算所得的正角值 α'_{AB} 加上 180°,即 $\alpha_{AB}=\alpha'_{AB}+180°$。

④当 $\Delta x_{AB}<0$, $\Delta y_{AB}>0$ 时, α_{AB} 是第Ⅱ象限的角,其范围在 90°~180°。所求的坐标方位角 α_{AB} 等于计算所得的负角值 α'_{AB} 加上 180°,即 $\alpha_{AB}=\alpha'_{AB}+180°$。

如果坐标方位角已经先知道,也可用下面的公式计算水平距离。

$$D_{AB}=\frac{\Delta y_{AB}}{\sin\alpha_{AB}}=\frac{\Delta x_{AB}}{\cos\alpha_{AB}}$$

第二节　导线测量

一、导线测量等级及技术要求

导线按精度可分为一级、二级、三级导线和图根导线,其主要技术要求列入表 5-3。表中 n 为测角个数, M 为测图比例尺的分母。

表 5-3　导线测量的主要技术要求

等级	导线长度（m）	平均边长（m）	往返丈量较差相对误差	测角中误差（"）	导线全长相对闭合差	测回数		角度闭合差（"）
						DJ$_2$	DJ$_6$	
一级	4000	500	1/20000	±5	1/10000	2	4	$\pm10\sqrt{n}$
二级	2400	250	1/15000	±8	1/7000	1	3	$\pm16\sqrt{n}$
三级	1200	100	1/10000	±12	1/5000	1	2	$\pm24\sqrt{n}$
图根	≤1.0M	≤1.5测图最大视距	1/3000	±20	1/2000		1	$\pm60\sqrt{n}$

二、导线测量时导线的布设

依据测区不同需要,导线的主要布设形式有闭合导线、附合导线、支导线及无定向附合导线等几种形式。

1. 闭合导线

如图 5-10 所示,导线从已知控制点 B 和已知方向 BA 出发,经过 1、2、3、4 最后仍回到起点 B,形成一个闭合多边形,这样的导线称为闭合导线。

闭合导线本身存在着严密的几何条件,具有检核作用。闭合导线适合于方圆形地区,常用作独立测区的首级平面控制。

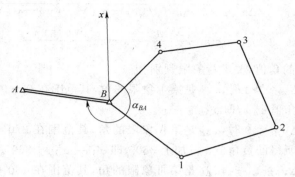

图 5-10　闭合导线布设图

2. 附合导线

如图 5-11 所示，导线从已知控制点 B 和已知方向 BA 出发，经过 1、2、3 点，最后附合到另一已知点 C 和已知方向 CD 上，这样的布设称为附合导线布设形式。这种布设形式适合于具有高级控制点的带状地区，常用于平面控制测量的加密。

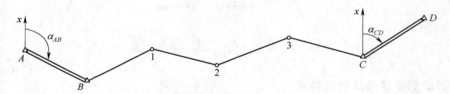

图 5-11　附合导线布设图

3. 支导线

支导线布设形式是由一已知点和已知方向出发，既不附合到另一已知点，又不回到原起始点的布设形式。如图 5-12 所示，B 为已知控制点，α_{BA} 为已知方向，1、2 为支导线点。由于支导线缺乏检核条件，不易发现错误，因此，其点数一般不超过 2 个，这种布设形式仅用于图根导线测量。

4. 无定向附合导线

如图 5-13 所示，由一个已知点 A 出发，经过若干个导线点 1、2、3，最后附合到另一已知点 B 上，但起始边方位角不知道，且起、终两点 A、B 不通视，只能假设起始边方位角，这样的布设称为无定向附合导线布设形式，它适用于狭长地区。

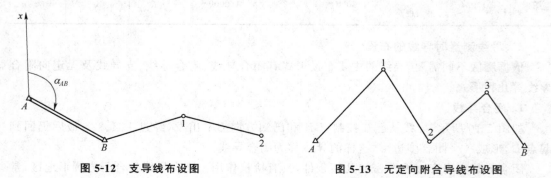

图 5-12　支导线布设图　　　　**图 5-13　无定向附合导线布设图**

三、导线外业测量

1. 踏勘选点

1)在踏勘选点之前,首先要调查和收集测区已有的地形图及控制点资料,依据测图和施工的需要,在地形图上拟定导线的布设方案。

2)再到野外现场踏勘、核对、修改并落实点位。

3)如果测区没有以前的地形资料,那么需要现场实地踏勘,依据实际情况,直接拟定导线的路线和形式。

导线点要有足够的密度,分布较均布,便于控制整个测区。

导线边长应大致相等,相邻边长度之比不要超过 3 倍,其平均边长要符合规定。

相邻导线点间要通视,地势要比较平坦,以便于量边和测角。

导线点应选在土质坚实、视野开阔处,以便于保存点的标志和安置仪器,同时也便于碎部测量和施工放样。

2. 建立标志

1)踏勘选点后,应根据需要做好标志。导线点的标志有永久性标志和临时性标志 2 种。若导线点需要长期保存,就要埋设石桩或混凝土桩,桩顶嵌入刻有"十"字标志的金属,也可将标志直接嵌入水泥地面或岩石上;若导线点只为短期保存,那么只要在地面上打下一大木桩,桩顶钉一小钉作为标志即可,也可用红漆划一圆,内点一小点作为临时标志。

2)为了避免混乱,便于寻找所建立的标志,导线要统一编号,并绘制点之记。

3. 测量导线边长

1)导线边长可用钢尺直接丈量、用光电测距仪或用全站仪直接测定。

2)用钢尺丈量时,选用检定过的 30m 或 50m 的钢尺,导线边长应往返丈量 1 次,往返丈量相对误差应满足导线测量技术的要求。

3)用光电测距仪测量时,要同时观测垂直角,供倾斜改正之用。

4. 测量导线转折角

1)导线的转折角有左、右之分,以导线为界,按编号顺序方向前进,在前进方向左侧的角称为左角,在前进方向右侧的角称为右角。

2)附合导线,可测其左角,也可测其右角,但全线要统一。

3)闭合导线,可测其内角,也可测其外角,若测其内角并按逆时针方向编号,其内角均为左角,反之为右角。角度观测采用测回法,各等级导线的测角要求,均应满足导线测量技术要求。

5. 测量导线连接角

测量导线连接角也叫导线定向,是指为了控制导线的方向,在导线起、止的已知控制点上,必须测定连接角所做的工作。

1)导线的定向一种是布设独立导线,只要用罗盘仪测定起始边的方位角,整个导线的每条边的方位角就可以确定了。

2)另一种情况是布设成与高一级控制点相连接的导线,先要测出连接角,再根据高一级控制点的方位角,推算出各边的方位角。

四、导线测量内业计算

导线内业计算就是依据已知原始数据及外业测量成果来计算各导线点的平面坐标 x、

y，计算前应把外业观测成果进行检查和整理，并绘制导线略图，再把数据标注在略图上，如图 5-14 所示。

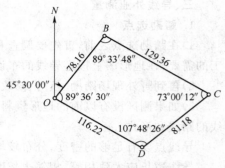

1. 闭合导线的内业计算

（1）角度闭合差的计算和调整

依平面几何原理，n 边形闭合导线内角和的理论值为：

$$\sum \beta_{理} = (n-2) \times 180°$$

实际上，由于误差的存在，使实测的 n 个内角和 $\sum \beta_{测}$ 不等于理论值 $\sum \beta_{理}$，两者之差称为闭合导线角度闭合差 f_β。即：

图 5-14　闭合导线内业计算

$$f_\beta = \sum \beta_{测} - \sum \beta_{理} = \sum \beta_{测} - (n-2) \times 180°$$

依据各等级导线角度闭合差的容许值 $f_{\beta允}$ 范围。若 $|f_\beta| > |f_{\beta允}|$，那么说明角度闭合差超限，应分析、检查原始角度测量记录及计算，必要时应进行一定的重新观测。

如果 $|f_\beta| \leqslant |f_{\beta允}|$，可将角度闭合差反符号平均分配到各观测角中，每个观测角的改正数应为：

$$\upsilon_\beta = \frac{-f_\beta}{n}$$

如果 f_β 的数值不能被导线内角整数除而有余数时，可将余数调整至短边的邻角上，使调整后的内角和等于 $\sum \beta_{理}$，那么调整后的角度为：

$$\beta_i' = \beta_i + \upsilon_\beta$$

（2）计算导线各边坐标方位角

依据起始边的已知坐标方位角及调整后的各内角值，按下式计算各边坐标方位角：

$$\alpha_{前} = \alpha_{后} + 180° \pm \beta$$

上式中 $\pm\beta$，如果 β 是左角，则取 $+\beta$；如果 β 是右角，则取 $-\beta$。计算出来的 $\alpha_{前}$ 如大于 360°，应减去 360°；若小于 0°，则加上 360°，即保证坐标方位角在 0°～360°。

（3）计算坐标增量

依据各边边长或坐标方位角，再按坐标正算公式计算相邻两点间的纵、横坐标增量，计算公式为：

$$\left.\begin{aligned} \Delta x_{i(i+1)} &= D_{i(i+1)} \cos \alpha_{i(i+1)} \\ \Delta y_{i(i+1)} &= D_{i(i+1)} \sin \alpha_{i(i+1)} \end{aligned}\right\}$$

（4）计算和调整坐标增量闭合差

依据闭合导线的定义，闭合导线纵、横坐标增量代数和的理论值应等于零，那么：

$$\left.\begin{aligned} \sum \Delta x_{理} &= 0 \\ \sum \Delta y_{理} &= 0 \end{aligned}\right\}$$

实际上，测量边长的误差和角度闭合差调整后的残余误差，使纵、横坐标增量的代数和 $\sum \Delta x_{测}$、$\sum \Delta y_{测}$ 不能等于零，则产生纵、横坐标增量闭合差 f_x、f_y，即：

$$\left.\begin{aligned} f_x &= \sum \Delta x_{测} \\ f_y &= \sum \Delta y_{测} \end{aligned}\right\}$$

如果 K 值大于允许值,说明观测成果不能满足精度要求,需进行内业计算检查、外业外测检查,或重新观测。

如果 K 值不大于允许值,则说明观测成果满足精度要求,可进行调整。坐标增量闭合差的调整原则是:将纵、横坐标增量闭合差反符号按与边长成正比分配到各坐标增量上,则坐标增量的改正数为:

$$\left.\begin{array}{l} \upsilon_{xi(i+1)} = -\dfrac{f_x}{\sum D} \cdot D_{i(i+1)} \\[3mm] \upsilon_{yi(i+1)} = -\dfrac{f_y}{\sum D} \cdot D_{i(i+1)} \end{array}\right\}$$

纵、横坐标增量的改正数之和应满足下式:

$$\left.\begin{array}{l} \sum \upsilon_x = -f_x \\ \sum \upsilon_y = -f_y \end{array}\right\}$$

改正后的坐标增量为:

$$\left.\begin{array}{l} \Delta x'_{i(i+1)} = \Delta x_{i(i+1)} + \upsilon_{xi(i+1)} \\ \Delta y'_{i(i+1)} = \Delta y_{i(i+1)} + \upsilon_{\Delta yi(i+1)} \end{array}\right\}$$

坐标增量闭合差的存在,使导线不能闭合,如图 5-15 所示,1-1$'$ 这段距离称为导线全长闭合差 f_D。导线全长闭合差为:

$$f_D = \sqrt{f_x^2 + f_y^2}$$

导线全长闭合差主要是由量边误差引起,一般来说导线愈长,误差愈大。通常用导线全长闭合差 f_D 与导线全长 $\sum D$ 之比来衡量导线的精度,用导线全长相对闭合差 K 来表示:

$$K = \frac{f_D}{\sum D} = \frac{1}{\sum D / f_D}$$

(5)计算控制点的坐标

依据起始点的已知坐标和改正后的坐标增量,按下面公式依次计算各导线点的坐标:

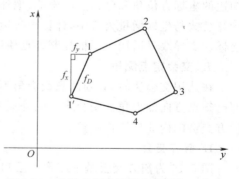

图 5-15 纵横坐标增量闭合差的表示方法

$$\left.\begin{array}{l} x_{(i+1)} = x_i + \Delta x'_{i(i+1)} \\ y_{(i+1)} = y_i + \Delta y'_{i(i+1)} \end{array}\right\}$$

用上式最后推算出起始点的坐标,推算值应与已知值相等,以此检核整个计算过程是否有错。

2. 附合导线的内业计算

附合导线与闭合导线的内业计算步骤相同,这里只介绍不同之处。

(1)角度闭合差计算

由于附合导线两端方向是已知的,那么由起始边的坐标方位角和测定的导线各转折角,即可推算出导线终边的坐标方位角。

$$\alpha'_{\text{终}} = \alpha_{\text{始}} \pm \sum \beta + n \times 180°$$

由于角度观测有误差,致使导线终边坐标方位角的推算值 $\alpha'_{\text{终}}$ 与已知终边坐标方位角 $\alpha_{\text{终}}$ 不相等,差值即为附合导线的角度闭合差 f_β,即:

$$f_\beta = \alpha'_终 - \alpha_终$$

与闭合导线计算相同,如$|f_\beta| \leqslant |f_{\beta允}|$,则将角度闭合差反符号平均分配给各观测角。

(2)坐标增量闭合差计算

附合导线各边坐标增量代数和的理论值,应等于终、始两已知的高级控制点的坐标之差。

$$\left.\begin{array}{l}\sum\Delta x_理 = x_终 - x_始 \\ \sum\Delta y_理 = y_终 - y_始\end{array}\right\}$$

调整后的各转折角和实测的各导线边长均含有误差,实测坐标增量代数和与理论值若不等,其差值为坐标增量闭合差,即:

$$\left.\begin{array}{l}f_x = \sum\Delta x_测 - (x_终 - x_始) \\ f_y = \sum\Delta y_测 - (y_终 - y_始)\end{array}\right\}$$

附合导线全长闭合差、全长相对闭合差和极限相对闭合差的计算以及坐标增量闭合差的调整,与闭合导线计算相同。

3. 计算支导线

支导线测量法既不回到起始点上,又不附合到另一个已知点上,因此,在支导线计算中不会出现观测角的总和与导线几何图形的理论值不符的矛盾,也不会出现推算的坐标值与已知坐标值不符的矛盾。

支导线没有检核限制条件,也就不需要计算角度闭合差和坐标增量闭合差,只要根据已知边的坐标方位角和已知点的坐标,把外业测定的转折角和转折边长直接代入坐标方位角计算公式与坐标增量公式中,计算出各边方位角及各边坐标增量,最后推算出待定导线点的坐标。支导线只适用于图根控制补点使用。

五、交会定点测量

在选用交会法时,必须注意交会角不应小于 30°或大于 150°,交会角是指待定点至两相邻已知点方向的夹角。交会定点的外业工作与导线测量法外业相同,这里只对前方交会和后方交会的内业计算作阐述。

1. 前方交会

图 5-16 为前方交会基本图形。已知 A 的坐标为 x_A、y_A,B 点坐标为 x_B、y_B,在 A、B 两点上设站,观测出 α、β,通过三角形的余切公式求出加密点 C 的坐标,这种方法称为测角前方交会法,简称前方交会。按坐标正算公式,由图 5-16 可见:

$$x_C = x_A + \Delta x_{AC} = x_A + D_{AP}\cos\alpha_{AC}$$

$$y_C = y_A + \Delta y_{AC} = y_A + D_{AP}\sin\alpha_{AC}$$

而

$$\alpha_{AC} = \alpha_{AB} - \alpha$$

$$D_{AC} = \frac{D_{AB}}{\sin[180° - (\alpha + \beta)]}\sin\beta$$

则有:

$$\left.\begin{array}{l}x_C = x_A + \dfrac{D_{AB}\sin\beta}{\sin[180° - (\alpha + \beta)]}\cos(\alpha_{AB} - \alpha) \\[4mm] y_C = y_A + \dfrac{D_{AB}\sin\beta}{\sin[180° - (\alpha + \beta)]}\sin(\alpha_{AB} - \alpha)\end{array}\right\}$$

$$x_C = x_A + \frac{D_{AB}\sin\beta\cos\alpha_{AB}\cos\alpha + D_{AB}\sin\beta\sin\alpha_{AB}\sin\alpha}{\sin\alpha\cos\beta + \cos\alpha\sin\beta} = x_A + \frac{\Delta x_{AB}\cot\alpha + \Delta y_{AB}}{\cot\alpha + \cot\beta} \left.\right\}$$

$$y_C = y_A + \frac{D_{AB}\sin\beta\sin\alpha_{AB}\cos\alpha - D_{AB}\sin\beta\cos\alpha_{AB}\sin\alpha}{\sin\alpha\cos\beta + \cos\alpha\sin\beta} = y_A + \frac{\Delta y_{AB}\cot\alpha + \Delta x_{AB}}{\cot\alpha + \cot\beta}$$

整理上式得：

$$x_C = \frac{x_A\cot\beta + x_B\cot\alpha + (y_B - y_A)}{\cot\alpha + \cot\beta} \left.\right\}$$

$$y_C = \frac{y_A\cot\beta + y_B\cot\alpha + (x_A - x_B)}{\cot\alpha + \cot\beta}$$

在利用上式进行计算坐标时，A、B、C 三点是按逆时针方向排列的。

为了校核和提高 D 点坐标的精度，通常采用三个已知点的前方交会图形。如图 5-17 所示，在三个已知点 A、B、C 上设站，测定 α_1、β_1 和 α_2、β_2，构成两组前方交会，然后按上述坐标公式分别解算两组 D 点坐标。设两组坐标分别为 x'_D、y'_D 和 x''_D、y''_D，由于测角有误差，故解算得两组 C 点坐标不可能相等，其纵、横坐标较差为：

$$f_x = x'_D - x''_D \left.\right\}$$
$$f_y = y'_D - y''_D$$

而点位误差为：

$$f_D = \sqrt{f_x^2 + f_y^2}$$

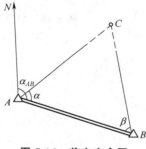

图 5-16　前方交会图

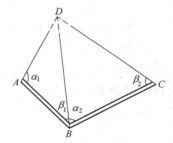

图 5-17　前方交会实测图

如果 f_D 不大于两倍比例尺精度，取两组坐标的平均值作为 D 点最后的坐标。即

$$f_D \leqslant 2 \times 0.1M \text{mm}$$

式中，M 为测图比例尺分母。

前方交会计算见表 5-4（范例）。

表 5-4　前方交会计算表

前方交会 测图及公式	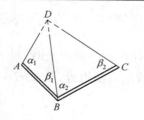	$x_D = \dfrac{x_A\cot\beta + x_B\cos\alpha + (y_B - y_A)}{\cot\alpha + \cot\beta}$ $y_D = \dfrac{y_A\cot\beta + y_B\cos\alpha + (x_B - x_A)}{\cot\alpha + \cot\beta}$

续表 5-4

已知数据	x_A	8020.40	y_A	4465.10	x_B	7885.71	y_B	4923.13
	x_B	7885.71	y_B	4923.13	x_C	7926.06	y_C	5327.21
观测值	α_1	41°36′05″	β_1	72°44′35″	α_2	85°10′00″	β_2	42°37′02″
计算与校核	x_D	8233.59	y_D	4917.85	x_D	8233.65	y_D	4917.85
	测图比例尺 1∶500，$f_允 = 0.2 \times 500 = 100(\text{mm})$							
	$f = \sqrt{6^2+0} = 6(\text{mm})$　　$x_D = 8233.62(\text{m})$　　$y_D = 4917.85(\text{m})$							

2. 后方交会

如图 5-18 所示为后方交会基本图形，已知 A、B、C、D 为已知 4 点，在待定点 H 上设站，分别观测已知点 A、B、C，观测出 α 和 β，根据已知点的坐标计算出 H 点的坐标，这种方法称为测角后方交会，简称后交会。

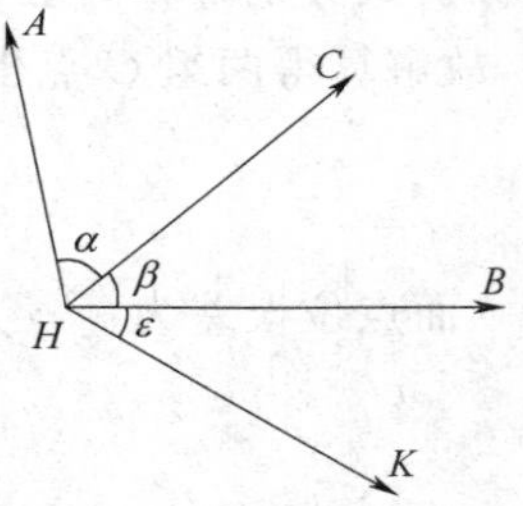

后方交会的计算公式为：

$$\tan\alpha_{CP} = \frac{N_3 - N_1}{N_2 - N_4}$$

$$\left.\begin{array}{l} \Delta x_{CH} = \dfrac{N_1 + N_2 \tan\alpha_{CH}}{1 + \tan^2\alpha_{CH}} = \dfrac{N_3 + N_4 \tan\alpha_{CH}}{1 + \tan^2\alpha_{CH}} \\[2mm] \Delta y_{CH} = \Delta x_{CH} \tan\alpha_{CH} \end{array}\right\}$$

其中

$$\left.\begin{array}{l} N_1 = (x_A - x_C) + (y_A - y_C)\cot\alpha \\ N_2 = (y_A - y_C) - (x_A - x_C)\cot\alpha \\ N_3 = (x_B - x_C) - (y_B - y_C)\cot\beta \\ N_4 = (y_B - y_C) + (x_B - x_C)\cot\beta \end{array}\right\}$$

那么待定点 P 的坐标为：

$$\left.\begin{array}{l} x_H = x_C + \Delta x_{CH} \\ y_H = y_C + \Delta y_{CH} \end{array}\right\}$$

图 5-18　后方交会图

为了保证 H 点的坐标精度，后方交会还应该用第 4 个已知点进行检核。如图 5-18 所示，在 H 点观测 A、B、C 点的同时，还应观测 K 点，测定检核角 $\varepsilon_测$，在算得 H 点坐标后，反算求出 α_{PB}、α_{PK} 与 D_{HK}，由此得 $\varepsilon_算 = \alpha_{HK} - \alpha_{HB}$。当角度观测和计算无误时，则应有 $\varepsilon_测 = \varepsilon_算$。由于观测误差的存在，使 $\varepsilon_算 \neq \varepsilon_测$，两者之差为检核角较差 $\Delta\varepsilon$，即：

$$\Delta\varepsilon = \varepsilon_测 - \varepsilon_算$$

$\Delta\varepsilon_容$ 的允许值可用下式计算：

$$\Delta\varepsilon_容 = \pm\frac{2 \times 0.1M}{D_{HK}}\rho''$$

式中，M 为测图比例尺分母。

当所选定的交会点 H 与 A、B、C 三点恰好在同一圆周上时，H 点无定解，这时的圆叫作危险圆。因此，要避免 H 点处在危险圆上或危险圆附近，要求 H 点到危险圆的距离应大于该圆半径的 $1/5$。

后方交会计算见表 5-5（范例）。

表 5-5　后方交会计算表

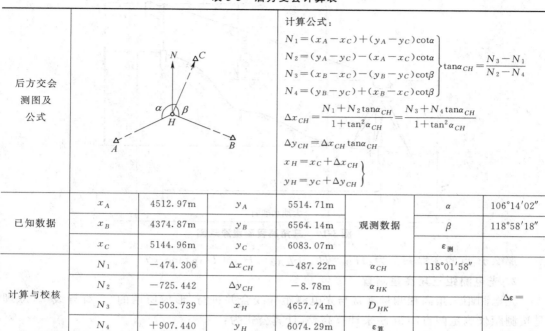

| 后方交会测图及公式 | \multicolumn{6}{c}{计算公式：$N_1=(x_A-x_C)+(y_A-y_C)\cot\alpha$ ... } |

<table>
<tr><td rowspan="1">后方交会测图及公式</td><td colspan="6">计算公式：
$\left.\begin{array}{l}N_1=(x_A-x_C)+(y_A-y_C)\cot\alpha\\N_2=(y_A-y_C)-(x_A-x_C)\cot\alpha\\N_3=(x_B-x_C)-(y_B-y_C)\cot\beta\\N_4=(y_B-y_C)+(x_B-x_C)\cot\beta\end{array}\right\}\tan\alpha_{CH}=\dfrac{N_3-N_1}{N_2-N_4}$

$\Delta x_{CH}=\dfrac{N_1+N_2\tan\alpha_{CH}}{1+\tan^2\alpha_{CH}}=\dfrac{N_3+N_4\tan\alpha_{CH}}{1+\tan^2\alpha_{CH}}$

$\Delta y_{CH}=\Delta x_{CH}\tan\alpha_{CH}$

$\left.\begin{array}{l}x_H=x_C+\Delta x_{CH}\\y_H=y_C+\Delta y_{CH}\end{array}\right\}$</td></tr>
<tr><td rowspan="3">已知数据</td><td>x_A</td><td>4512.97m</td><td>y_A</td><td>5514.71m</td><td rowspan="3">观测数据</td><td>α</td><td>106°14′02″</td></tr>
<tr><td>x_B</td><td>4374.87m</td><td>y_B</td><td>6564.14m</td><td>β</td><td>118°58′18″</td></tr>
<tr><td>x_C</td><td>5144.96m</td><td>y_C</td><td>6083.07m</td><td>$\varepsilon_测$</td><td></td></tr>
<tr><td rowspan="4">计算与校核</td><td>N_1</td><td>−474.306</td><td>Δx_{CH}</td><td>−487.22m</td><td>α_{CH}</td><td>118°01′58″</td><td></td></tr>
<tr><td>N_2</td><td>−725.442</td><td>Δy_{CH}</td><td>−8.78m</td><td>α_{HK}</td><td></td><td rowspan="2">$\Delta\varepsilon=$</td></tr>
<tr><td>N_3</td><td>−503.739</td><td>x_H</td><td>4657.74m</td><td>D_{HK}</td><td></td></tr>
<tr><td>N_4</td><td>+907.440</td><td>y_H</td><td>6074.29m</td><td>$\varepsilon_算$</td><td></td><td></td></tr>
</table>

　　导线测量就是测量导线边长和转折角，再根据已知数据和观测值计算各导线点的平面坐标。用经纬仪测角、钢尺量边的导线称为经纬仪导线，用光电测距仪测边的导线称为光电测距导线，导线测量是进行平面控制测量的主要方法。

　　在进行平面控制测量时，若导线点的密度不能满足测图和工程要求时，要进行控制点的加密，控制点的加密可以用交会定点法来完成。

第三节　高程测量

一、测量原理

　　三角高程测量是在测站点上安置经纬仪，观测点上竖立标尺，已知两点之间的水平距离，根据经纬仪所测得的竖直角及量取的仪器高和目标高，再应用平面三角的原理算出测站点和观测点之间的高差。

二、测量方法

1. 经纬仪三角高程测量

　　如图 5-19 所示，已知 A 点的高程 H_A，欲测定 B 点的高程 H_B。

　　如果在 A 点上安置经纬仪，量取仪器高 i（即仪器水平轴至测点的高度），并在 B 点设置观测标志（称为觇标）。用望远镜中丝瞄准觇标的顶部 M 点测出垂直角 α，量取觇标高 v（即觇标顶部至目标点的高度），再根据 A、B 两点间的水平距离 D_{AB} 计算 A、B 两点间的高差 h_{AB}，公式为：

$$h_{AB}=D_{AB}\tan\alpha+i-v$$

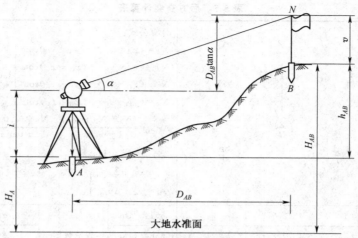

图 5-19　三角高程测量原理图

那么 B 点的高程 H_B 为：$H_B = H_A + h_{AB} = H_A + D_{AB}\tan\alpha + i - v$

2. 光电测距三角高程测量

光电测距三角高程测量常常与光电测距导线合并进行，形成所谓的"三维导线"。原理是按测距仪测定两点间距 S 来计算高差，计算公式为：

$$h = S\sin\alpha + i - v$$

光电测距三角高程测量的精度较高，速度也快，应用较广。

三、对向观测

对向观测是指三角高程测量时为了消除或减弱地球曲率和大气折光的影响所做的工作，也称直、反觇观测，即由 A 点向 B 点观测并计算高差，称为直觇。由 B 点向 A 点观测并计算高差，称作反觇。

三角高程测量对向观测，所求得的高差较差不应大于 $0.4D$（m），其中 D 为水平距离，以 km 为单位。如果符合要求，取两次高差的平均值作为最终高差。

四、外业测量

1）如图 5-19 所示，将经纬仪安置在测站 A 上，用钢尺量仪器高 i 和觇标高 v，分别量两次，精确至 0.5cm，两次的结果之差不大于 1cm，取其平均值记入表 5-6。

表 5-6　三角高程测量计算表

所求点	B	
起算点	A	
觇法	直	反
平距 D/m	286.36	286.36
垂直角 α	$+10°32'26''$	$-9°58'41''$
$D\tan\alpha$/m	$+53.28$	-50.36
仪器高 i/m	$+1.52$	$+1.48$
觇标高 v/m	-2.76	-3.20
高差 h/m	$+52.04$	-52.10

续表 5-6

所求点	B
对向观测的高差较差(m)	−0.06
高差较差允许值(m)	0.11
平均高差(m)	+50.07
起算点高程(m)	105.72
所求点高程(m)	155.79

2)用十字丝的中丝瞄准 B 点觇标顶端,盘左、盘右观测,读取竖直度盘读数 L 和 R,并计算出垂直角 α,记入表 5-6(范例)。

3)再将经纬仪搬到 B 点,用同样的方法对 A 点进行观测,记入算出的垂直角值。

五、内业计算

等外业观测结束后,检查外业成果有无错误,观测精度是否符合要求,各项数据是否齐全,无误后计算高差和所求点高程,计算见表 5-6(范例)。

在三角高程测量中,如果两点间的水平距离是用钢尺测定的,称为经纬仪三角高程,其精度一般只能满足图根高程的精度要求;在三角高程测量中,如果 A、B 两点间的水平距离(或斜距)是用测距仪或全站仪测定的,称为光电测距三角高程,采取一定措施后,其精度可达到四等水准测量的精度要求。

三角高程测量时,应用对向观测所得高差平均值计算闭合或附合路线的高差闭合差的允许值为:

$$W_{hp}(\text{m}) = \pm 0.5\sqrt{[D^2]}$$

式中,D 为各边的水平距离,km。

当 W_h 不超过 W_{hp} 时,按与边长成正比的原则,将 W_h 反符号分配到各高差之中,然后用改正后的高差从起算点推算各点高程。

三角高程测量比水准测量方法更灵活、方便,但测量精度较低,常用于山区的高程控制和平面控制点的高程测量。

六、高程控制网的布设、施测与平差

图 5-20 所示为某水电站工程的厂房施工控制网,该导线控制网(三维控制网)中,点 DK−CP−016 和点 DK−CP−017 为已知点,DK−PP−001,DK−PP−002 和 DK−PP−003 为加密未知点(受地形条件限制,已知点 DK−CP−017 与三个未知点相互不通视)。

1. 野外控制测量观测

1)观测仪器野外观测使用的测量仪器选用拓普康 CTS−601/LP 全站仪,测角精度为 ±1″,最小读数 0.5″;测距精度 2mm + 2ppm,仪器经鉴定后的加、乘常数分别为: $a = -1.42\text{mm}, b = -3.23\text{mm/km}$。

2)观测操作过程。仪器和棱镜架设好后,精确量取仪器高和棱镜(觇牌)高。仪器高 i 与目标高 t 是指仪器中心和照准目标中心到控制点顶部的垂直距离,而受仪器本身与固定脚架的影响,无法直接量取仪器中心或觇牌中心至控制点顶部的距离。在精度要求不高的测量作业中,一般直接量取仪器侧边中心标志到控制点顶部距离作为仪器高和目标高直接去计算高差。而这时实际测量的为倾斜距离,不能代表真正的仪器高或棱镜高,不能满足等

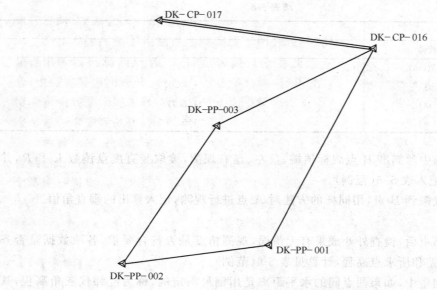

图 5-20　某水电站厂房施工控制网

级高程控制测量作业的技术要求,所以,为保证仪器高和棱镜(觇牌)高的测量精度,必须采用间接方法进行量取。在本次实际操作中,仪器高和棱镜高的精确量取是采用水平尺、垂球与钢卷尺配合的方法进行的。

①首先,用水平尺置于控制点顶部并保持气泡居中。这样在控制点顶部就提供了一个水平面(由于范围很小,可以认为这个水平面即为水准面)。

②从仪器中心(仪器照准部两侧都有中心标志)向下引垂球,直至垂线过水平尺,保持垂线自由下垂并静止,这样仪器中心沿垂线至水平尺底端的距离即为仪器高。

③用钢卷尺沿垂线重复观测 3 次,读数至 mm,结果取中数。

这样测得的仪器高精度可保证在 ±1mm 内,满足三等三角高程测量的精度要求。同样的方法,在目标站可精确测得棱镜(觇牌)高。

④读取测站的气象数据。在测距之前,必须测量气象数据即温度和气压值。温度计应悬挂在测站附近,离开地面和人体 1.5m 以外的阴凉处,读数前摇动数分钟;气压表要置平,指针不应滞阻。观测测站的气温和气压值后,将其输入全站仪,全站仪自动对测距边进行气温和气压的改正。

⑤观测斜距。采用对向观测的方法进行斜距的观测,单程观测两测回,每测回读数 4次。一测回读数较差不超过 3mm,单程测回较差不超过 5mm,往返测较差不超过 $2(a+bD)$。

⑥观测天顶距。按照三等高程测量的技术要求,采用中丝法测天顶距(或垂直角),观测四测回,测回互差不超过 5s,指标差互差不超过 9s。

按同样的操作程序转至下一站,对相邻站进行观测,这样每两站之间都进行了往返观测,直至完成全部野外观测工作。采用往返观测,可以消除或削弱大气折光的影响。

2. 内业数据处理

(1)对观测数据的处理

1）取测站天顶距（或垂直角）各测回观测值的平均值作为测站的天顶距（或垂直角）观测值。

2）取测站斜距各测回观测值的平均值为测站的斜距观测值。

3）对测量的斜距进行加、乘常数改正。

$$S_1 = S + \Delta S$$

式中　$\Delta S = a + bS$

S_1——经过加、乘常数改正后的斜距；

S——斜距观测值；

ΔS——加、乘常数改正值。

4）由测距仪鉴定求得的加常数值（mm）。本仪器经鉴定为−1.42mm。

5）由测距仪鉴定求得的乘常数值（mm/km）。本仪器经鉴定为−3.23mm/km。

6）由斜距和天顶距计算高差：

$$V = S_1 \cos Z + \frac{1-K}{2R} SI^2 + I_i - P_j$$

式中　V——测站与镜站之间的高差；

S_1——经过加、乘常数改正后的斜距；

Z——天顶距；

I_i——i 站仪器高；

P_i——j 站棱镜（觇牌）高；

R——地球曲率半径，取 6370000m；

K——大气折光系数，取 0.14。

由上述公式计算并汇总在表 5-7：

表 5-7　高差计算表

序号	测站	目标站	邻距 （m）	加、乘常数 改正（m）	天顶距 （°）	仪器高 （m）	棱镜高 （m）	高差 （m）	高差中数 （m）
1	DK−CP−016	DK−PP−001	615.6805	615.6771	92.51173	1.428	0.221	−29.431	−29.434
	DK−PP−001	DK−CP−016	615.6776	615.6742	87.09183	0.22	1.367	29.436	
2	DK−PP−001	DK−PP−002	369.8199	369.8173	90.20571	0.22	1.513	−3.540	−3.539
	DK−PP−002	DK−PP−001	369.8199	369.8173	89.38514	1.475	0.221	3.538	
3	DK−PP−002	DK−PP−003	456.9529	456.9500	91.11276	1.475	1.461	−9.470	−9.472
	DK−PP−003	DK−PP−002	456.9529	456.9500	88.48441	1.486	1.499	9.473	
4	DK−PP−003	DK−CP−016	450.7797	450.7768	84.36515	1.486	1.367	42.443	42.442
	DK−CP−016	DK−PP−003	450.7884	450.7855	95.24002	1.428	1.461	−42.4	

（2）平差计算

对三角高程控制网采用独立控制网进行平差，其高程起算点为已知点 DK−CP−016，平差时以表 5-7 中的往返测三角高程高差平均值作为观测值，以 1km 高差观测为单位权，观测采用高程严密间接平差。经过间接平差计算，各点的平差值高程见表 5-8。

表 5-8　高程平差成果表

序　号	测站	高程(m)	备　注
1	DK-CP-016	735.345	已知点
2	DK-PP-001	705.912	加密点
3	DK-PP-002	702.374	加密点
4	DK-PP-003	692.903	加密点

(3)精度分析

此三角高程网闭合路线全长 1.890km,高差环线闭合差:

$$\omega = -[V_i] = 0.003\text{m}$$

式中:V_i 为第 i 站高差中数,$[V_i]$ 为各测站高差中数之和。

由上述公式可以看出,高差环线闭合差不超过 $\pm 12\sqrt{[D]} = \pm 0.016\text{m}$,满足三等三角高程测量技术要求。

每 1km 三角高程测量高差中数的单位权偶然中误差为 2.98mm,不超过三等水准测量的限差 3.00mm。

三角高程测量的精度关键取决于测距精度以及测量仪器和目标高的精度。实践证明,选用高精度的测距仪器,采用往返观测,水平尺配合钢尺进行仪器高的丈量,选点时考虑大气折光和旁折光的影响因素以及对观测数据进行必要的各项改正等等手段和措施,可以使三角高程测量法在精度上完全满足等级高程控制测量的要求。在丘陵和山区进行测量作业时,三角高程测量不仅能满足控制测量的精度要求,而且能大大提高工作效率,节省人力物力,更凸显其优越性。

七、GPS 卫星定位系统构成

1. GPS 的空间星座部分

GPS 定位系统的空间星座部分由 24 颗卫星组成,卫星均匀分布在 6 个相对于赤道的倾角为 55°的近似圆形轨道上,轨道面之间夹角为 60°,每个轨道上 4 颗卫星运行,它们距地面表面的平均高度约为 20200km,运行周期为 11h 58min。这种星座布局如图 5-21 所示,可保证位于任一地点的用户在任一时刻均可收到 4 颗以上卫星的信号,实现瞬时定位。

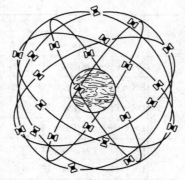

图 5-21　GPS 星座布局

GPS 卫星的主体呈圆柱形,两侧有太阳能帆板,能自动对日定向。太阳能电池为卫星提供工作用电。每颗卫星都配有 4 台原子钟,可为卫星提供高精度的时间标准。

GPS 卫星的基本功能是:接收并存储起来自地面控制系统的导航电文;在原子钟的控制下自动生成测距码和载波;采用二进制相位调制法将测距码和导航电文调制在载波上播发给用户;按照地面控制系统的命令调整轨道,调整卫星钟,修复故障或启用备用件以维护整个系统的正常工作。

2. GPS 的地面控制部分

GPS 的地面监控部分由 1 个主控站、5 个监测站、3 个注入站以及通信和辅助系统组成。主控站位于美国本土的科罗拉多州的联合空间工作中心,3 个注入站分别位于大西洋、印度洋、太平洋的 3 个美国军事基地上,5 个监测站除了位于 1 个主控站和 3 个注入站以外,还在夏威夷设了 1 个监测站,如图 5-22 所示。

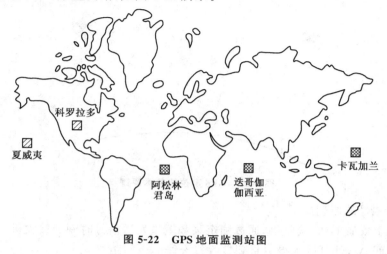

图 5-22　GPS 地面监测站图

监测站设在科罗拉多、阿松森群岛、迭哥伽西亚、卡瓦加兰和夏威夷。站内设有双频 CPS 接收机、高精度原子钟、气象参数测试仪和计算机等设备。主要任务是完成对 CPS 卫星信号的连续观测,并将算得的站星距离、卫星状态数据、导航数据、气象数据传送到主控站。

主控站设在美国本土科罗拉多联合空间执行中心。它负责协调管理地面监控系统还负责将监测站的观测资料联合处理推算各个卫星的轨道参数、卫星的状态参数、时钟改正、大气修正参数等,并将这些数据按一定格式编制成电文传输给注入站。此外,主控站还可以调整偏离轨道的卫星,使之沿预定轨道运行或起用备用卫星。

注入站设在阿松森群岛、迭哥珈西亚、卡瓦加兰。其主要作用是将主控站要传输给卫星的资料以一定的方式注入到卫星存储器中,供卫星向用户发送。

3. GPS 的用户设备部分

用户设备包括 GPS 接收机和相应的数据处理软件。GPS 接收机一般包括接收机天线、主机和电源。随着电子技术的发展,现在的 GPS 接收机已经高度集成化和智能化,实现了将接收天线、主机和电源全部制作在天线内,并能自动捕获卫星和采集数据。

GPS 接收机的任务是捕获卫星信号,跟踪并锁定卫星信号,对接收到的信号进行处理,译出卫星广播的导航电文,进行相位测量和伪距测量,实时计算接收机天线的三维坐标、速度和时间。

GPS 接收机按用途分为导航型、测地型和授时型接收机;按使用的载波频率分为单频接收机(用 L_1 载波)和双频接收机(用 L_1、L_2 载波)。

4. GPS 伪距定位测量的原理

利用 GPS 进行定位的基本原理是空间后方交会。如图 5-23 所示,以 GPS 卫星和接收机天线之间的距离(或距离差)为观测量,根据已知的卫星瞬时坐标来确定用户接收机所对应点的三维坐标(x,y,z)。由此可见,GPS 定位的关键是测定接收机至 GPS 卫星之间的距离。

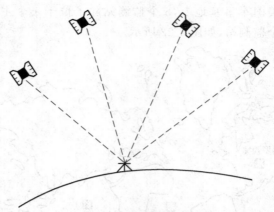

图 5-23　GPS 定位的基本原理

伪距定位测量的原理如下：

在待测点上安置 GPS 接收机，通过测定某颗卫星发送信号时刻到接收机天线接收到该信号时刻的时间 Δt，就可以求得卫星到接收机天线的空间距离 ρ：

$$\rho = \Delta t \cdot c$$

式中　c——电磁波在大气中的传播速度。

由于卫星和接收机的时钟均有误差，电磁波经过电离层和对流层时又会产生传播延迟，因此，Δt 乘上空中电磁波传播速度 c 后得到的距离中含有较大误差，不是接收机到卫星的实际几何距离，故称为伪距，以 $\tilde{\rho}$ 来表示。若用 δ_t、δ_t 表示卫星和接收机时钟相对于 GPS 时间的误差改正数；用 δ_t 表示信号在大气中传播的延迟改正数，则：

$$\rho = \tilde{\rho} + c(\delta_t + \delta_T) + \delta_1$$

其中，卫星钟误差改正数 δ_t 可由卫星发出的导航电文给出，δ_1 可采用数学模型计算出来，δ_T 为未知数，ρ 为接收机至卫星的几何距离。设 $r = (X_S, Y_S, Z_S)$ 为卫星在世界大地坐标系中的位置矢量，可由卫星发出的导航电文计算得到，$R = (X, Y, Z)$ 为接收机天线（待测点）在大地坐标系中的位置矢量，是待求的未知量。则上式中的 ρ 可表示为：

$$\rho = \sqrt{(X_S - X)^2 + (Y_S - Y)^2 + (Z_S - Z)^2}$$

结合上两式可知，每一个伪距观测方程中仅含有 X、Y、Z 和 δ_T 四个未知数。如图 5-22 所示，在任一测站只要同时对 4 颗卫星进行观测，取得 4 个伪距观测值 $\tilde{\rho}$，即可解算出 4 个未知数，从而求得待测点的坐标 (X, Y, Z)。当同时观测的卫星多于 4 颗时，可用最小二乘法进行平差处理。

5. GPS 载波相位测量的原理

载波相位测量，是以 GPS 卫星发射的载波信号为观测量。由于载波的波长比测距码波长要短得多，因此，对载波进行相位测量，就可以得到较高的定位精度。

如果不顾及卫星和接收机的时钟误差及电离层和对流层对信号传播的影响，在任一时刻 t 可以测定卫星载波信号在卫星处的相位 φ_s 与该信号到达待测点天线时的相位 φ_r 间的相位差 φ，即：

$$\varphi = \varphi_r - \varphi_s = N \cdot 2\pi + \delta_\varphi$$

式中　N——信号的整周期数；

δ_φ——不足整周期的相位差。

由于相位和时间之间有一定的换算公式,卫星与待测点天线之间的距离可由相位差表示为:

$$\rho = \frac{c}{f}\frac{\varphi}{2\pi} = \frac{c}{f}(N + \frac{\delta_\varphi}{2\pi})$$

考虑到卫星与接收机的时钟误差、电离层和对流层对信号传播的影响,上式又可写为:

$$\rho = \frac{c}{f}(N + \frac{\delta_\varphi}{2\pi}) + c(\delta_t + \delta_t)\delta_1$$

或写成:

$$\frac{\delta_\varphi}{2\pi} = \frac{f}{c}(\rho - \delta_1) - f(\delta_t - \delta_T) - N$$

相位测量只能测定不足一个整周期的相位差 δ_φ,无法直接测得整周期数 N,因此,载波相位测量的解算比较复杂。N 又称整周模糊度,N 的确定是载波相位测量中特有的问题,也是进一步提高 GPS 定位精度,提高作业速度的关键所在,目前 N 可由多种方法求出。

6. GPS 卫星定位系统的优势

1)测站点间不要求通视,这样可根据需要布点,无需建造觇标。

2)定位精度高,目前单频接收机的相对定位精度可达到 $5\text{mm} + 1 \times 10^{-6}D$,双频接收机甚至可优于 $5\text{mm} + 1 \times 10^{-7}D$。

3)观测时间短,人力消耗少。

4)可提供三维坐标,即在精确测定观测站平面位置的同时,还可以精确测定观测站的大地高程。

5)操作简便,自动化程度高。

6)全天候作业,可在任何时间、任何地点连续观测,一般不受天气状况的影响。

但由于进行 GPS 测量时,要求保持观测站的上空开阔,以便于接受卫星信号,因此,GPS 测量在某些环境下并不适用,如地下工程测量,紧靠建筑物的某些测量工作及在两旁有高大楼房的街道或巷内的测量等。

第六章　地形图测绘及应用

第一节　地形图基本知识

一、地形图比例尺

地形图比例尺是指图上长度与实际长度之比。例如,实际测出的水平距离为 1000m,画到图上的长度为 1m,那么,此图纸的比例尺即为 1∶1000。

1. 比例尺的种类

(1)数字比例尺

数字比例尺是用分子为 1,分母为整数的分数表示。设图上一线段长度为 d,相应实地的水平距离为 D,则该地形图的比例尺为:

$$\frac{d}{D} = \frac{1}{\dfrac{D}{d}} = \frac{1}{M}$$

式中,M 为比例尺分母。

数字比例尺的大小是以比例尺的比值来衡量的。比例尺分母 M 越小比例尺越大,比例尺越大,表示地物地貌越详尽。数字比例尺通常标注在地形图下方。

(2)图示比例尺

常见的图示比例尺为直线比例尺。如图 6-1 所示为 1∶500 的直线比例尺,由间距为 2mm 的两条平行直线构成,以 2cm 为单位分成若干大格,左边第一大格十等分,大小格界分界处注以 0,右边其他大格分界处标记为按绘图比例尺换算的实际长度。

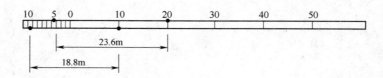

图 6-1　图示比例尺

图示比例尺绘制在地形图的左下方,可以减少图纸伸缩对用图的影响。

地形图按比例尺的分类如下:

小比例尺地形图。1∶20 万、1∶50 万、1∶100 万比例尺的地形图称为小比例尺地形图。

中比例尺地形图。1∶2.5 万、1∶5 万、1∶10 万比例尺的地形图称为中比例尺地形图。

大比例尺地形图。1∶500、1∶1000、1∶2000、1∶5000、1∶10000 比例尺的地形图称为大比例尺地形图。

2. 比例尺的精度

人们用肉眼分辨图上的最小距离通常为 0.1mm,一般在图上量度或者测图描绘时,就只能达到图上 0.1mm 的正确性。因此,地形图上 0.1mm 所代表的实地水平距离称为比例尺精度,一般用 ε 表示,即:

$$\varepsilon = 0.1\text{mm} \times M$$

可以看出,比例尺大小不同,比例尺精度数值也不同,见表 6-1。

表 6-1 比例尺精度

比例尺	1:500	1:1000	1:5000	1:10000
比例尺精度/m	0.05	0.1	0.5	1.0

根据比例尺的精度,可以确定测绘地形图测量距离的精度,比例尺的精度对测绘和用图有重要的意义。

【示例】 如果规定在地形图上应表示出的最短距离为 0.6m,那么测图比例尺最小为多大?

解:此测图的比例尺最小为:

$$\frac{1}{M} = \frac{0.1}{\varepsilon} = \frac{0.1\text{mm}}{600\text{mm}} = \frac{1}{6000}$$

二、地物符号

地形图上表示地物类别、形状、大小及位置的符号称为地物符号,表 6-2 列举了一些地物符号,这些符号摘自国家测绘局颁发的地形图图式。表中各符号旁的数字表示该符号的尺寸,以 mm 为单位。

1)比例符号。把地面上轮廓尺寸较大的地物,依形状和大小按测图比例尺缩绘到图上,称为比例符号,如房屋、湖泊、森林等。

2)非比例符号。当地物轮廓尺寸太小,无法用比例符号表示,但这些地物又很重要,必须在图上表示出来。如三角点、水准点、里程碑、水井、消火栓等,这些地物均用规定的符号来表示,这类符号称为非比例符号。

3)线性符号。对于一些带状延伸的地物,其长度可以按测图比例尺缩绘,而横向宽度却无法按比例尺缩绘,这些长度按比例、宽度不按比例的符号,称为线性符号,如道路、小河、管道等。

4)地物注记。有些地物除了用一定的符号表示外,还需要用文字、数字或特定的符号对这些地物加以说明或补充,这种表达地物的方法称为地物标记,如河流、湖泊、铁路的名称,用特定符号表示的草地、耕地、林地等地面植物等。

常见建设工程用地形图地物符号见表 6-2。

三、地貌的表示方法

1)地貌的概念。地貌是指表面的高低起伏状态,如山地、丘陵和平原。大比例尺地形中常用等高线表示地貌,用等高线表示地貌不能仅表示出地面的高低起伏状态,还可根据它来求得地面的坡度和高程等。

表 6-2　地形图图式(1:500,1:1000)

说明	地物符号	说明	地物符号	说明	地物符号
三角点 横山——点名 95.93——高程	3.0 横山 95.93	栅栏 栏杆	8.0　　1.0	车行桥	
导线点 25——点名 62.74——高程	2.5　25 62.74 1.5	篱笆	1.0 8.0	人行桥	
水准点 京石5——点名 32.804——高程	2.0⊗ 京石5 32.804	铁丝网	8.0	地类界	0.2 1.5
永久性房屋 (四层)	4	铁路	0.2 10.0 0.2 0.5	旱地	6.0 1.5 1.0 6.0
普通房屋		公路	0.3 沥 砾 0.3	大面积的 竹林	3.0 2.0
厕所	厕	简易 公路	0.15 碎石 0.3		
水塔	3.0 1.0 1.2	大车路	8.0　　2.0	草地	0.8 6.0 1.5 6.0
烟囱	3.5 1.0	小路	4.0 1.0 0.3	耕田 水稻田	6.0 6.0 2.0
电力线高压	4.0	阶梯路	0.5		
电力线低压	4.0 4.0	河流、 湖泊、 水库、 水涯线 及流向		菜地	2.0 2.0 6.0
围墙、砖石 及混凝土墙	8.0				
土墙	8.0 0.5	水渠		等高线	467.0 465 460

2)等高线。等高线是指地面上高程相同的相邻各点连成的闭合曲线。例如雨后地面上静止的积水,积水面与地面的交线就是一条等高线。如图 6-2 所示,设想一个小山被若干个高程为 H_1、H_2 和 H_3 的静止水面所截,并且相邻水面之间的高差相同,每个水面与小山表面的交线就是与该水面高程相同的等高线。将这些等高线沿铅垂方向投影到水平面 H 上,并用规定的比例尺缩绘在图线上,这就是小山用等高线表示在地形图上了。

3)等高距和等高线平距。等高距是指相邻等高线之间的高差,也叫等高线间隔,用 h

表示,如图 6-2 所示,相邻等高线之间的水平距离称为等高线平距,用 d 表示。h 与 d 的比值就是地面坡度 i：

$$i = \frac{h}{dM}$$

式中,M 为比例尺分母。

由于在同一幅地形图上等高距 h 是相同的,因此,地面坡度 i 与等高线平距 d 成反比。如图 6-3 所示,地面坡度较缓的 AB 段,其等高线平距较大,等高线显得稀疏；地面坡度较陡的 CD 段,其等高线平距较小,等高线十分密集。所以,可以根据等高线的疏密判断地面坡度的缓与陡。即在同一幅地形图上,等高线平距 d 越大,坡度 i 越小；等高线平距 d 越小,坡度 i 越大,如果等高线平距相等,那么坡度均匀。

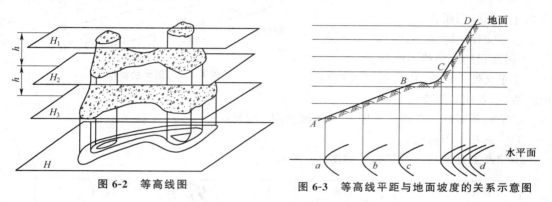

图 6-2　等高线图　　　　　　图 6-3　等高线平距与地面坡度的关系示意图

如果等高距选择得较小,会使图上的等高线过密,如果等高距选择过大,则不能正确反映地面的高低起伏状况。等高距的选用可参见表 6-3。

表 6-3　地形图的基本等高距选择参考表

地形类别	比例尺			
	1：500	1：1000	1：2000	1：5000
平地(地面倾角：$\alpha < 30°$)	0.5	0.5	1	2
丘陵(地面倾角：$3° \leqslant \alpha < 10°$)	0.5	1	2	5
山地(地面倾角：$10° \leqslant \alpha < 25°$)	1	1	2	5
高山地(地面倾角：$\alpha \geqslant 25°$)	1	2	2	5

4）等高线的类型。等高线的类型有首曲线、计曲线、间曲线及助曲线 4 种,如图 6-4 所示。

①首曲线。是指在同一幅面地形图上,按规定的基本等高距描绘的等高线,也叫基本等高线。首曲线要用 0.15mm 的细实线描绘,如图 6-4 中高程为 38m 的等高线。

②计曲线。是指凡高程能被 5 倍基本等高距整除的等高线,也叫加粗等高线。计曲线要用 0.3mm 的粗实线绘出,如图 6-4 中的高程为 40m 的等高线。

③间曲线。是指为了显示首曲线不能表示的局部地貌,按 1/2 基本等高距描绘的等高线,也称半距等高线。间曲线用 0.15mm 的细长虚线表示。如图 6-4 所示,中高程为 39m、41m 的等高线。

④助曲线。用间曲线还不能表示出的局部地貌,可用按 1/4 基本等高距拒绝的等高线表示,称为助曲线。助曲线用 0.15mm 的细短虚线表示。如图 6-4 中高程为 38.5mm 的等高线。

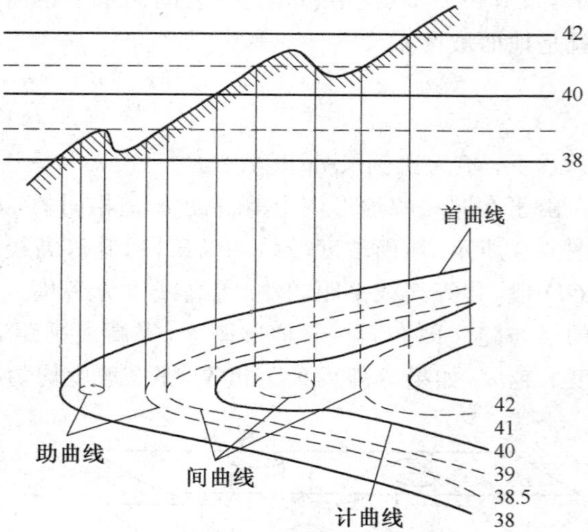

5)等高线的特性。

①等高性。即同一条等高线上各点的高程相同。

②闭合性。等高线一定是闭合的曲线,即使不在本图幅内闭合,那么必在相邻的图幅内闭合。

③非交性。除了在悬崖、陡崖地处外,不同高程的等高线不能相交。

④正交性。山脊、山谷的等高线与山脊线、山谷线要正交。

⑤密陡稀缓性。等高线平距 d 与地面坡度 i 成反比。

6)常见几种等高线。

①建设工程常见几种等高线如图 6-5 所示。

图 6-4　等高线的类型

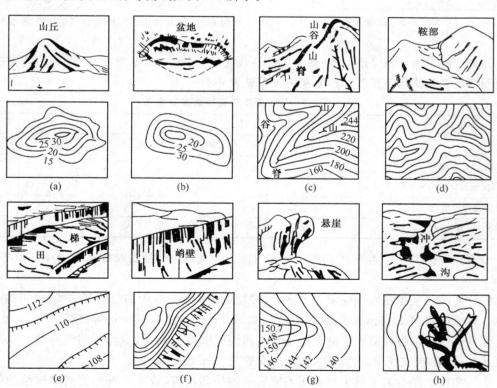

图 6-5　常见几种地貌的等高线

(a)山丘　(b)盆地　(c)山脊山谷　(d)鞍部　(e)梯田　(f)峭壁　(g)悬崖　(h)冲沟

②综合等高线图示如图 6-6 所示。

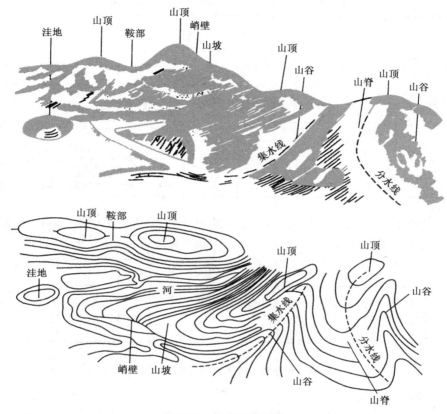

图 6-6　综合等高线图

四、地形图图外注标

地形图图外注标包括图名、图号、测量单位名称、测图日期和成图方法、坐标系统和高程系统及一些辅助图表等。

1. 图名

图名即本图幅的名称,通常以本图幅内主要地面的地名单位为行政全称命名,注记在图廓外上方中央,如图 6-7 所示,如果地形图代表的实地面积小,也可不注图名,仅注图号。

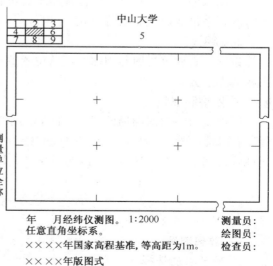

图 6-7　图廓上图名的注记方式

（1）地形图的分幅

大比例尺地形图通常采用正方形分幅法或矩形分幅法,即是按统一的直角坐标的纵、横坐标格网线分的。而中、小比例尺地形图则按纬度来划分,左、右以经线为界,上、下以纬线为界,其图幅的形状近似梯形,所以,称为梯形分幅法。各种大比例尺地形图的图幅大小及图廓坐标值见表 6-4。

表 6-4　正方形、矩形分幅图的图廓与图幅大小

比例尺	图幅尺寸 (cm×cm)	实地面积 (km²)	一幅 1:5000 地形图所含图幅数	1km² 测区的图幅数	图廓坐标值
1:5000	40×40	4	1	0.25	1000 的整数倍
1:2000	50×50	1	4	1	1000 的整数倍
	40×50	0.8	5	1.25	纵坐标为 800 的整数倍;横坐标为 1000 的整数倍
1:1000	50×50	0.25	16	4	纵坐标为 500 的整数倍;横坐标为 500 的整数倍
1:500	50×50	0.0625	64	16	50 的整数倍
	40X50	0.20	20	5	纵坐标为 400 的整数倍
	40×50	0.05	80	20	纵坐标为 20 的整数倍;横坐标为 50 的整数倍

如图 6-8 所示,对于面积较大的测区,常常绘有几种不同的大比例尺地形图,各种比例尺地形图的分幅与编号通常是以 1:5000 的地形图为基础,按正方形分幅法进行。

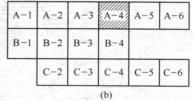

（a）　　　　　　　　　　　　　　　　（b）

图 6-8　地形图的流水编号法与行列编号法

（2）地形图的编号方法

1）坐标编号法。坐标编号法采用图幅西南角坐标的公里数作为本幅图纸的编号,记成"$x-y$"形式。1:5000 地形图的图号取至整公里数;1:2000 和 1:1000 地形图的图号取至 0.1km;1:500 地形图的图号取至 0.01km。

2）流水编号法。对于测区范围较小或带状测区,可依据具体情况,按照从上到下、从左到右的顺序进行数字流水编号,也可用行列编号法或其他方法。

2. 接图表

接图表表明该幅图与相邻图纸的位置关系,以方便查索相邻图纸。并将接图表绘制在图幅的左上方。

3. 图廓和注记

图廓是指一幅图四周的界线,正方形图幅有内图廓和外图廓之分,外图廓用粗实线绘制,内图廓是图幅的边界,且每隔 10cm 绘有坐标格网线,内外图廓相距 12mm,应在内、外图廓线之间的四个角注记以 km 为单位的格网坐标值。

第二节　地形图测绘

一、碎部测量

1. 碎部点的选择

碎部点需要选择地物和地貌特征点,即地物和地貌的方向转折点和坡度变化点。碎部点选择是否得当,会直接影响到成图的精度和速度。如果选择正确,就可以逼真地反映地形现状,保证工程要求的精度;如果选择不当或漏选碎部点,将导致地形图失真走样,影响工程设计或施工用图。

(1)地物特征点的选择

地物特征点通常是选择地物轮廓线上的转折点、交叉点,河流和道路的拐弯点,独立地物的中心点等。

连接这些特征点,便得到与实地相似的地物形状和位置。测绘地物必须根据规定的测图比例尺,按测量规范和地形图图式的要求,经过综合取舍,将各种地物恰当地表示在图上。

(2)地貌特征点的选择

最能反映地貌特征的是地性线(亦称地貌结构线),它是地貌形态变化的棱线,如山脊线、山谷线、方向变换线等,因此,地貌特征点应选在地性线上如图 6-9 所示。例如,山顶的最高点,鞍部、山脊、山谷的地形变换点,山坡倾斜变换点,山脚地形变换点处需选定碎部点进行。

(3)碎部点间距和视距的最大长度选择

图 6-9　地貌特征点及地性线图

碎部点间距和视距的最大长度应符合表 6-5 的规定。

表 6-5　碎部点间距和最大长度

测图比例尺	地貌点间距(m)	最大视距(m)	
		地物点	地貌点
1:500	15	40	70
1:1000	30	80	120
1:2000	50	250	200

注:①以 1:500 比例尺测图时,在城市、建筑区和平坦地区,地物点距离应实量,其最大长度为 50m。

②山地、高山地地物点的最大视距可按地貌点来要求。

③采用电磁波测距仪测距时,距离可适当放长。

(4)地形图等高距的选择

等高距的选择与地面坡度有关,当基本等高距为 0.5m 时,高程注记点的高程应标注到厘米。

当基本等高距大于 0.5m 时,可标注到分米。

2. 碎部点的平面位置测绘方法及原理

(1)角度测绘法

如图 6-10 所示,在实地已知控制点 A、B 上分别安置测角仪器,测得 AC 或 BC 方向与后视方向($A \rightarrow B$ 或 $B \rightarrow A$)之夹角 β_A、β_B,再在图纸上借助于绘图工具由角度交会出 C 的点位 c。

（2）极坐标法

如图 6-11 所示，设 A、B 为实地已知控制点，欲测碎部点为 C 点在图纸上的位置。

在 A 点安置仪器，测量 AC 方向与 AB 方向的夹角 β 和 AC 的长度 D。

将 D 换算为水平距离，再按测图比例尺缩小为图上距离 d，即可得极坐标法定点位的两个参数 β（极角）和 d（极半径）。

在图纸上借助绘图工具以 a 为极点，ab 为极轴（后视方向），由 β、d 绘出 C 点在图样上的位置。

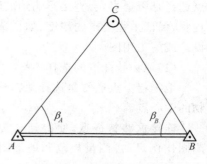

图 6-10　角度交会法图示

（3）距离交会法

如图 6-12 所示，距离交会法是在实地已知控制点 A、B 上分别安置测距仪器。

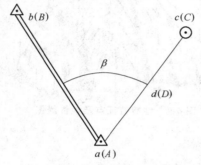

图 6-11　极坐标法图

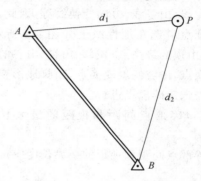

图 6-12　距离交会法图

测得 A 至 P 和 B 至 P 的距离（D_1、D_2），并且换算为水平距离。

按测图比例尺缩小为图上距离 d（d_1、d_2）。

在图纸上借助于绘图工具用边长交会出 P 的点位。

二、白纸测绘

1. 准备工作

为了保证测图的质量，测绘纸应选用质地较好的图纸。对于临时性测图，可将图纸直接固定在图板上进行测绘，对于需要长期保存的地形图，为减少图纸变形，应将图纸裱糊在锌板、铝板或胶合板上。

2. 绘制坐标格网

为了准确地将图根控制点展绘在图纸上，先要在图纸上精确地绘制 $10\text{cm} \times 10\text{cm}$ 的直角坐标格网。绘制坐标格网可用坐标仪或坐标格网尺等专用仪器工具，如无上述仪器工具，则可按对角法绘制，如图 6-13 所示。

3. 展绘控制点

展点前，要按本图的分幅，将格网线的坐标值注在左、下格网边线外侧的相应格网线外，如图 6-14 所示。

4. 白纸测绘外业工作

碎部测量的外业工作包括依照一定的测绘方法采集数据和实地勾绘地形图等内容。碎部测量的常用方法有经纬仪测绘法、大平板测图法、小平板仪与经纬仪联合测图法等。

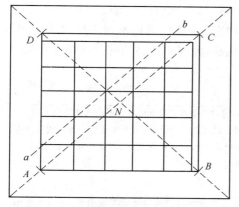

图 6-13 对角线法绘制坐标格网图

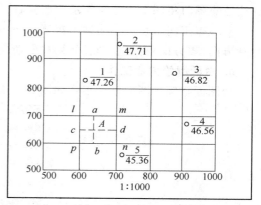

图 6-14 展绘控制点图示

现以经纬仪法为例介绍一下碎部测绘外业的实操步骤。

1）如图 6-15 所示，将经纬仪安置于测站点（例如导线 A）上，将测图板（不需置平，仅供作绘图台用）安置于测站旁。

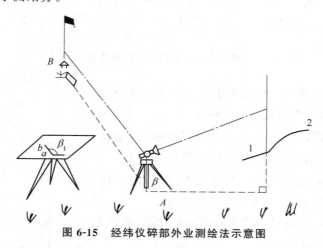

图 6-15 经纬仪碎部外业测绘法示意图

2）用经纬仪测定碎部点方向与已知（后视）方位之间的夹角，用视距测量方法测定测站到碎部点的水平距离和高差。

3）再根据测定数据按极坐标用量角器和比例尺把碎部点的平面位置展绘于图纸上，并在点位的右侧注明高程，最后，对照实地勾绘地形图。

5. 白纸测绘外业工作注意事项

1）全组人员要互相配合，协调一致。绘图时应做到站站清、板板清、有条不紊。

2）观测员读数时要注意记录者、绘图者是否听清楚，要随时把地面情况和图面点位联系起来。观测碎部落点的精度要适当，一般竖直角读到 $1'$，水平角读到 $5'$ 即可。

3）立尺员选点要有计划，分布要均匀恰当，必要时勾绘草图，供绘图参考。

4）记录、计算应正确、工整、清楚，重要地物应加以注明，碎部点水平距离和高程均计算到厘米。不能搞错高差的正负号。

5)绘图员应随时保持图面整洁。应在野外对照实际地形勾绘等高线,做到边测、边绘;还应注意随时将图上点位与实地对照检查,根据距离、水平角和高程进行核对。

6)检查定向。在一个测站上每测 20～30 个碎部点后或在结束本站工作之前均应检查后视方向(零方向)有无变动。如果有变动应及时纠正,并应检查已测碎部点是否移位。

6. 白纸测绘内业工作

1)图面整饰。图面整饰工作如图 6-16 所示。

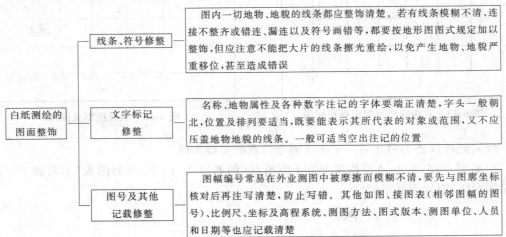

白纸测绘的图面整饰	线条、符号修整	图内一切地物、地貌的线条都应整饰清楚。若有线条模糊不清、连接不整齐或错连、漏连以及符号画错等,都要按地形图图式规定加以整饰,但应注意不能把大片的线条擦光重绘,以免产生地物、地貌严重移位,甚至造成错误
	文字标记修整	名称、地物属性及各种数字注记的字体要端正清楚,字头一般朝北,位置及排列要适当,既要能表示其所代表的对象或范围,又不应压盖地物地貌的线条。一般可适当空出注记的位置
	图号及其他记载修整	图幅编号常易在外业测图中被摩擦而模糊不清,要先与图廓坐标核对后再注写清楚,防止写错。其他如图、接图表(相邻图幅的图号)、比例尺、坐标及高程系统、测图方法、图式版本、测图单位、人员和日期等也应记载清楚

图 6-16　白纸测绘的图面整饰

2)图边拼接。接图时,如果所用图纸是聚酯绘图薄膜,则可直接按图廓线将两幅图重叠拼接。

如果为白纸测图,则可用 3～4cm 宽的透明纸条先把左图幅(图 6-17)的东图廓线及靠近图廓线的地物和等高线透描下来,然后,将透明纸条坐标格网线蒙到右图幅的西图廓线上,以检验相应地物及等高线的差异。

每幅图的绘图员通常只透描东和南两个图边,而西和北两个图边由邻图负责透描。

如果接图边上两侧同名等高线或地物之差不超过表 6-6、表 6-7 和表 6-8 中规定的平面、高程中误差的 $2\sqrt{2}$ 倍时,可在透明纸上用红墨水画线取其平均位置,再以此平均位置为根据对相邻两图幅进行改正。

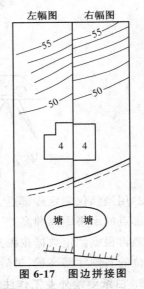

图 6-17　图边拼接图

表 6-6　图上地物点点位中误差与间距中误差

地区分类	点位中误差(图上 mm)	邻近地物点间距中误差(图上 mm)
城市建筑区和平地、丘陵地	±0.5	±0.4
山地、高山地和设站施测困难的旧街坊内部	±0.75	±0.6

注:森林隐蔽等特殊困难地区,可按上表规定放宽 50%。

表 6-7　城市建筑区和平坦地区高程注记点的高程中误差

分　类	高程中误差（m）	分　类	高程中误差（m）
铺装地面的高程注记点	±0.07	一般高程注记点	±0.15

表 6-8　等高线插求点的高程中误差

地形类别	平　地	丘陵地	山　地	高山地
高程中误差（等高距）	1/3	1/2	2/3	1

注：森林隐蔽等特殊困难地区，可按上表规定放宽50%。

3）地形图检查、验收。地形图检查、验收的范围见表 6-9。

表 6-9　地形图检查、验收范围

类　别	范围内容
室内检查	检查坐标格网及图廓线，各级控制点的展绘，外业手簿的记录计算，控制点和碎部点的数量和位置是否符合规定，地形图内容综合取舍是否恰当，图式符号使用是否正确，等高线表示是否合理，图面是否清晰易读，接边是否符合规定等。如果发现疑问和错误，应到实地检查、修改
巡视检查	按拟定的路线做实地巡视，将原图与实地对照。巡视中着重检查地物、地貌有无遗漏、等高线走势与实地地貌是否一致，综合取舍是否恰当等
仪器检查	是在上述两项检查的基础上进行的。在图幅范围内设站，一般采用散点法进行检查。除对已发现的问题进行修改和补测外，还应重点抽查原图的成图质量，将抽查的地物点、地貌点与原图上已有的相应点的平面位置和高程进行比较，算出较差，均记入专门的手簿，最后按小于或等于 $\sqrt{2}\,m$、大于 $\sqrt{2}\,m$ 且小于 $2m$、大于 $2m$ 且小于 $2\sqrt{2}\,m$ 3 个区间分别统计其个数，算出各占总数的百分比，作为评定图幅数学精度的主要依据 其中，大于 $2\sqrt{2}\,m$ 的较差算作粗差，其个数不得超过总数的 2%，否则认为不合格。若各项符合要求，即可予以验收，交有关单位使用或存档

4）清绘。铅笔原图经检查合格后，应进一步根据地形图图式规定进行着墨清绘和整饰，使图面更加清晰、合理、美观。顺序是先图内后图外，先注记后符号，先地物后地貌。

三、数字化地形图测绘

1. 数字化测绘原理

数字化测图是通过采集地形点数据并传输给计算机，通过计算机对采集的地形信息进行识别、检索、连接和调用图式符号，并编辑生成数字地形图，再发出指令由绘图仪自动绘出地形图。

在数字化地形测量中，为了使计算机能自动识别，对地形点的属性通常采用编码方法来表示。只要知道地形点的属性编码以及连接信息，计算机就能利用绘图系统软件从图式符号库中调出与该编码相对应的图式符号，连接并生成数字地形图。

2. 数字化测绘的方法

（1）野外数字化测绘

野外数字化测绘是利用全站仪或 GPS 接收机（RTK）在野外直接采集有关地形信息，并将野外采集的数据传输到电子手簿、磁卡或便携机内记录，在现场绘制地形图或在室内传输到计算机中，经过测图软件进行数据处理形成绘图数据文件，最后由数控绘图仪输出地形图,其基本系统构成如图 6-18 所示。野外数字化成图是精度很高的数字化测绘方法,应用较广泛。

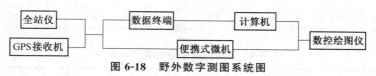

图 6-18　野外数字测图系统图

（2）影像数字化测绘

影像数字化测绘是利用摄影测量与遥感的方法获得测区的影像并构成立体像对,在解析测图仪上采集地形点并自动传输到计算机中或直接用数字摄影测量方法进行数据采集,经过软件进行数据处理,自动生成地形图,并由数控绘图仪输出地形图,其基本系统构成如图 6-19 所示。

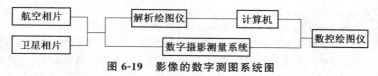

图 6-19　影像的数字测图系统图

3. 数字化测绘外业数据采集

全站仪数字化测绘外业数据采集的步骤为：

1）在测点上安置全站仪并输入测站点坐标（X、Y、H）及仪器高。

2）照准定向点并使定向角为测站点至定向点的方向角。

3）将棱镜高由人工输入全站仪,输入一次以后,其余测点的棱镜高则由程序默认（即自动填入原值）,如果棱镜高改变时,需重新输入。

4）逐点观测,只需输入第一个测点的测量顺序号,其后测一个点,点号自动累加 1,一个测区内点号是唯一的,不能重复。

5）输入地形点编码,将有关数据和信息记录在全站仪的存储设备或电子手簿上（在数字测记模式下）。在电子平板测绘模式下,则由便携机实现测量数据和信息的记录。

4. 数字化测绘内业作图

（1）数据处理

数据处理是数字测图的中心环节,是通过相应的计算机软件来完成的,主要包括地图符号库、地物要素绘制、等高线绘制、文字注记、图形编辑、图形裁剪、图形接边和地形图整饰等功能。

将野外实测数据输入计算机,成图系统首先将三维坐标和编码进行初处理,形成控制点数据、地物数据、地貌数据。

分别对这些数据分类处理,形成图形数据文件,包括带有点号和编码的所有点的坐标文件和含有所有点的连接信息文件。

（2）编辑和输出地形图

1）编辑。根据输入的比例尺、图廓坐标、已生成的坐标文件和连接信息文件,按编码分类,分层进入地物（如房屋、道路、水系、植被等）和地貌等各层进行绘图处理,生成绘图命令,在屏幕上显示所绘图形,再根据实际地形地貌情况对屏幕图形进行必要的编辑、修改,生成修改后的图形文件。

2)输出。数字化地形图输出形式可采用绘图机绘制地形图、显示器显示地形图、磁盘存储图形数据、打印机输出图形等,将实地采集的地物地貌特征点的坐标和高程经过计算机处理,自动生成不规则的三角网(TIN),建立起数字地面模型(DEM)。该模型的核心目的是用内插法求得任意已知坐标点的高程。用此方法可以内插绘制等高线和断面图为水利、道路、管线等工程设计服务,还能根据需要随时取出数据,绘制任何比例尺的地形原图。

数学化测图方法的实质是用全站仪或 GPS(RTK)野外采集数据,计算机进行数据处理,并建立数字字体模型和计算机辅助绘制地形图,这是一种高效率、减轻劳动强度的有效方法,符合现代社会信息化的要求,是现代测绘的重要发展方向,它将成为迈向信息化时代不可缺少的地理信息系统(GIS)的重要组成部分。

第三节 地形图测绘应用

一、确定点的平面直角坐标

如图 6-20 所示,确定图上 A 点的坐标。

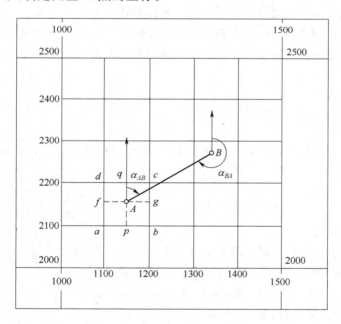

图 6-20 坐标与方位角换算

1)首先要根据 A 点在图上的位置,确定 A 点所在的坐标方格 $abcd$,过 A 点做平行于 x 轴和 y 轴的两条直线 fg、qp 与坐标方格相交于 $pqfg$ 四点。

2)再按地形图比例尺量出 $af=60.7\text{m}$,$ap=48.6\text{m}$,则 A 点的坐标为:

$$\left. \begin{array}{l} x_A = x_a + af = 2100\text{m} + 60.7\text{m} = 2160.7\text{m} \\ y_A = y_a + ap = 1100\text{m} + 48.6\text{m} = 1148.6\text{m} \end{array} \right\}$$

如果精度要求较高,还应考虑图纸伸缩的影响,应量出 ab 和 ad 的长度。设图上坐标方格边长的理论值为 $l(l=100\text{mm})$,则 A 点的坐标可按下式计算:

$$x_A = x_a + \frac{1}{ab} a f \left.\right\}$$
$$y_A = y_a + \frac{1}{ad} a p$$

二、确定两点间的水平距离

1. 图解法

用两脚规在图上直接卡出 A、B 两点的长度,再与地形图上的直线比例尺比较,便可得出 AB 的水平距离,如果要求精度不高,可用比例尺直接在图上量取。

2. 解析法

如图 6-20 所示,欲求 AB 的距离,可按下式先求出图上 A、B 两点坐标(x_A, y_A) 和 (x_B, y_B),然后按下式计算 AB 的水平距离:

$$D_{AB} = \sqrt{(x_B - x_A)^2 + (y_B - y_A)^2}$$

三、确定直线的坐标方位角

1. 图解法

如果精度要求不高时,可由量角器在图上直接量取其坐标方位角。

如图 6-20 所示,通过 A、B 两点分别做坐标纵轴的平行线,然后用量角器的中心分别对准 A、B 两点量出直线 AB 的坐标方位角 α'_{AB} 和直线 BA 的坐标方位角 α'_{BA},则直线 AB 的坐标方位角为:

$$\alpha_{AB} = \frac{1}{2}(\alpha'_{AB} + \alpha'_{BA} \pm 180°)$$

2. 解析法

如图 6-20 所示,如果 A、B 两点的坐标求出,则可以按坐标反算公式计算 AB 直线的坐标方位角:

$$\alpha_{AB} = \arctan \frac{y_B - y_A}{x_B - x_A} = \arctan \frac{\Delta y_{AB}}{\Delta x_{AB}}$$

四、确定某点高程

如图 6-21 所示,点 A 正好在等高线上,其高程与所在的等高线高程相同,即 $H_A = 102.0$m。如果所求点不在等高线上,如图中的 B 点,而位于 106m 和 108m 两条等高线之间,则可过 B 点做一条大致垂直于相邻等高线的线段 cd,量取 cd 的长度,再量取 cB 的长度,若分别为 9.0mm 和 2.8mm,已知等高距 $h = 2$m,则 B 点的高程 H_B 可按比例内插求得。

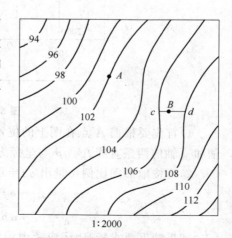

$$H_B = H_m + \frac{cB}{cd} h = 106 + \frac{2.8}{9.0} \times 2 = 106.6\text{m}$$

在图上求某点的高程时,通常可以根据相邻两等高线的高程目估确定。

图 6-21　图上确定点的高程

五、确定图上两点连线的坡度

如果地面两点间的水平距离为 D,高差为 h,而高

差与水平距离之比称为地面坡度,通常以 i 表示,则 i 可用下式计算:

$$i=\frac{h}{D}=\frac{h}{dM}$$

式中,d 为两点在图上的长度,m;M 为地形图比例尺分母。

【示例】　已知某地形图中有 A、B 两点,高差 h 为 1m,如果量取 AB 图上的长度为 4cm,地形图比例尺为 1∶1000,则 AB 线的地面坡度为:

$$i=\frac{h}{dM}=\frac{1}{0.04\times1000}=\frac{1}{40}=2.5\%$$

坡度 i 常以百分率或千分率表示。

如果两点间的距离较长,中间通过疏密不等的等高线,则上式所求地面坡度为两点间的平均坡度。

六、在图上量算面积的常用方法

1. 几何图形法

如图 6-22 所示,图形的外形是规整的多边形,则可将图形划分为若干种简单的几何图形,如三角形、矩形、梯形等。然后,用比例尺量取计算时所需的元素(长、宽、高),应用面积计算公式求出各个简单几何图形的面积,再汇总出多边形的面积。

当图形外形为曲线构成时,可近似地用直线连接成多边形,再将多边形划分为若干种简单的几何图形来进行面积计算。

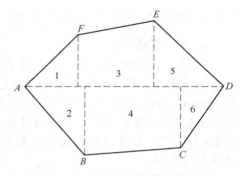

图 6-22　几何图形法求面积图

用几何图形法量算线状地物面积时,可将线状地物看作长方形,用分规量出其总长度,乘以实量宽度,即可得线状地物面积。

2. 平行线法

如图 6-23 所示,在图上量算面积时,将绘有等间距平行线(1mm 或 2mm)的透明纸覆盖在图形上,并使两条平行线与图形的上下边缘相切,则相邻两平行线截割的图形面积可近似为梯形,梯形的高为平行线间距 d。

图 6-23 中的平行虚线是梯形的中线,量出各中线的长度,就可以按下面的公式计算图形的总面积:

$$S=l_1d+l_2d+\cdots+l_nd=d\sum l$$

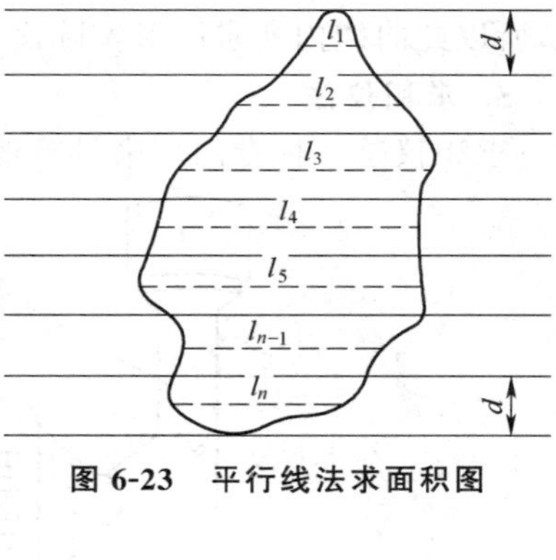

图 6-23　平行线法求面积图

再根据图的比例尺换算为实地面积。如果图的比例尺为 1∶M,则该区域的实地面积为:

$$S=d\sum l\times M^2$$

如果图的纵方向比例尺为 1∶M_1,横方向的比例尺为 1∶M_2,则该区域的实地面积为:

$$S=d\sum l\times M_1M_2$$

3. 坐标法

如图 6-24 所示,A、B、C、D 为多边形的顶点,它们的坐标值组成了多个梯形。

多边形 A、B、C、D 的面积 S 即为这些梯形面积的代数和。图 6-24 中,四边形面积为梯形 $A_{y_A y_B}B$ 的面积 S_1 加上梯形 $B_{y_B y_C}C$ 的面积 S_2,再减去梯形 $A_{y_A y_D}D$ 的面积 S_3 和梯形 $D_{y_D y_C}C$ 的面积 S_4。

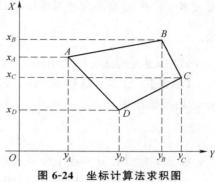

图 6-24　坐标计算法求积图

$$\left.\begin{array}{l} S_1 = \dfrac{1}{2}(x_A + x_B)(y_B - y_A) \\[2mm] S_2 = \dfrac{1}{2}(x_B + x_C)(y_C - y_B) \\[2mm] S_3 = \dfrac{1}{2}(x_A + x_D)(y_D - y_A) \\[2mm] S_4 = \dfrac{1}{2}(x_C + x_D)(y_C - y_D) \end{array}\right\}$$

$$S = S_1 + S_2 - S_3 - S_4 = \frac{1}{2}\left[x_A(y_B - y_D) + x_B(y_C - y_A) + x_C(y_D - y_B) + x_D(y_A - y_C)\right]$$

4. 透明方格纸法

如图 6-25 所示,计算曲线内的面积。

先将毫米透明方格纸覆盖在图形上(方格边长通常为 1mm、2mm、5mm,或单位为 cm),先数出图内完整的方格数,再将不完整的方格用目估法折合成整方格数,两者相加乘以每格代表的面积值,就是所要量算图形的面积。

此方法简便,且能保证一定的精度,应用广泛。

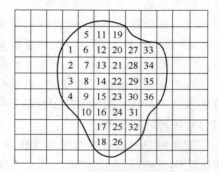

图 6-25　透明方格纸法求积图

【示例】　图 6-25 中的比例尺为 1/1000,每个方格的边长为 1cm,此曲线图形中,完整方格数为 36 个,不完整方格数可折合成 8 个,那么方格总数为 44 个,所以此曲线内所求图形实际面积为: $S = nA = 44 \times 1000^2 \times (0.01)^2 = 4400\ \mathrm{m}^2$

5. 求积仪法

求积仪是一种专门用来量算地形图面积的仪器,外形如图 6-26 所示,测算方法如下。

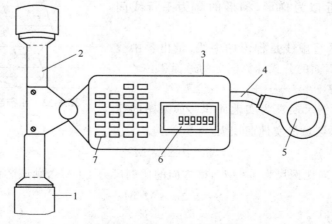

图 6-26　KP-90N 电子求积仪

1. 动极　2. 动极轴　3. 交流转换插座　4. 跟踪臂　5. 跟踪放大镜　6. 显示器微型计算机　7. 功能键

1)先将图纸水平固定在图板上,把跟踪放大镜放在图形中央,且使动极轴与跟踪臂成 90°。

2)开机,然后用"UNIT-1"和"UNIT-2"两功能键选择好单位,用"SCALE"键输入图的比例尺,并按"R-S"键,确认后,即可在欲测图形中心的左边周线上标明一个记号,作为量测的起始点。

3)然后按"START"键,蜂鸣器发出响声,显示零,用跟踪放大镜中心准确地沿着图形的边界线顺时针移动一周后,回到起点,其显示值即为图形的实地面积。

4)对同一面积要重复测量三次以上,取其均值。

七、地形图在工程建设中的应用

1. 绘制已知方向线的纵断面图

如图 6-27 所示,欲绘制直线 AB、BC 纵断面图,操作步骤如下:

1)首先,在图纸上绘出平距的横轴 MN,过 A 点做垂线,作为纵轴,表示高程。平距的比例尺与地形图的比例尺一致;为了明显地表示地面起伏变化情况,高程比例尺往往比平距比例尺放大 10～20 倍。

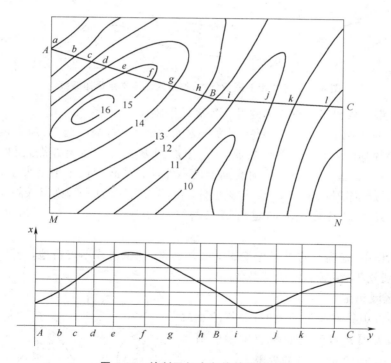

图 6-27　绘制已知方向线的纵断面图

2)再在纵轴上标注高程,沿断面方向量取两相邻等高线间的平距,在横轴上标出 b、c、d、…、l 及 C 等点。

3)从各点做横轴的垂线,在垂线上按各点的高程,并对照纵轴标注的高程从而确定各点在剖面图上的位置。

4)用光滑的曲线连接各点,便得所求方向线 A-B-C 的纵断面图。

2. 按限定坡度选定最短线路

在道路、管道等工程规划中,一般要求按限制坡度选定一条最短路线。

如图 6-28 所示,设从公路旁 A 点到山头 B 点选定一条路线,限制坡度为 4%,地形图比例尺为 1:2000,等高距为 1m。具体操作方法如下:

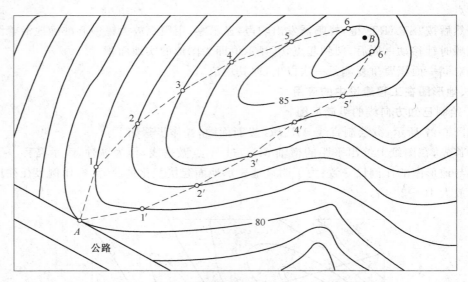

图 6-28　工程地形图设计中,按规定坡度选定最短路线

1)确定线路上两相邻等高线间的最小等高线平距。

2)先以 A 点为圆心,以 d 为半径,用圆规划弧,交 81m 等高线与 1 点,再以 1 点为圆心同样以 d 为半径划弧,交 82m 等高线于 2 点,依次到 B 点。连接相邻点,便得同坡度路线 A—1—2⋯—B。在选线过程中,有时会遇到两相邻等高线间的最小平距大于 d 的情况,即所作圆弧不能与相邻等直线相交,说明该处的坡度小于指定的坡度,则以最短距离定线。

3)在图上还可以沿另一方向定出第二条线路 A—1′—2′—⋯⋯—B,可作为方案的比较。

在实际工作中,还需在野外考虑工程上其他因素,如少占或不占耕地,避开不良地质构造,减少工程费用等,最后确定一条最佳路线。

3. 汇水区域确定

当线路穿过山谷或经过河流时,要修建涵洞或桥梁,此时,需要知道流过涵洞或桥梁的最大水量,为此应先确定汇水区域的界限。

如果是已经印制好的地形图,可以用手工方式确定汇水面积。如图 6-29 所示,要确定此桥所在位置的汇水面积,先定出桥两端一定距离内的最高点 A、B,再从 A、B 连接各山脊线,这些山脊线围成的面积就是汇水面积。图中 $ABCDEA$ 就是汇水区域的界限。

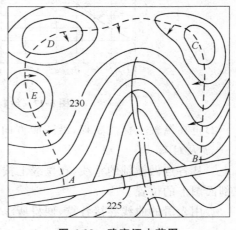

图 6-29　确定汇水范围

八、地形图在平整土地中的应用及土石方估算

1. 将地面平整成水平场地

如图 6-30 所示,图的比例尺为 1：1000,试将原地貌按填土方量平衡的原则改造成平面。

此地形图改造的步骤为:

1)绘制方格网。在地形图上平整场地的区域内绘制方格网,格网边长依地形情况和挖、填石方计算的精度要求而定,一般为 10m 或 20m。

2)计算设计高程。用内插法或目估法求出各方格顶点的地面高程,并注在相应顶点的右上方。

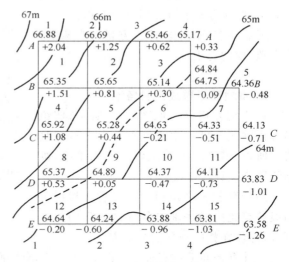

图 6-30　水平场地平整图

将每一方格的顶点高程取平均值(即每个方格顶点高程之和除以 4)。

最后将所有方格的平均高程相加,再除以方格总数,即地地面设计高程。

$$H_{设} = \frac{1}{n}(H_1 + H_2 + \cdots H_n)$$

式中,n 为方格数;H_i 为第 i 方格的平均高程,$i = 1, 2, 3, \cdots, n$。

3)绘出填、挖分界线。根据设计高程,在图上用内插法绘出设计高程的等高线,该等高线即为填、挖分界线。

4)计算各方格顶点的填、挖深度。各方格顶点的地面高程与设计高程之差,便为填挖高度,注在相应顶点的左上方。即:

$$h = H_{地} - H_{设}$$

式中,h 前"＋"号表示挖方,"－"号表示填方。

5)计算填、挖土方量。从图 6-30 上看出,有的方格全为挖土,有的方格全为填土,有的方格有填有挖。计算时,填、挖要分开计算,图 6-30 中计算得到设计高程为 64.84m。以方格 2、10、6 格为例计算填、挖方量。

方格 2 为全挖方,方量为:

$$V_{2挖} = \frac{1}{2}(1.25 + 0.62 + 0.81 + 0.30)S_2 = 0.75S_2 \, \text{m}^3$$

方格 10 为全填方,方量为:

$$V_{10填} = \frac{1}{4}(-0.21 - 0.51 - 0.47 - 0.73)S_{10} = -0.48S_{10} \, \text{m}^3$$

方格 6 既有挖方,又有填方:

$$V_{6挖} = \frac{1}{3}(0.3 + 0 + 0)S_{6挖} = 0.1S_{6挖} \, \text{m}^3$$

$$V_{6填} = \frac{1}{5}(0 - 0.09 - 0.51 - 0.21 - 0)S_{6填} = -0.16S_{6填} \, \text{m}^3$$

式中，S_2 为方格 2 的面积；S_{10} 为方格 10 的面积；$S_{6挖}$ 为方格 6 中挖方部分的面积；$S_{6填}$ 为方格 6 中填方部分的面积。

最后将各方格填、挖土方量各自累加，即得填、挖的总土。

2. 将地面平整成倾斜场地

1）绘制方格网。如图 6-31 所示，使纵横方格网线分别与主坡倾斜方向平行和垂直。所以，横格线即为倾斜坡面水平线，纵格线即为设计坡度线。

2）计算各方格角顶地面高程。根据等高线按等比内插法求出各方格角顶的地面高程，标注在相应角顶的右上方。

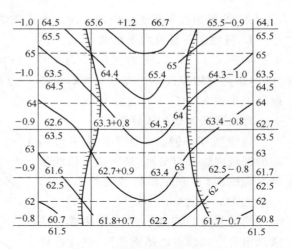

图 6-31　倾斜场地平整图示

3）计算地面平均高程。将图 6-31 中算得地面平均高程为 63.5m，标注在中心水平线下两端。

4）计算斜平面最高点（坡顶线）和最低点（坡底线）的设计高程。

$$\left.\begin{array}{l}H_{顶}=H_{设}+iD/2\\H_{底}=H_{设}-iD/2\end{array}\right\}$$

式中，D 为顶线至底线之间的距离。在图中，$i=10\%$，$D=40m$，算得 $H_{顶}=65.5m$，$H_{底}=61.5m$，分别注在相应格线下的两端。

5）确定挖填分界线。按内插法确定设计坡度与地面等高线高程相同的斜平面水平线的位置，并用虚线绘出这些坡面水平线，它们与地面相应等高线的交点为挖填分界点，将这些分界点按顺序连接，即为挖填分界线。

6）再根据顶、底线的设计高程按内插法计算出各方格角顶的设计高程，并标注在相应角顶的右下方，将原来求出的角顶地面高程减去它的设计高程便得挖、填高度，标注在相应角顶的左上方。

7）最后再计算挖填方量。计算方法与平整成本水平场地方法相同。

第七章　民用建筑施工测量

第一节　施工测量放样前准备

一、现场踏勘

施工现场踏勘工作主要是了解建筑施工现场上的地物、地貌及原有测量控制点的分布情况,并对建筑施工现场上的平面控制点和高程水准点进行校核,通过检测查明各点位与资料是否一致,若发现矛盾或不符应查明原因,以便获得正确的测量数量。进行施工现场踏勘工作是施工测量前的一项非常重要的基础工作。

二、熟悉图样

设计图样是工程施工测量和竣工验收的主要依据。在进行施工测量前,应充分熟悉各种有关的设计图样,了解施工建筑物与相邻地物的相互关系,了解施工建筑物的形状、规格、尺寸及本身内部关系,了解与相邻建筑物之间的相互关系,从设计图样中准确无误地获取测量工作所需要的各种定位数据。根据民用建筑施工测量的实践,与施工测量工作有关的设计图样,主要包括建筑总平面图、建筑平面图、基础平面图、立面图及剖面图等。

1. 建筑总平面图

建筑总平面图是表明一项建筑工程总体布置情况的图纸,它是在建设基地的地形图上,把已有的、新建的和拟建的建筑物、构筑物以及道路、绿化等,按照与地形图同样比例绘制出来的平面图。图 7-1 为某建筑工程总平面图。

在建筑总平面图中给出了建筑场地上所有建(构)筑物和道路的平面位置及其主要点的坐标,标出了相邻建(构)筑物之间的尺寸关系,注明了各建筑室内地坪的设计高程,是确定建筑物总体位置和高程的重要依据。

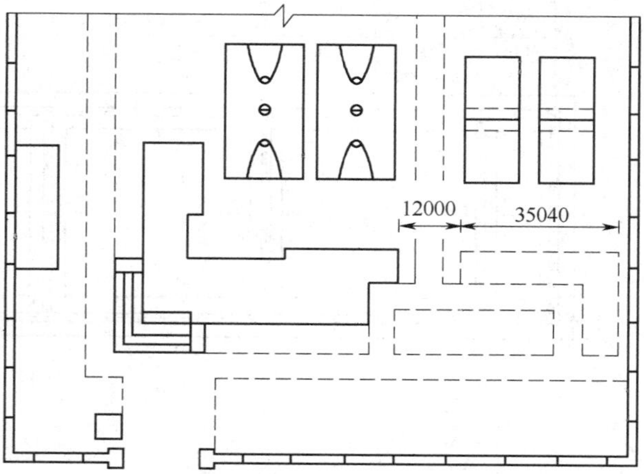

图 7-1　建筑总平面图

2. 建筑平面图

建筑平面图是建筑施工图的基本样图,它是假想用一个水平的剖切面沿门窗洞位置,将房屋剖切后,对剖切面以下部分所作的水平投影图。建筑平面图反映出房屋的平面形状、大小和布置,墙、柱的位置、尺寸和材料,门窗的类型和位置等。

在建筑平面图中标明了建筑物首层、标准层等各楼层的总尺寸及楼层内部各轴线之间的尺寸关系,如图 7-2 所示。建筑平面图是测设建筑物细部轴线的依据。

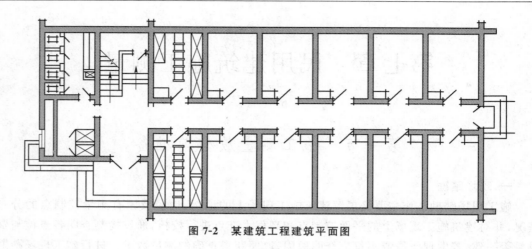

图 7-2　某建筑工程建筑平面图

3. 基础平面图

假想在建筑物底层室内地面下方作一个水平剖切面,将剖切面下方的构件向下作水平投影,则为建筑物的基础平面图。基础详图主要表明基础各组成部分的具体形状、大小、材料及基础埋深等,通常用断面图表示,并与基础平面图中被剖面的相应符号和代号一致。

在基础平面图及基础详图中,标明了基础形式、基础平面布置、基础中心(中线)位置、基础横断面形状及大小、基础不同部位的设计标高等,它是测设基槽(坑)开挖边线和开挖深度的依据,也是基础定位及细部放样的依据。某工程基础平面图及基础详图,如图 7-3 及图 7-4 所示。

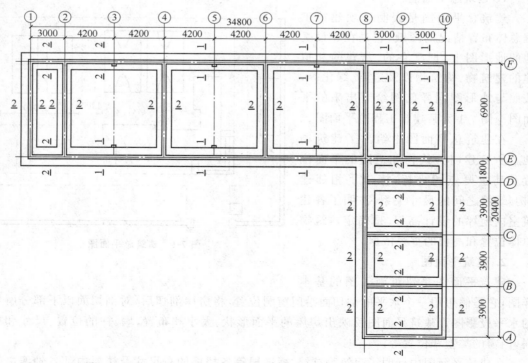

图 7-3　建筑基础平面图

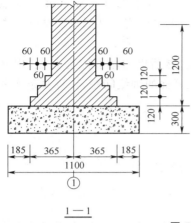

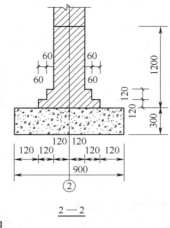

图 7-4　建筑基础详图

4. 立面图和剖面图

在建筑工程的立面图和剖面图中,标明了室内地坪、门窗、楼梯平台、楼板、屋面及屋架等部位的设计高程,这些高程通常是以±0.000 标高作为起算点的相对高程,它是测校建筑物各部位高程的依据。某建筑工程立面图和剖面图,如图7-5 所示。

三、确定测量方案和测设数据

1. 方案确定

在熟悉设计图纸、掌握施工计划和工程进度的基础上,结合施工现场条件和实际情况,在满

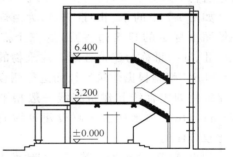

图 7-5　某建筑工程立面图和剖面图

足现行《工程测量规范》的建筑物施工放样的主要技术要求的前提下,拟订施工测量方案。施工测量方案主要包括测设方法、采用的仪器工具、测量精度要求、测量时间安排、测设步骤等。

2. 数据测设

在每次进行施工现场测设之前,应根据设计图纸和测量控制点的分布情况,准备好相应的测设数据,并对数据进行校核,需要时还要绘制出测设略图,并将测量的数据标注在略图上,使现场测设时更方便、快速,并减少出错的可能。

定位测量一般是测设建筑物的 4 个大角,即如图 7-6a 所示的 1、2、3、4 点,其中第 4 个点

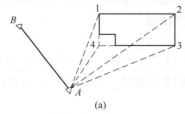

(a)

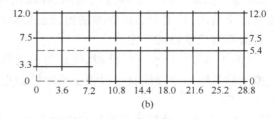

(b)

图 7-6　测设数据草图

(a)测设建筑物的 4 点　(b)绘标有测设数据的草图

是虚点。首先,应根据有关数据计算其坐标,然后根据 A、B 点的已知坐标和 1～4 点的设计坐标,计算出各点的测量角度值和距离值,以备施工现场测设用。如果采用全坐标法进行测设,只需要准备好各角点处的坐标即可。

在测设细部轴线点时,一般要用经纬仪进行定线,然后以主轴线点为起点,用钢尺依次测设次要轴线点。在准备测设数据时,应根据其建筑平面的轴线间距,计算每条次要轴线至主轴线的距离,并绘出标有测设数据的草图。

第二节 建筑物的定位

一、根据建筑红线进行定位

建筑红线也称"建筑控制线",指在城市建设的规划管理中,控制城市道路两侧沿街建筑物或构筑物(如外墙、台阶等)靠临街面的界线。这是规划部门给设计单位或施工单位规定新建筑物的边界位置,任何临街建筑物或构筑物不得超过建筑红线。

如图 7-7 中的 I、II、III 三点,为由规划部门在地面上标定的建筑边界点,这三个点的连线 I—II、II—III 称为建筑红线。建筑物的主轴线 AB 和 BC 就是根据建筑红线而进行测设的。由于建筑物的主轴线和建筑红线一般相平行或垂直,所以,用直角坐标法来测设建筑物的主轴线是比较方便的。

如果 A、B、C 根据建筑红线在地面上标定以后,还应在 B 点处架设经纬仪,复核检查角度 $\angle ABC$ 是否为直角或等于设计的角度,距离 AB、BC 也要进行测量,检查是否等于设计长度。如果误差在容许范围内,可以进行合理调整。

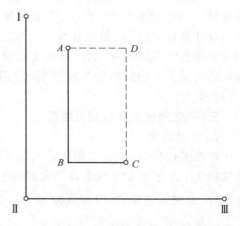

图 7-7 根据建筑红线测设建筑物主轴线

二、根据测量的控制点定位

当建筑施工场地上已布设有测量控制点,并且知道新建筑物主轴线点的坐标,就可以根据测量控制点测设建筑物的主轴线。

当建筑施工场地上的控制网为矩形网或建筑方格网时,可用直角坐标法测设建筑物的主轴线。

当建筑施工场地上的控制网为三角网、导线网或其他形式的控制网时,可采用极坐标法、角度前方交会法、长度交会法等方法测设建筑物的主轴线。

三、根据原有建筑物进行定位

在现有的建筑群内新建或扩建时,设计图上通常给出了拟建建筑物与原有建筑物的位置关系,拟建建筑物的主轴线就可以根据给定的数据在现场测设。根据原有建筑物进行定位,如图 7-8 所示。

根据已有建筑物测设拟建建筑物的定位方法如下:

1)如图 7-8 中所示,用钢尺沿宿舍楼的东、西墙,延长出一小段距离 l 得 a、b 两点,做出标志。

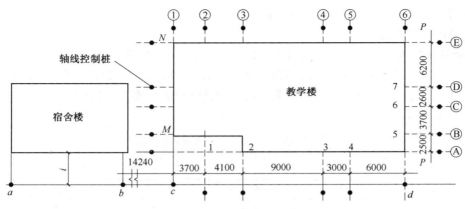

图 7-8　建筑物的定位和放线

2)在 a 点安置经纬仪,瞄准 b 点,并从 b 沿 ab 方向量取 14.240m(因为数学楼的外墙厚370mm,轴线偏里,离外墙皮 240mm),定出 c 点,做出标志,再继续沿 ab 方向从 c 点起量取25.800m,定出 d 点,做出标志,cd 线就是测设教学楼平面位置的建筑基线。

3)分别在 c、d 两点安置经纬仪,瞄准 a 点,顺时针方向测设 90°,沿此视线方向量取 l＋0.240m,定出 M、Q 两点,做出标志,再继续量取 15.000mm,定出 N、P 两点,做出标志。M、N、P、Q 四点即为教学楼外廓定位轴线的交点。

4)检查 NP 的距离是否等于 25.800m,∠N 和∠P 是否等于 90°,其误差应在允许范围内。

如施工场地已有建筑方格网或建筑基线时,可直接采用直角坐标法进行定位。建筑物的定位如图 7-9 所示。

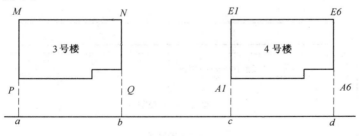

图 7-9　建筑物的定位

第三节　建筑物的施工放线工作

建筑物的主轴线测设好以后,建筑物的位置已经确定。建筑物的施工放线是根据建筑物的主轴线控制点或其他控制点,首先,将建筑物的外墙轴线交点测设到实地上,并用木桩进行固定,桩顶上钉上小铁钉作为标志,然后,再测设出其他各轴线交点位置,再根据基础宽度和放坡,标出基槽开挖线的边界。

一、民用建筑物各施工细部点详细放线要求

1. 各楼层控制轴线的放线

把控制轴线从预留洞口引测到各楼层上,放出轴线位置。每次传导时控制点必须相互复核,做好记录,检查各点之间的距离、角度直至完全符合为止。

2. 墙模板的放线

根据控制轴线位置放样出墙的位置、尺寸线,用于检查墙、柱钢筋位置,及时纠偏,以利于大模板位置就位。再在其周围放出模板线 300mm 控制线。放双线控制以保证墙的截面尺寸及位置。然后,放出轴线,待墙拆除模板后把此线引到墙面上,以确定上层梁的位置,如图 7-10 所示。

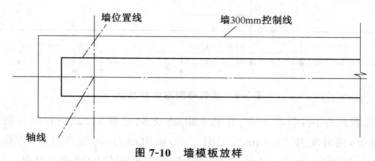

图 7-10　墙模板放样

3. 门窗、洞口的放线

在放墙体线的同时弹出门窗洞口的平面位置,再在绑好的钢筋笼上放样出窗门洞口的高度,用油漆标注,放置窗体洞口成型模板。外墙门窗、洞口竖向弹出通线与平面位置校核,以控制门窗、洞口位置。

4. 梁、板的放线

待墙拆模后,进行高程传递,用水准仪引测,立即在墙上用墨线弹出每层 +0.500m 线,不得漏弹,再根据此线向上引测出梁、板底模板 100mm 控制线,如图 7-11 所示。

图 7-11　梁、板的放线

5. 楼梯踏步的放线

根据楼梯踏步的设计尺寸,在实际位置两边的墙上用墨线弹出,并弹出两条梯角平行线,以便纠偏。如图 7-12 所示。

6. 已知水平距离放样

(1)普通方法

如果放样要求精度不高时,从已知点开始,沿给定的方向量出设计给定的水平距离,在终点处打一木桩,并在桩顶标出测设的方向线,然后,仔细量出给定的水平距离,对准读数在

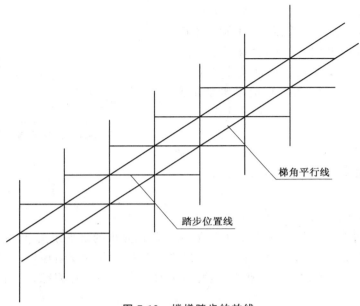

图 7-12　楼梯踏步的放线

桩顶画一垂直测设方向的短线,两线相交即为要放的点位。

　　为了校核和提高放样精度,以测设的点位和起点向已知点的返测水平距离,如果返测的距离与给定的距离有误差,且相对误差超过允许值时,须重新放样;如果相对误差在容许范围内,可取两者的平均值,用设计距离与平均值的差的一半作为正数,改正测设点位的位置(当改正数为正,短线向外平移,反之向内平移),即可得到正确的点位。

　　如图 7-13 所示,已知 A 点,欲放样 B 点,AB 设计距离为 27.50m,放样精度要求达到 1/2000。

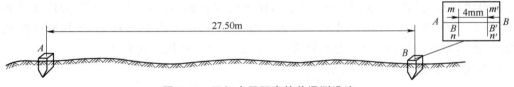

图 7-13　已知水平距离的普通测设法

普通方法的测量步骤为:

　　1)以 A 点为准点在放样的方向$(A-B)$上量取 27.50m,打一木桩,且在桩顶标出方向线 AB。

　　2)一个测量人员把钢尺零点对准 A 点,另一测量人员拉直并放平尺子,对准 27.50m 处,在桩上画出与方向线垂直的短线 $m'n'$,交 AB 方向线于 B' 点。

　　3)返测 $B'A$ 得距离为 27.506m,则有 $\Delta D = 27.50 - 27.506 = -0.06$(m),所以此测量的相对误差为:$\dfrac{0.06}{27.50} \approx \dfrac{1}{4583} < \dfrac{1}{2000}$

改正数 $= \dfrac{\Delta D}{2} = -0.003$m。

　　4)$m'n'$ 垂直向内平移 4mm 得 mn 短线,其与方向线的交点即为欲测设的 B 点。

（2）精确方法

精确测量时，要进行尺长、温度和倾斜改正。如图 7-14 所示，设 d_0 为欲测设的设计长度（水平距离），在测设之前必须根据所使用钢尺的尺长方程式计算尺长改正、温度改正，再求得应量水平长度，计算公式为：

$$l = d_0 - \Delta l_d - \Delta l_t$$

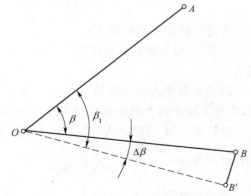
图 7-14　距离精确测设示意图

式中，Δl_d 为尺长改正数；Δl_t 为温度改正数。

考虑高差改正，可得实地应量距离为：

$$d = \sqrt{l^2 + h^2}$$

（3）用光电测距仪测设已知水平距离

1）先在欲测设方向上目测安置反射棱镜，用测距仪测出的水平距离，设为 d_0'。

2）设 d_0' 与欲测设的距离（设计长度）d_0 相差 Δd，前后移动反射棱镜，直至测出的水平距离等于 d_0 为止。如测距仪有自动跟踪功能，可对反向棱镜进行跟踪，直到显示的水平距离为设计长度即可。

7. 已知水平角

（1）一般测设方法

当测设水平角的精度要求不高时，可用盘左、盘右取中数的方法，如图 7-15 所示，设地面上已有 OA 方向线，从 OA 右测设已知水平角度值。为此，将经纬仪安置在 O 点，用盘左瞄准 A 点，读取度盘数值；松开水平制动螺旋，旋转照准部，使度盘读数增加多角值，在此视线方向上定出 B' 点。为了消除仪器误差和提高测设精度，用盘右重复上述步骤，再测设一次，得 B'' 点，取 B' 和 B'' 的中点 B，则 OB 就是要测设的 β 角。此法又称盘左盘右分中法。

（2）精确测设方法

测设水平角的精度要求较高时，可采用作垂线改正的方法，以提高测设的精度。如图 7-16 所示，在 O 点安置经纬仪，先用一般方法测设 β 角，在地面定出 B 点；再用测回法测几个测回，较精确地测得角 AOB 为 β，再测出 OB 的距离。操作步骤为：

1）先用一般方法测设出 B' 点。

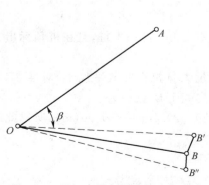

图 7-15　已知水平角测设的一般方法

图 7-16　已知水平角测设的精确方法

2)用测回法对∠AOB′观测若干个测回(测回数据要求的精度而定),求出各测回平均值 β_1,并计算出 $\Delta\beta$。

$$\Delta\beta = \beta - \beta_1$$

3)量取 OB′ 的水平距离。用下式计算改正距离。

4)自 B′ 点沿 OB′ 的垂直方向量出距离,$BB' = OB'\tan\Delta\beta \approx OB\dfrac{\Delta\beta}{\rho}$。

5)自 B′ 点沿 OB′ 的垂直方向量出距离 BB′,定出 B 点,则∠AOB 就是要测设的角度。量取改正距离时,如 $\Delta\beta$ 为正,则沿 OB′ 的垂直方向向外量取;如 $\Delta\beta$ 为负,则沿 OB′ 的垂直方向向内量取。

8. 已知高程的测设

测设已知高程就是根据已知点的高程,通过引测,把设计高程定在固定的位置上。

1)如图 7-17 所示,已知水准点 A,其高程为 $H_水$,需要在 B 点标定出已知高程为 H_B 的位置。方法是:在 A 点和 B 点中间安置水准仪,精平后读取 A 点的标尺读数为 a,则仪器的视线高程为 $H_i = H_水 + d$,由图可知测设已知高程为 H_B 的 B 点标尺读数应为:$b = H_i - H_B$。将水准尺紧靠 B 点木桩的侧面上下移动,直到尺上读数为 b 时,沿尺底画一标志线,此线即为设计高程 H_B 的位置。

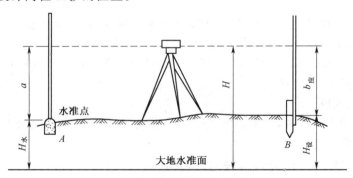

图 7-17　测设高程的原理

2)在地下坑道施工中,高程点位通常设置在坑道顶部。如图 7-18 所示,A 为已知高程 H_A 的水准点,B 为待测设高程为 H_B 的位置,由于 $H_B = H_A + a + b$,则在 B 点应有的标尺读数 $b = H_B - (H_A + a)$。因此,将水准尺倒立并紧靠 B 点木桩上下移动,直到尺上读数为 b 时,在尺底画出设计高程 H_B 的位置。

3)若待测设高程点和水准点的高差较大时,如在深基坑内或在较高的楼板上,则可以采用悬挂钢尺的方法进行测设。如图 7-19 所示,钢尺悬挂在支架上,零端向下并挂一重物,A 为已知调和为 H_A 的水准点,B 为待测设高程为 H_B 的点位。在地面和待测设点位附近安置水准仪,分别在标尺和钢尺上读数 a_1、b_1 和 a_2。由于 $H_B = H_A + a_1 - (b_1 - a_2) \sim b_2$,则可以计算出 B 点处标尺的应有读数 $b_2 = H_A + a_1 - (b_1 - a_2) - H_B$。

9. 点的坐标放线

(1)直角坐标法放样

如图 7-20 所示,A、B、C、D 为方格网的 4 个控制点,Q 为欲放样点。放样的方法与步骤如下:

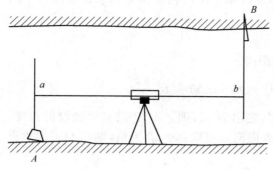

图 7-18　坑道顶部测设高程

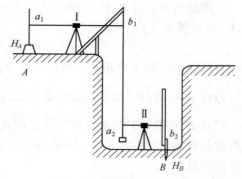

图 7-19　深基坑测设高程

1)计算放样参数。首先计算出 Q 点相对控制点 A 的坐标增量：

$$\Delta x_{AP} = AM = x_P - x_A$$
$$\Delta y_{AP} = AN - y_P - y_A$$

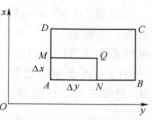

图 7-20　直角坐标法放样

2)外业测设。在 A 点架设经纬仪，瞄准 B 点，并在此方向上放水平距离 $AN = \Delta y$ 得 N 点。

在 N 点上架设经纬仪，瞄准 B 点，仪器左转 $90°$ 确定方向，在此方向上丈量 $NQ = \Delta x$，即得出 Q 点。

3)校核。沿 AD 方向先放样 Δx 得 M 点，在 M 点上架经纬仪，瞄准 A 点，左转 $90°$ 再放样 Δy，也可以得到 Q 点位置。

（2）极坐标法放线

当施工控制网为导线时，常采用极坐标法进行放样，如果控制点与测站点距离较远时，则用全站仪放样更方便。

1)用经纬仪放样。如图 7-21 所示，已知地面上控制点 A、B，坐标分别为 $A(x_A, y_A)$ 和 $B(x_B, y_B)$，M 为一欲放样点，设计其坐标为 $M(x_M, y_M)$，用经纬仪放样的步骤与方法如下：

先根据 A、B、M 点坐标，计算出 AB、AM 边的方位角和 AM 的距离。

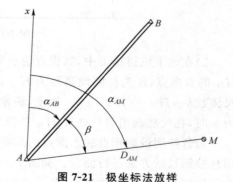

图 7-21　极坐标法放样

$$\left. \begin{array}{l} \alpha_{AB} = \arctan \dfrac{\Delta y_{AB}}{\Delta x_{AB}} \\[2mm] \alpha_{AM} = \arctan \dfrac{\Delta y_{AM}}{\Delta x_{AM}} \end{array} \right\}$$

$$D_{AM} = \sqrt{\Delta x_{AM}^2 + \Delta y_{AM}^2}$$

再计算出 $\angle BAM$ 的水平角 β：

$$\beta = \alpha_{AM} - \alpha_{AB}$$

安置经纬仪在 A 点上，对中、整平。

以 AB 为起始边，顺时针转动望远镜，测设水平角 β，然后固定照准部。

在望远镜的视准轴方向上测设距离 D_{AM}，即得 M 点。

2）用全站仪放样。如图 7-21 所示，全站仪极坐标放样方便、准确，步骤与方法如下。

输入已知点 A、B 和需放样点 M 的坐标（若存储文件中有这些点的数据也可直接调出），仪器自动计算出放样的参数（水平距离、起始方位角和放样方位角以及放样水平角）。

在测站点 A 安置全站仪，开始放样。按照仪器要求输入测站点 A，确定。再输入后视点 B，并精确瞄准后视点 B，确定。

这时，仪器自动计算出 AB 方向，且自动设置 AB 方向的水平盘读数为 AB 的坐标方位角。

按照要求输入方向点 M，仪器显示 M 点坐标，待检查无误后，确定。这时，仪器自动计算出 AM 的方向（坐标方位角）和水平距离。水平转动望远镜，使仪器视准轴方向为 AM 方向。

在望远镜视线方向上立反射棱镜，显示屏显示的距离便是测量距离与放样距离的差值，即棱镜的位置与欲放样点位的水平距离之差，此值如果是正值，则表示已超过放样标定位，为负值则相反。

使反射棱镜沿望远镜的视线方向移动，当距离差值读数为 0.000m 时，棱镜所在的点即为欲放样点 M 的位置。

（3）角度交会法放线

角度交会法适用于欲测设点距控制点较远，地形起伏大，并且量距比较困难的建筑施工场地。

如图 7-22a 所示，A、B、C 为已知控制点，M 为欲测设点，用角度交会法测设 M 点，测设步骤与方法如下。

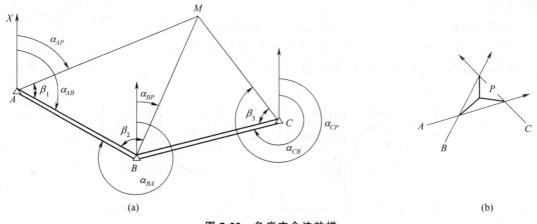

图 7-22　角度交会法放样

1）首先，按坐标反算公式，分别计算出 α_{AB}、α_{AP}、α_{BP}、α_{CB} 和 α_{CP}，再计算水平角 β_1、β_2 和 β_3。

2）在 A、B 两点同时安置经纬仪，同时测设水平角 β_1 和 β_2，定出两条视线，在两条视线相交处钉下一个大木桩，在木桩上依 AM、BM 绘出方向线及其交点。

3）在控制点 C 上安置经纬仪，测设水平角 β_3，同样在木桩上依 CM 绘出方向线。

4）当交会无误差时，依 CM 绘出的方向线应通过前两方向线的交点，否则会形成一个

"示误三角形",如图 7-22b,如果示误三角形边长在限差以内,那么示误三角形重心作为欲测设点 M 的最终位置。

(4)距离交会法放线

当测设点与控制点距离不长、施工场地平坦、易于量距的情况下,用距离交会法测设点的位置。

如图 7-23 所示,A、B 为控制点,M 点为欲测点,测设步骤与方法如下:

1)根据 A、B 的坐标和 M 点坐标,用坐标反算方法计算出 d_{AM}、d_{BM}。

2)分别以控制点 A、B 为圆心,以距离 d_{AM} 和 d_{BM} 为半径在地面上画圆弧,两圆弧的交点即为欲测设的 M 点的平面位置。

3)实地校核。如果待放点有两个以上,可根据各待放点的坐标反算各待放点之间的水平距离。对已经放样出的各点,再实测出它们之间的距离,且与相应的反算距离比较进行校核。

图 7-23　距离交会法放样

(5)GPS 测设法放线

1)先将需要放样的点、直线、曲线、道路"键入",或由"TGO"导入控制器。

2)从主菜单中,选"测量",从"选择测量形式"菜单中选择"RTK"。

3)从选"放样"按回车,从显示的"放样"菜单中将光标移至点,回车,按 F1(控制器内数据库的点增加到"放样/点"菜单中),显示,如图 7-24 所示。

4)选"从列表中选",选择所要放样的点,按 F5 后就会在点左边出现一个"√",那么这个点就增加到"放样"菜单中,按回车,返回"放样/点"菜单,选择要放样的点,回车,显示,如图 7-25 所示。

```
选择点
┌─────────────┐
│ 输入单一点名称   │
│ 从列表中选     │
│ 所有网格点     │
│ 所有键入点     │
│ 带有半径的点    │
│ 所有点       │
│ 代码相同的点    │
└─────────────┘
测量    精确    选项
 F1     F2     F5
```

图 7-24　选择点菜单界面图

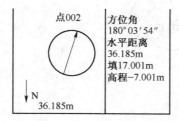
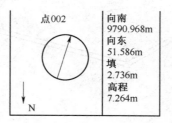

图 7-25　点的放样数据界面

5)两个图可以通过 F5 来转换,根据需要而选择。当你的当前位置很接近放样点时,就会显示图 7-26 所示的内容。

6)界面中"◎"表示镜杆所在位置,"＋"表示放样点的位置,此时,按下 F2 进入精确放样模式,直至出现"＋"与"◎"重合,放样完成。

7)最后按两个 F1,测量 3～5s,按 F1 存储。

10. 已知坡度直线的测设

如图 7-27 所示，A、B 为坡度线的两端点，其水平距离为 D，设 A 点的高程为 H_A，要沿 AB 方向测设一条坡度为 i_{AB} 的坡度线。测设步骤与方法如下。

1）根据 A 点的高程、坡度 i_{AB} 和 A、B 两点间的水平距离 D，计算出 B 点的设计高程。

$$H_B = H_A + i_{AB}D$$

2）按测设已知高程的方法，在 B 点处将设计高程 H_B 测设于 B 桩顶上，此时，AB 直线构成坡度为 i_{AB} 的坡度线。

点002	方位角
◎	180°03′54″
	水平距离
	1.586m
	填
+	2.536m
	高程
1.530	6.264m
测量　精确　选项	
F1　　F2　　F5	

图 7-26　点位显示界面图

3）然后，将水准仪安置在 A 点上，并让基座上的一脚螺旋在 AB 方向线上，另外两个脚螺栓的连线与 AB 方向垂直。

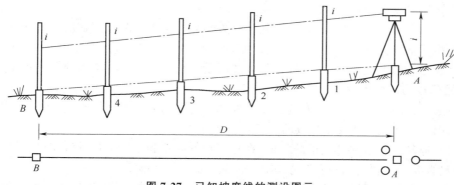

图 7-27　已知坡度线的测设图示

4）量取仪器高度 i，用望远镜瞄准 B 点的水准尺，转动在 AB 方向上的脚螺旋或微倾螺旋，使十字丝中丝对准 B 点水准尺上等于仪器高 i 的读数，此时，仪器的视线与设计坡度线平行。

5）在 AB 方向线上测设中间点，分别在 1、2、3…处打下木桩，使各木桩上水准尺的读数均为仪器高 i，那么，各桩顶连线即是欲测设的坡度线。

6）当设计坡度较大时，超出了水准仪脚螺旋所能调节的范围，可以用经纬仪测设。

二、施工放线具体操作

1. 测设细部轴线交点

如图 7-28 所示，Ⓐ轴、Ⓔ轴、①轴和⑦轴是建筑物的四条外墙主轴线，其轴线交点Ⓐ1、Ⓔ7、Ⓔ1 和Ⓔ7 是建筑物的定位点，这些定位点已在地面上测设完毕，各主次轴线间隔如图 7-28 所示，现在要测设次要轴线与主轴线的交点。其具体的测设步骤如下：

1）在Ⓐ1 点处安置经纬仪，照准Ⓐ7 点，把钢尺的零点端对准Ⓐ1 点，沿着视线的方向拉钢尺，在钢尺上读数等于①轴和②轴间距（4.2m）的地方打下木桩，打木桩时要经常用仪器检查桩顶部是否偏离视线方向，钢尺读数是否还在桩顶上，如果有偏移要及时进行调整。

2）将木桩打好并检查合格后，用经纬仪视线指挥在桩的顶部上画一条纵线，再拉好钢尺，在读数等于轴间距处画一条横线，两线交点即Ⓐ轴与②轴的交点Ⓐ2。

3）在测设Ⓐ轴与③轴的交点Ⓐ3 时，其方法与上述相同，但注意仍然要将钢尺的零点端

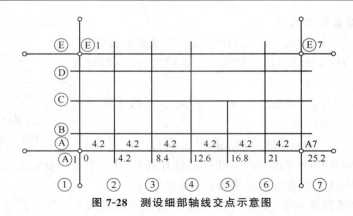

图 7-28　测设细部轴线交点示意图

对准Ⓐ1点,并沿着视线方向拉钢尺,而钢尺的读数应为①轴和③轴间距(8.4m),这种做法可以减小钢尺对点误差,避免轴线总长度增长或减短。

4)重复以上做法,依次测设Ⓐ轴与其他有关轴线的交点。测设完最后一个交点后,用钢尺检查各相邻轴线桩的间距是否等于设计值,误差应小于1/3000。

5)测设完Ⓐ轴上的轴线后,用同样的方法测设⑤轴、⑩1轴和Ⓔ7轴的轴线点。

2. 龙门板的定位测设

在一般的民用建筑中,常在基槽开挖线外的一定距离处设置龙门板,作为施工中的基本依据。如图 7-29 所示,测设龙门板的步骤和要求如下:

1)根据地基的土质和开挖槽的深度,在建筑物的四角和中间定位轴线基槽开挖线1.5～3.0m 处设置龙门桩,桩要钉得竖直、牢固,桩外侧面应与基槽平行。

2)根据施工场地内设置的水准仪,用水准仪将±0.000 标高测设在每个龙门桩的外侧上,并画出横线标志。如果施工现场条件不允许,也可以测设比±0.000 标高低一些或高一些的标高线,同一建筑物最好采用一个标高,如果因地形起伏较大必须用两个标高时,一定要标注清楚,以免使用时发生错误。

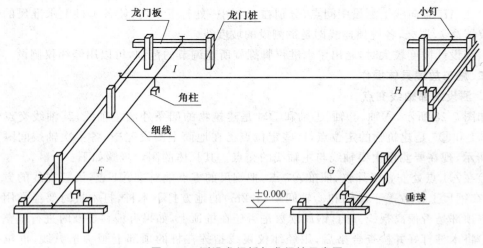

图 7-29　测设龙门板与龙门桩示意图

3)在相邻两个龙门桩上钉上木板(龙门板),龙门板的上沿应和龙门桩上的横线对齐,并使龙门板的顶面标高在一个水平面上,其标高均为±0.000,或者比±0.000高低一定数值,龙门板顶面标高的误差应控制在±5mm以内。

4)将经纬仪安置在 F 点,瞄准 G 点,沿着视线方向在 G 点附近的龙门板上定出一点,并钉上小铁钉标志(称轴线钉)。倒转经纬仪上的望远镜,沿着视线在 F 点附近的龙门板上钉上一个小铁钉。用同样的方法可将各轴线都引测到各相应的龙门板上。所测的轴线点的误差应小于±5mm。如果建筑物较小,则可用垂球对准桩点,然后,沿着两垂球线拉紧线绳,把轴线延长并标记在龙门板上。

5)用钢尺沿着龙门板顶面检查轴线钉之间的距离,其精度应达到 1∶5000～1∶2000。经检查合格后,以轴线钉为准,将墙边线、基础边线、基槽开挖边线等标定在龙门板上。标定基槽上口开挖宽度时,应按有关规定考虑边坡的尺寸。

3. 轴线控制桩的测设

1)由于龙门板需要较多的木料,且需要占用较大的场地,使用机械开挖时容易被破坏,因此也可以在基槽或基坑外各轴线的延长线上测设轴线控制桩,作为以后恢复轴线的依据。即使采用了龙门板,为了防止在施工中被碰动,对于主要轴线也应测设轴线控制桩。

2)轴线控制桩也称为引桩,可以作为以后恢复轴线的依据。轴线控制桩的位置应避免施工干扰和便于引测,一般设置在开挖边线 4m 以外的地方,并用水泥砂浆进行加固;如果是附近有固定建筑物和构筑物,应将轴线设置在这些物体上,使轴线更容易得到保护,以便今后能方便恢复轴线。

3)为了保护轴线控制桩,先在设计的位置打下木桩,在木桩的顶部钉上小铁钉,准确地标定轴线位置(图 7-30)。轴线控制桩的引入测量主要采用经纬仪法,当引测到较远的地方时,要注意两次测量取中数法来引测,以减少引入测量误差和避免错误的出现。

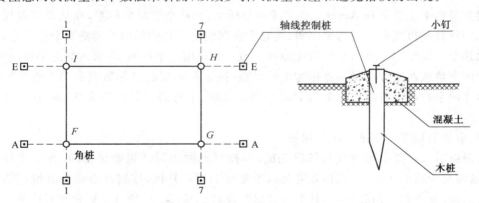

图 7-30　轴线控制桩测定示意图

4. 撒开挖边线

基槽开挖宽度如图 7-31 所示。先按基础剖面图绘出的设计尺寸,用下面公式计算基槽开挖宽度 2d。

$$d = D + m \cdot h$$

式中　D——基底的宽度(m),可由基础剖面图中查取;

　　　m——边坡坡度的分母数;

h——基槽的深度(m)。

再计算结果,在地面上以轴线为中线往两边各量出 *d*,拉线并撒上白灰,即为基槽的开挖边线。如果是基坑开挖,则只需按最外围墙体的基础宽度、深度及边坡确定开挖边线。

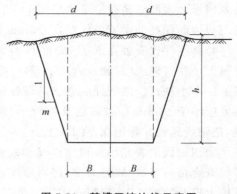

图 7-31　基槽开挖边线示意图

三、异形建筑全站仪定位放线

随着我国国民经济的持续、快速增长,我国建筑业也呈现出日新月异、飞速发展的态势,建筑的各种立面造型、平面造型呈现出多样化,从扇形、椭圆、正多边形直至风帆形、鸟巢等,这些建筑在美化城市景观、丰富城市立面天际线的同时,也给建筑工作者提出了很大的挑战,如何同普通长方形建筑物一样实现对各式各样异形建筑物的快速定位放线,尽可能地不影响工程进度,是否能寻找一种通用方法对各种异形建筑物进行快速定位放线。下面就对 AutoCAD 结合全站仪的实用、快速放线法作一阐述。

1. 准备工作

(1)建模

无论何种异形建筑物,设计者已将其准确的在电脑中绘制完毕,为了加快进度,可将工程的电子版工程图从设计方手中拷贝得来,也可以自行建模,通过 AumCAD 将工程平面信息完整、准确地录入电脑中。

(2)建立坐标系

建立坐标系主要是在 AutoCAD 中建立坐标系,一种是绝对坐标系,在从设计院拷贝时可直接拷贝其城市规划时的总平面图,其总平面图包含工程整体的平面绝对坐标信息,将建筑物的几个主要控制角点的坐标对应即可。另一种是用户坐标系,在录入好总平面图后,在工程的西南角或西南方向找一点作为坐标原点(保证全站仪的坐标数据全部为正值),与工程的南北向平行的一条线作为 Y 轴,与工程的东西向平行的一条线作为 X 轴,建立用户坐标系。

(3)引导坐标控制点进入施工现场

控制点引入主要由城市规划部门完成,其控制点做法同常规做法相同,在此要注意三点:1)场内至少需引入 3 点(能相互通视),主要便于相互复核,控制点要设在基坑周边不易变形的部位,易于基坑内放线;2)其坐标数据需及时记录、保存(绝对坐标和相对坐标);3)控制点要注意保护,不要设在易变形的部位。

2. 实施过程

(1)施测程序

施测准备→在 AutoCAD 中准确找出坐标数据,输入全站仪中→工程定位测量→复核相关尺寸及主要点位坐标→下一阶段测量。

(2)施测准备

1)相关仪器的校核与检定。对与工程测量相关的仪器及工具要重新进行校核与检定,仪器要有有效的检定证书,钢尺等工具要校核无误,进行施测的人员必须要取得有关部门认定的测量员上岗证书,在一项工程施测中,必须要定岗、定人、定仪器。

2)了解、熟悉现场情况,基坑是否为深基坑,是放坡还是要进行基坑支护,有无地下水,控制点的布设要放在放坡及支护边线以外,控制点中间影响通视的障碍物要进行排除。

3)编写《某工程测量放线专项施工方案》,确定本工程测量放线的总体规划和总体思路,在方案审批后,对所有参测人员进行详细、认真的交底。

(3)坐标数据的录入

1)异形建筑物的坐标数据不仅要找出建筑物 4 个大角处坐标,而且也要找出工程各个轴线交点及主要特征点的坐标。

2)从 AutoCAD 中找相应点的坐标数据时,要使用"菜单栏→标注→坐标标注"命令或在底部命令行中直接输入"ID"简定命令即可找出任意点的坐标数据。

(4)工程各施工阶段的测量

1)基础施工阶段。根据业主提供的规划坐标点,引入施工现场内 3 个可以相互通视的控制点,测量人员使用全站仪将场内通视好的控制点作为测站点,后视另一控制点,使用全站仪中的采集或放样命令程序对第 3 点进行复核,复核无误后,即可进行主要特征点的放样。放样时要选择好放样点的坐标,预先规划好放样顺序,尽量降低错误几率。在放样完后,采用抽样法对其中任意两点距离用钢尺进行复核,任意两点间距离可以通过其坐标计算得出 $[(X_2-X_1)^2+(Y_2-Y_1)^2]^{1/2}$,也可以在 AutclEAD 中利用"对齐标注"命令得出。将放样好的各点按图相连,即得出工程的纵横轴线网(弧形轴线可采用矢高等分法分段放出),然后对轴线网进行自检,自检合格后,将相关资料交由监理单位进行验线,验线合格后,进行具体墙、柱、梁等构件的基础放样。高程控制可采用 DS_3 级自动安平水准仪,按常规方法测量。

2)±0.000 以上工程的施工。±0.000 以上工程施工时,由于柱钢筋要在顶板上甩出,影响全站仪的通视,故全站仪的使用受到了局限,因此,经过研究实践,制定了 1 套 AutoCAD 加平面控制网的放线方法。

在 AutoCAD 中对内控点进行模拟布设,内控点布置在轴线外 1~2m 处,在每一个施工段至少布置 4 个内控点,相互连通即形成平面控制网,轴线交点及楼层各特征点与平面控制网的位置关系全部用 AutoCAD 模拟找出,找出后在现场进行复核,复核无误后,绘制《某工程内控点布设图》。

内控点在 ±0.000 板上相应位置预埋 200 mm×200 mm,10 mm 厚钢板,在点位上用切割机刻划十字丝,在楼层板上相应位置预留 200 mm×200 mm 孔,作为传递孔,在 ±0.000 以上各层施工时,采用激光经纬仪或铅垂仪(较低的也可采用 2 kg 以上线坠)作为向上传递内控点的工具,±0.000 以上各层放线依据《某工程内控点布设图》放出。

3)复核。在基础测设时可以将场内不同的控制点作为测站点对基础内各点位进行复核。在 ±0.000 以上测设时,可利用平面控制网中各内控点相互交叉复核。

3. 安全提示

本项工作主要安全隐患在于基础施工阶段,处于基坑边的高处作业,故务必要系好安全带。要严格执行国家有关的安全操作规范、规程,要遵守施工现场的各项安全生产规定。

4. 施测时的各项限差和质量要求

1)为保证误差在允许限差以内,各种控制测量必须按《城市测量规范》执行,操作按规范进行,各项限差必须达到几项要求:控制轴线,轴线间互差大于 20 m,1/7 000(相对误差);各种结构控制线相对于轴线小于±3 mm;标高小于±5 mm。

2)放样工作按要求进行:仪器各项限差符合同级别仪器限差要求;钢尺量距时,对倾斜测量应在满足限差要求的情况下考虑倾斜改正;垂直度观测:若采取吊垂球时应在无风的情况下,如有风而不得不采取吊垂球时,可将垂球置于水桶内。

3)细部放样应遵循几项原则:用于细部测量的控制点或线必须经过检验;细部测量坚持由整体到局部的原则;有方格网的必须校正对角线;方向控制尽量使用距离较长的点;所有结构控制线必须清楚明确。

5. 示例效益分析(表 7-1)

表 7-1　效益分析

项目名称	结构日期	结构形式建筑面积(m²)	概况	效益
×××办公大楼	2010 年 5 月~12 月	框剪:22000	平面为扇形	节约人工 500 个;缩短放线时间 15d;达到了信息化测量的要求
××办公大楼	2011 年 1 月~10 月	框剪:37000	平面曲面扇形半径为 89.5m~110m	节约人工 820 个;缩短放线时间 22 d;达到了信息化测量的要求

具体分析:

1)精度高。抽测了基础、独立柱基础等总共 225 个轴线点位,均在规范允许偏差内,基础轴线最大偏差仅 6 mm,墙、柱、梁轴线最大偏差仅 5 mm。

2)速度快。在完成内业制图及标注、量测、统计后,基础外业测量在 1 d 内完成了,经过第 2 天复核仅调整两个点轴线位置。

3)经济效益。可以有效地节约人工投入,同时也缩短了放线时间,加快了工程进度。

4)社会效益。在现场测量时,根据确立的测量基准点,使用先进的全站仪直接输入极坐标进行放线测量,基本达到信息化测量要求,得到了监理、建设单位的好评。

第四节　基础施工测量

建筑物基础是指建筑物的入土部分,它的作用是将建筑物的总荷载传递给地基。基础的埋置深度是设计部门根据多种因素确定的,因此,基础施工测量的任务就是控制基槽的开挖深度和宽度,在基础施工结束后,还要测量基础是否水平,其标高是否达到设计要求,检查四角是否符合图纸中的规定等。

建筑物基础施工测量,主要包括基槽开挖深度控制、基础垫层的弹线、基础标高的控制、基础面标高检查和基础面直角检查。

一、基槽深度控制

为了控制基槽的开挖深度,当基槽开挖到接近槽底设计高程时,应在槽壁上测设一些水平桩,使水平桩的顶表面离槽底设计高程为某一整分米数(如 5dm),用以控制开挖基槽深度,也可作为槽底部清理和浇筑基础垫层时掌握标高的依据。

1. 水平桩的设置

建筑施工中对基槽的高程测设，又称抄平。

为了控制基槽的开挖深度，当快挖到槽底设计标高时，应用水准仪根据地面上±0.000m 点，在槽壁上测设一些水平小木桩（称为水平桩），如图 7-32 所示，使木桩的上表面离槽底的设计标高为一固定值（如 0.500m）。

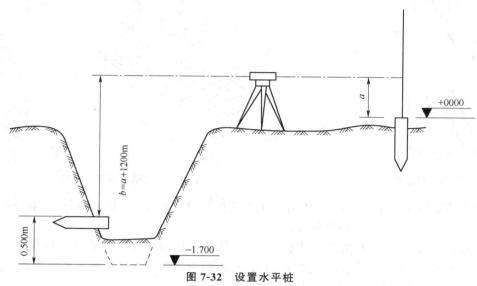

图 7-32　设置水平桩

为了施工时使用方便，一般在槽壁各拐角处、深度变化处和基槽壁上每隔 3～4m 测设一水平桩。

水平桩可作为挖槽深度、修平槽底和打基础垫层的依据。

2. 水平桩的测设

如图 7-32 所示，槽底设计标高为—1.700m，欲测设比槽底设计标高高 0.500m 的水平桩，测设方法如下：

1）在地面适当地方安置水准仪，在±0.000 标高线位置上立水准尺，读取后视读数为 1.318m。

2）计算测设水平桩的应读数前视读数 $b_{应}$ 为：

$$b_{应}＝a－h＝1.318－(1.700＋0.500)＝2.518m$$

3）在槽内一侧水准尺，并上下动，直至水准仪视线读数为 2.518m 时，沿水准尺尺底在槽壁打入一小木桩。

二、基层放样

1）在基础垫层打好后，根据龙门板上的轴线钉或轴线控制桩，用经纬仪或用拉绳挂垂球的方法，把轴线投测到垫层面上，如图 7-33 所示，并用墨线弹出墙中心线和基础边线，作为砌筑基础的依据。由于整个墙身砌筑均以此线为准，所以，要进行严格校核。

2）垫层面标高的测设是以槽壁水平桩为依据在槽壁弹线或在槽底打入小木桩进行控制。如果垫层需支架模板，则可以直接在模板上弹出标高控制线。

三、基础墙标高的控制

墙中心线投在垫层上，用水准仪检测各墙角垫层面标高后，即可开始基础墙体

±0.000m 以下的墙的砌筑,基础墙体的高度是用基础皮数杆来控制的,如图 7-34 所示。

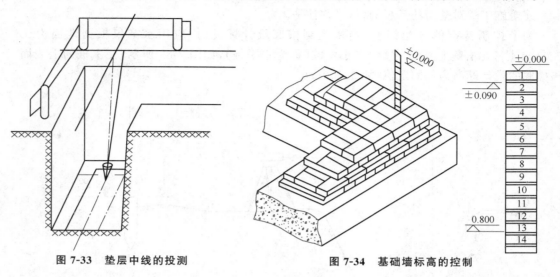

图 7-33　垫层中线的投测　　　　　　图 7-34　基础墙标高的控制

基础皮数杆是一根木制的杆子,在杆上事先按照设计尺寸,将砖、灰缝厚度画出线条,并标明 ±0.000m 和防潮层的标高位置。

立皮数杆时,光在立杆处打一木桩,用水准仪在木桩侧面定出一条高于垫层某一数值(如 100mm)的水平线,然后,将皮数杆上标高相同的一条线与木桩上的水平线对齐,并用大铁钉把皮数杆与木桩钉在一起,作为基础墙的标高依据。

四、基础面标高的检查

基础施工结束后,应检查基础面的标高是否符合设计要求(也可检查防潮层)。可用水准仪测出基础面上若干点的高程和设计高程比较,允许误差为 ±10mm。

基础施工结束后,应检查基础面的标高是否符合设计要求(也可检查防潮层)。可用水准仪测出基础面上若干点的高程和设计高程比较,允许误差为 ±10mm。

1)按照基础大样图上的基槽宽度,再加上口放坡的尺寸,计算出基槽开挖边线的宽度。由桩中心向两边各量基槽开挖边线宽度的一半,做出记号。在两个对应的记号点之间拉线,在拉线位置撒上白灰,就可以按照白灰线位置开挖基槽。

2)为了控制基槽的开挖深度,当基槽挖到一定的深度后,用水准测量的方法在基槽壁上、离坑底设计高程 0.3～0.5m 处、每隔 2～3m 和拐点位置,设置一些水平桩,如图 7-35 所示。

3)基槽开挖完成后,应根据控制桩或龙门板,复核基槽宽度和槽底标高,合格后,方可进行垫层施工。

4)如图 7-35 所示,基槽开挖完成后,应在基坑底设置垫层标高桩,使桩顶面的高程等于垫层设计高程,作为垫层施工的依据。

图 7-35　垫层施工测量

5)垫层施工完成后,根据控制桩(或龙门板),用拉线的方法,吊垂球将墙基轴线投设到垫层上,用墨斗弹出墨线,用红油漆画出标记。墙基轴线投设完成后,应按设计尺寸复核。

第五节 墙体施工测量

一、一层楼房测量墙体定位

1. 墙体定位

1）利用轴线控制桩或龙门板上的轴线和墙边线标志，用经纬仪或拉细绳挂锤球的方法将轴线投测到基础面上或防潮层上。

2）用墨线弹出墙中心线和墙边线。

3）检查外墙轴线交角是否等于90°。

4）把墙轴线延伸并画在外墙基础上，如图7-36所示，作为向上投测轴线的依据。

5）把门、窗和其他洞口的边线，也在外墙基础上标定出来。

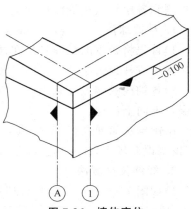

图7-36 墙体定位

2. 墙体各部位标高的控制

在墙体施工中，墙身各部位标高通常也是用皮数杆控制的。

1）在墙身皮数杆上，根据设计尺寸，按砖、灰缝的厚度画出线条，并标明0.000m、门、窗、楼板等的标高位置，如图7-37所示。

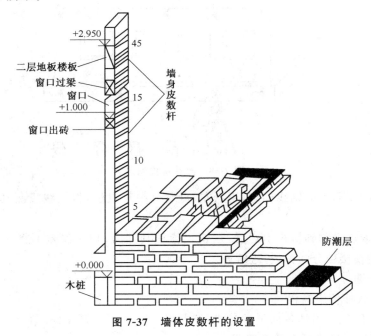

图7-37 墙体皮数杆的设置

2）墙身皮数杆的设立与基础皮数杆相同，使数杆上的0.000m标高与房屋的室内地坪标高相吻合。在墙的转角处，每隔10～15m设置一根皮数杆。

3）在墙身砌起1m以后，就在室内墙身上定出＋0.500m的标高线，作为该层地面施工和室内装修用。

4)第二层以上墙体施工中,为了使皮数杆在同一水平面上,要用水准仪测出楼板四角的标高。取平均值作为地坪标高。并以此作为立皮数杆的标志。

框架结构的民用建筑,墙体砌筑是在框架施工后进行的,故可在柱面上画线,代替皮数杆。

二、二层以上墙体测量

在多层建筑墙身砌筑过程中,为了保证建筑物轴线位置正确,可用吊锤球或经纬仪将轴线投测到各层楼板边缘或柱顶上。

1. 吊锤球法

1)首先将较重的锤球悬吊在楼板或柱顶边缘,当锤球尖对准基础墙面上的轴线标志时,线在楼板或柱顶边缘的位置即是楼层轴线端点位置,画出标志线。

2)各轴线的端点投测完后,用钢尺检核各轴线的间距,符合要求后,继续施工,同时轴线逐层自下向上传递。

吊锤球法简便易行,不受施工场地限制,一般能保证施工质量。但当有风或建筑物较高时,投测误差较大,应采用经纬仪投测法。

2. 经纬仪投测法

1)如图7-38所示,在轴线控制桩上安置经纬仪,严格整平。

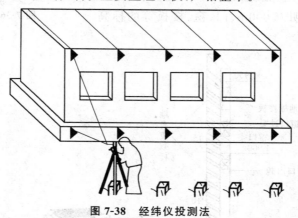

图7-38　经纬仪投测法

2)瞄准基础墙面上的轴线标志,用盘左、盘右分中投点法,将轴线投测到楼层边缘或柱顶上。

3)将所有端点投测到楼板上之后,用钢尺检核其间距,相对误差不得大于1/2000。检查合格后,才能在楼板分间弹线,继续施工。

三、高程传递

1. 利用皮数杆传递高程

具体方法可参看"墙体各部位标高控制"内容。

2. 利用钢尺直接丈量来传递高程

如果某建筑物高程传递精度要求高时,可用钢尺直接丈量来传递。对于二层以上的各层,每砌高一层,就从楼梯间用钢尺从下层的"+0.500m"标高线向上量出层高,测出上一层的"+0.500m"标高线,这样用钢尺逐层向上引测。

3. 吊钢尺法

此方法是用悬挂钢尺代替水准尺,用水准仪读数,从下向上传递高程,不再详述。

第六节　民用建筑施工测量方案实例

一、某学校教学楼定位测量放线方案

1. 测量依据

1)某工程项目建筑设计总平面图。

2)xxx 新校区公共教学楼群放线报告,原 7# 、8# 桩及＊＊新校区施工控制网测量工程技术报告中的 BM_3 控制点。

3)现行《工程测量规范》。

2. 工程概况

xxx 新校区公共教学楼群 G 栋实验楼,位于××区×段 266 号,楼长 220.58m,层高 4.5m,7 层框架结构,沿伸缩缝分为 4 个区段:第 1 区为 1g 轴－12 轴之间,高度为 22.50m 为 5 层,第 2 区为 1/12 轴－22 轴之间,高度为 27m 为 6 层,第 3 区为 1/22 轴－24 轴之间,高度为 31.5m 为 7 层,第 4 区为 1/24 轴－/35 轴之间,高度为 13.5m。共设 102 个实验室和 3 个展览厅,首层占地面积 6587.78m²,总建筑面积 28558m²,抗震设防烈度 7 度,结构设计使用年限 50 年。

3. 施工测量仪器

为了控制工程的测量精度,设专职施工员测量放线,配备仪器,专人管理。

1)NTS－35 全站仪 1 台。

2)JZJ 经纬仪 1 台。

3)AT－G1 自动精平水准仪 2 台。

4)50m 长城牌钢卷尺 3 把。

5)5m 钢卷尺 15 把,仪器由专人保管。

6)所用的测量仪器全部在鉴定合格的有效期内。

4. 工程定位

(1)坐标点的引入

根据业主提供的建筑物定位图,由测量员将轴线桩引入现场。在建筑物开挖线外约 5m 远位置测设 1g 轴、35g 轴、Mg 轴、Gg 轴、Ag 轴各轴线方向控制点,建筑物以各边轴为主控制线布网,埋设外挖基准点(端部带刻痕钢柱),埋深 0.5m,并浇筑混凝土稳固,作为施工轴线的投测点。

(2)工程定位

针对结构实际情况,平面采用外控法,根据工程流水划分,按楼段分段进行,基础底板设置外控基准点,向上投测,实施轴线定位控制。

(3)高程投测

依据高程控制和设计±0.000 绝对高程,引测到楼的四周,设 4 个高程点做水准点,即 BM 点,每间隔一定时间观测 1 次,以做相互校验。检测后的数据作为分析,以保证水准点使用的准确性。现场高程根据基准 BM 点进行投测。另外两点校核。待施工到首层后,在首层平面易于向上传递标高的位置设 4 个高程标准点通过往返检测合格或(误差在±3mm 内为合格),标注"▼",红油漆标记建筑标高,标记线应涂平、涂亮。

选择首层 3 个红"▼"为标高基准点用检测合格的钢尺向上传递,并用红"▼"为标高标准,用鉴定合格的钢尺向上传递,并用红"▼"作好标记。然后使用水准仪往返测出另 2 个基准点传递到施工层的标高基准点是否合格(误差在±3mm 内为合格),合格后方可在该层施测,每层的墙柱模板拆除后,采用水准仪和钢卷尺在墙柱上放出该楼层的建筑 50cm 线。

(4)平面控制线设置

依 2 条外纵轴设纵向控制线,依 2 条外横轴和中间轴设横向控制线,4 条外轴的控制线均以上述 4 条线向内移 800mm 设置,中间轴控制线向西移 800mm 设置,基础施工时,在基坑外围设置控制桩,用经纬仪投测,主体施工时铅垂仪控制投测,用经纬仪连线打点,全站仪测距用红漆标识,随主体逐层向上传递,用钢卷尺测量、墨斗弹放出轴线、梁、柱边线及 20cm 控制线。对放好的轴线,采用红油漆做标记。平面首控图如图 7-39 所示。

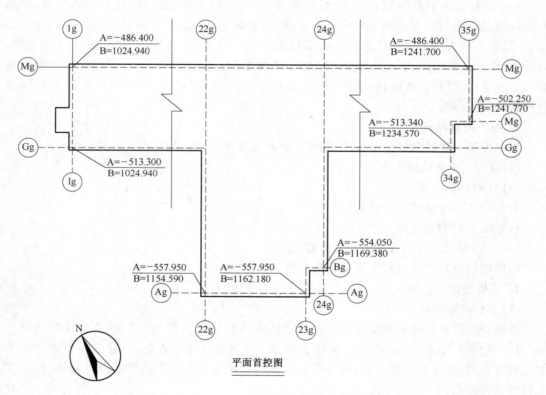

平面首控图

图 7-39　×××新校区公共教学楼平面首控图

(5)沉降观测水准点的埋设

为了准确反映该工程的实际沉降量及测量工作的整体性,在施工初埋设 29 个沉降观测基准点,如图 7-40 所示。基准点设置在工程影响范围外地质条件良好以便引测的地方。

(6)观测点的布置与埋设(依据设计位置埋置)

据首控图投测控制线,按照图纸设计进行轴线划分,观测点布置按照图纸设计,设沉降观测点。为高质量完成工程沉降观测工作,做到连续观测并达到规范要求的测量精度,观测

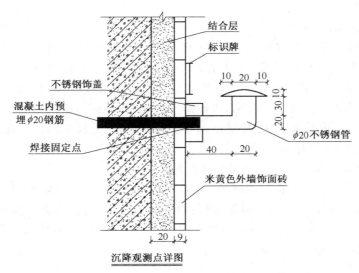

沉降观测点详图

图 7-40 ×××新校区公共教学楼沉降观测点详图

标志时在施工期间不被破坏沉降观测为关键,为此,观测点无论采取内藏式或外露式,均要在埋设位置的柱上标注顶标位置线。主体施工时,每次沉降观测均用其检测沉降观测点是否移位。同时,项目部设测量员对其进行检查保护。观察点埋置与主体施工应同步,结构施工时即预埋钢筋,避免在混凝土柱上开凿留洞。

(7)观测方案及技术要求

观测按《国家一、二等水准测量规范》规定,由业主聘请有资质的测量部门施工。施工期间由项目部负责观测并作好记录,每完成一层观测 1 次,主体结构封顶后,第 1 年每季度观测 1 次,第 2 年每半年观测一次,第 3 年每年观测 1 次,直至沉降稳定为止,观测成果及时准确提供给建设单位和设计单位,发现沉降异常,及时与设计单位取得联系,积极采取措施。

5. 施工测量技术措施

(1)施工测量设备

1)工程所使用的施工测量设备必须经过行业鉴定机构或公司级具有鉴定资质部门鉴定合格,鉴定时间在有效期限内,否则不能使用。

2)当发现测试设备偏离校准状态时,应立即停止使用,并对该设备以前检测过的产品重新进行检测。

3)检测设备对使用环境的温度,湿度有要求时,应采用有效措施,保证其工作环境达到规定要求。

4)检测设备在下列情况下均应进行鉴定或校准:①周期鉴定;②购置的新设备;③对设备的准确性发生怀疑时;④设备被拆卸、损坏时;⑤设备修理后;⑥精密设备经迁移、搬运后。

5)检验设备使用部门的计量员,根据要求在设备需要鉴定或校准时,向公司工程部提出申请由工程部负责送检。

6)检测试验设备有法定校验规定的应送法定校验机构校验,其余的公司工程部根据检测要求及验证资料编制校准方案,由工程部进行校验。

7)检验设备仪器的鉴定及校准状态采用在设备上粘贴标识牌加以标识,分合格、准用和禁用 3 种。

（2）定位测量，标高测量

1）为了确保本工程的测量精度，项目部配 1 名专职测量员负责本工程的测量放线工作。根据建设单位提供的定位控制线，按设计要求分别测出 G 栋实验楼的 Mg 轴交 1g 轴、35g 轴。Gg 轴交 1g 轴、34g 轴；Ag 轴交 22g 轴、23g 轴；Bg 轴交 24g 轴；Kg 轴交 35g 轴的交点处测量 8 个点作为本楼的平面受控网，再根据以上定位线，测出楼大角的轴线，以轴线外侧 500mm 设置控制点，共设置 18 个控制点，利用经纬仪和钢卷尺引测到大角轴线，同时垂直向上逐层控制传递，并进行闭合复核。

轴线定位控制图如图 7-39 所示平面首控图。

2）施工时依据建设单位提供的现场±0.000 高程控制点，在现场设置施工水准点，用水准仪将标高分别引至实验楼四周围埋设标高控制，并做标记，作为施工期间楼的标高控制点，主体施工时，将±0.000 高程测设到建筑物的四角，加以标识，标高的垂直传递采用钢卷尺，将楼层标高加 50cm 引测到楼层的独立柱钢筋上，然后，有水准仪进行平面标高施测，来控制施工平面标高。

（3）轴线控制、标高控制

1）轴线控制。施工时，由专业测量员定位控制轴线及钢卷尺按照设计要求一次排出各条纵横轴线，然后，由项目工程师对放线尺寸逐个复核，合格后方可进行下道工序施工。工程出±0.000 后用经纬仪将定位控制轴线引至建筑物±0.000 以下 5cm 处，然后用墨线与地下面控制线连接，建筑物内的轴线按专业测量设计要求用卷尺依次排开，弹线控制。

2）标高控制。楼层标高必须用钢卷尺垂直从外墙皮上的±0.000 处引测。楼层的平面标高控制采用水准仪将楼层标高加 500mm 引至各个柱子上主筋上，以便全方位对楼层标高进行控制。保证施工测量的精度。

（4）各测点的标识

由测量员负责，将平面首控点，甲方提供的水准点、定位红线、楼层标高、现场±0.000 和各项控制线用本公司设计制作的专业标识牌粘贴，并注明名称及用途进行标识。确保在施工中正确应用。

（5）龙门桩的保护措施

在楼大角分别设置 16 个龙门桩，桩埋入土内大于 800mm，根部用细石混凝土浇筑固定，并在地面以上桩的四周搭设钢管防护，并挂标示牌"严禁碰撞"。

6. 质量标准

1）±0.000 的控制。要符合设计、规范要求，依据 BM3 点高程导出±0.000（423.2mm），用红漆标注到楼北配电房上。

2）轴线控制。要符合设计、规范要求，按开挖前引测的 8 个轴线控制桩施放，用混凝土将控制桩浇筑保护或在轴线两端应红漆画三角标注到板上。

3）几何尺寸控制要符合设计、规范要求。

4）保护措施要符合设计、规范要求。

5）平面轴线的允许全长偏差≤10mm。

6）层位标高依据±0.000 标高用水准仪引测至楼层上，允许偏差＜3mm。

7）垂直中心线用经纬仪引上标注到柱面上，允许偏差＜3mm。

二、某民用办公楼施工测量方案

1. 工程概况

××科研实验大楼工程位于北京市××区××路××号,地处三环以外。建筑场地面积 1761m²,首层面积 1809m²,总建筑面积 29052m²,分主楼和裙房(裙房主要为地下环形车道),主楼地下 2 层,地上 16 层,结构形式为全现浇框架－筒体结构。建筑物檐高 59.65m,总高度为 65.40m;室内外高差 450mm,±0.000 相当于绝对高程 51.70m。

主楼:基础为平板筏基,埋深－10.75m,C15 混凝土垫层 100mm 厚,底板 1500mm 厚。1 层、2 层、3 层外轴线尺寸为 41.16×43.96m,4 至 16 层外轴线尺寸为 41.16×35.90m,内设四部电梯,两座楼梯。

裙房即地下环形车道,为旋转式坡道分上下层,共 2 座,坡度为 $i=9.12\%$,旋转外墙外半径 10.46m,内墙内半径为 5.74m,底板厚 250mm,顶板厚 250mm,墙厚 260mm,出口设防倒塌棚架。

2. 控制点的布置及施测

1)从场地的实际情况看,场地四周离建筑物在 10m 以上,故对布设控制点无影响。由于汽车坡道后期施工(待主体结构完工后)、南侧场地做临设及材料堆放用,所以,南北向控制点集中布设在北侧原有混凝土地面上,南侧只布设远向复核控制点,施工场地不受影响,东西向控制点布设在西侧,东侧设复核控点。

2)布设的控制点均引向四周永久建筑物或马路上,且要求通视,采用正倒镜分中法投测轴线时或后视时均在观测范围之内。

3)根据建设单位要求和测绘院提供的红线点形成四边形进行控制。

4)根据施工组织设计,对楼层进行网状控制,兼顾±0.000 以上施工,设置控制轴线及北侧汽车坡道过圆心的南北向、东西向为控制轴。

5)根据测绘院提供的 BM1、BM2(西侧)及 BM3(北侧)三点高程控制点数据(具体数据详见测绘成果资料)向建筑物四周引测固定高程控制点,东侧 2 个,南侧 1 个,距离基坑至少5m,且埋于冻土层 0.5m 以下。

6)控制点放样采用极坐标法,为便于复测,控制点的布置均成直线型。

7)水准点按四等水准测量要求施测。

8)所有控制点必须设专人保护,定期巡视,并且每月复核 1 次,使用前必须进行校核。

3. 轴线及各控制线的放样

地面控制点布设完后,转角处线采用 2″级电子经纬仪 DJD2 进行复测。各控制线间距离采用红外测距仪 DM－A5 检测,经校核无误后进行施测,各工艺施测程序见“轴线及高程点放样程序”。

1)基础施工轴线控制,直接采用基坑外控制桩两点通视直线投测法,向基础平台投测轴线(采用三点成一线及转直角复测),再按投测控制线引放其他细部施工控制线,且每次控制轴线的放样必须独立施测 2 次,经校核无误后方可使用。

2)基础施工(即±0.000 以下)采用悬吊钢尺法将标高导入护坡桩上,且基坑四周不低于四点(每一个方向不低于一点)。校核无误后方可引测其他控制标高点,必须两点以上后视且两后视点标高差在规定范围之内。

3)±0.000 以上施工,采用正倒镜分中法投测其他细部轴线。

4)±0.000以上高程传递,采用钢尺直接丈量法,若竖直方向有突出部分,不便于拉尺时,也同样采用悬吊钢尺法。每层高度上至少设2个以上水准点,2次导入误差必须符合规范要求,否则独立施测2次。每层均采用首层统一高程点向上传递,不得逐层向上丈量,且层层校核,因±0.000以上结构采用竖向与横向一次性混凝土浇筑施工,在固定的竖向钢筋上抄测结构+0.5m控制点,以供结构施工标高控制,且必须校核无误。

5)各层平面放出的细部轴线,特别是柱、剪力墙的控制线必须校核无误,以便检查结构浇筑质量和以后的进一步施工。

6)二次结构施工以原有控制轴线为准,引放其他墙体、门窗洞口尺寸。外窗洞口,采用经纬仪投测,以贯通控制线于外立面上,窗洞口标高的各层+0.5m线控制且外立面水平弹出贯通控制线,周圈闭合,保证窗口位置正确,上下垂直,左右对称一致。

7)室内装饰面施工时,平面控制仍以结构施工控制线为依据,标高控制引测建筑+0.5m标高线,要求交圈闭合,误差在限差范围内。

8)外墙四大角以控制轴线为准,保证四大角垂直方正,经纬仪投测上下贯通,竖向垂直线供贴砖控制校核。

9)外墙壁饰面施工时,以放样图为依据,以外门窗洞口、四大角上下贯通控制线为准,弹出方格网控制线(方格网大小以饰面石材尺寸而定)。

4. 轴线及高程点放样程序(图7-41~图7-43)

(1)基础工程

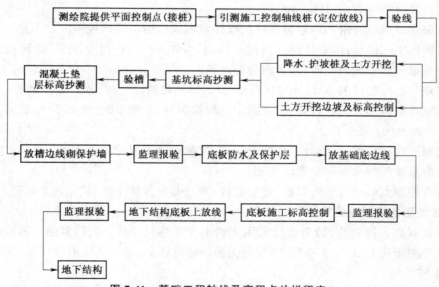

图7-41 基础工程轴线及高程点放样程序

(2)地下结构工程

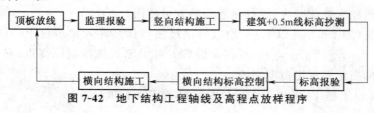

图7-42 地下结构工程轴线及高程点放样程序

（3）地上结构工程

各层在竖向柱模板拆除后立即抄测建筑＋0.5m水平控制线标高并报验，以便检查浇筑后质量及下一步施工。

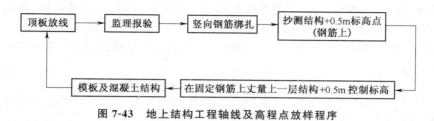

图7-43　地上结构工程轴线及高程点放样程序

（4）二次结构及装修工程

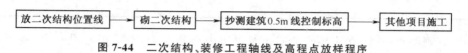

图7-44　二次结构、装修工程轴线及高程点放样程序

5. 施工时的各项限差和质量保证措施

（1）施工限差

为保证误差在允许限差以内，各种控制测量必须按现行《城市测量规范》执行，操作按规范进行，各项限差必须达到下列要求：

①控制轴线，轴线间互差：

＞20m　　　　　1/7000　　（相对误差）；

≤20m　　　　　±3 对于轴线小于±3mm。

②各种结构控制线相对于轴线≤±3mm。

③标高小于±5mm。

④垂直度层高成8mm，全高1/1000且不大于3mm。

（2）放样工作要求

①仪器各项限差符合同级别仪器限差要求。

②钢尺量距时，对悬空和倾斜测量应在满足限差要求的情况下考虑垂曲及倾斜改正。

③标高抄测时，采取独立施测2次法，其限差为±3mm，所有抄测应以水准点为后视。

④垂直度观测：若采取吊垂球时应在无风的情况下，如有风而不得不采取吊垂球时，可将垂球置于水桶内。

（3）细部放样原则

①用于细部测量的控制点或线必须经过检验。

②细部测量坚持由整体到局部的原则。

③有方格网的必须校正对角线。

④方向控制尽量使用距离较长的点。

⑤所有结构控制线必须清楚明确。

6. 竣工测量与变形观测

（1）建筑物自身的沉降观测

①应设计要求，本建筑物做沉降观测，要求在整个施工期间至沉降基本稳定止进行

观测。

　　a. 沉降观测的目的：检查施工对邻近建筑物安全的影响；检查工程设计、施工是否符合预期要求；有关地基基础及结构设计是否安全、合理、经济等反馈信息。

　　b. 沉降观测的基本内容：施工对邻近建筑物影响的观测；地基回弹观测；地基分层与邻近地面的沉降观测；建筑物本身的沉降观测。

　　②本建筑物施工时沉降观测按二等水准测量的技术要求施测，沉降观测点的精度要求和观测方法，见表7-2。

表 7-2　沉降观测点的精度要求和观测方法

等级	高程中误差(mm)	相邻点高程中误差(mm)	观测方法	往返较差、附和或环线闭合差(mm)
二等	±0.5	±0.3	按国家一等精密水准测量；精密液体静力水准测量	$\leqslant 0.30\sqrt{n}$ (n 为测站数)

　　③沉降观测点设置：在主楼平面四角及每边中点各一个，平面中心设一个，地下室平面四角各设一个；用于沉降观测的水准点必须设在便于保护的地方。

　　④当浇筑基础垫层混凝土时，在垫层平面位置埋设临时观测点，待稳固后及时进行观测。

　　⑤待基础结构施工完工后将原临时观测点移至该底板上埋设，并及时进行观测。

　　⑥直到±0.000 时按平面布置位置埋设永久性观测点，每施工一层，附测一次，直至竣工。

　　⑦沉降观测操作要点、工程竣工后观测次数沉降观测的操作要求，是"三固定"：a. 仪器固定，包括三脚架、水准尺；b. 人员固定，尤其是主要观测人员；c. 观测的线路固定，包括镜位、观测次序。

　　工程竣工后观测次数：第 1 年 4 次，第 2 年 2 次，第 3 年以后每年 1 次，直至下沉稳定（由沉降与时间的关系曲线判定）为止，一般为 5 年。

　　⑧观测资料及时整理，并与土建专业技术人员一同分析成果。

　　具体详见《沉降观测施工》。

　　(2)护坡桩的位移观测

　　①在基坑开挖后，在护坡桩顶帽梁上布设变形点（变形点间隔 10m 左右），并在护坡桩基坑一侧 500mm 左右设置平行控制点线（即一点为置仪点，一点为后视点），用经纬仪视准线法，以各变形点的角度变化为依据进行观测，判别其变形位移量。

　　②基坑外观测用点必须设于永久性固定位置，且应深埋于冻土层下 0.5m。

　　③变形点观测频率为每月 3 次，雨雪后加测 1 次，直至地下工程完工为止。

　　④做好变形观测数据资料的整理，及时分析和处理成果。

7. 测量复核措施及资料的整改

　　1)控制测量的复核措施按规定进行。

　　2)细部放样采用不同人员、不同仪器或钢尺进行，条件不允许的可独立施测 2 次。

　　3)外业记录采用统一格式，装订成册，回到内业及时整理并填写有关表格，并由不同人员将原始记录及有关表格进行复核，对于特殊测量要有技术总结和相关说明。

　　4)有高差作业或重大项目的要报请相关部门或上级单位复核并认可。

5)对各层放样轴线间距离等采用红外测距仪校核,达到准确无误。

6)施工测量记录按《建筑工程资料管理规程》(DBJ01－51－2003)要求编制、编号,根据资料内容和数量多少组成一册或若干册装订。

7)施工测量技术资料主要包括:

①市规划委员会红线桩坐标及水准点通知单。

②交接桩记录表。

③工程定位图(总平面、首层建筑平面、基础平面、建筑场地原始地形图);

④设计变更文件及图纸。

⑤现场平面控制网与水准点成果表及验收单。

⑥《建筑工程资料管理规程》(DBJO1－51－2003)中施工测量记录。

⑦必要的测量原始记录。

⑧竣工验收资料、竣工图。

⑨沉降变形观测资料。

8. 施工测量工作的组织与管理

(1)主要仪器的配备情况(表 7-3)

表 7-3　测量仪器配备一览表

序号	测量器具名称	型号规格	单位	数量	备注
1	电子经纬仪	DJD2	台	1	工程开工即组织进场
2	光学经纬仪	TDJ2E	台	2	
3	自动安平水准仪	DZS3－1	台	2	
4	激光垂准仪	口 ZJ3	台	1	
5	红外线测距仪	ND3000	台	1	
6	钢卷尺	50mm	把	2	
		7.5m	把	12	
		5.0m	把	20	
7	水准标尺	5m	根	1	

(2)施工测量管理人员组成(表 7-4)

表 7-4　施工测量管理人员组成

姓名	岗位名称	资格
×××	技术负责人	总工程师
×××	专业质检员	持证
×××	测量技术员	持证
× ××	测量技术员	持证
×××	测量工	持证

9. 仪器保养和使用制度

1)仪器实行专人负责制,建立测量仪器管理台账,由专人保管、填写。

2)所有测量仪器必须每年校准检定 1 次,在仪器上粘贴校准状态标识,具备合格的计量检定证书,并由项目部测量负责人每半月 1 次进行自检。

3)仪器必须置于专业仪器柜内,仪器柜必须干燥、无尘土。

4)仪器使用完毕后,必须进行擦拭,并填写使用情况表格。

5)仪器在运输过程中,必须手提、抱等,禁止置于有振动的车上。

6)仪器现场使用时,测量员不得离开仪器。

7)水准尺不得躺放,三脚架水准尺不得做工具使用。

10. 测量管理制度

1)所有测量人员必须持证上岗。

2)上岗前必须学习并掌握《城市测量规范》《工程测量规范》《建筑工程施工测量规程》及公司技术部制定的《计量器具管理实施细则》。

3)到现场放样前,必须先熟悉图纸,对图纸技术交底中的有关尺寸进行计算、复核,制定具体的方案后方可进场。

4)所有测量人员必须熟悉控制点的位置,并随时巡视控制点的保存情况,如有破坏应及时汇报。

5)测量人员应了解工程进度情况,经常同有关领导和有关部门进行业务交流。

6)经常与专业测量人员保持联系,及时掌握图纸变更、洽商,并及时将变更内容反映到上。

7)爱护仪器,经常进行擦拭,检查时仪器保持清洁、灵敏,并定期维修保证完好状态。

8)有关外业资料要及时收集整理。

9)定期开展业务学习,努力提高测量人员素质。

10)必须全心全意为施工单位服务,必须将所测的点或线向施工单位交待清楚。

第八章 工业建筑施工测量

第一节 施工测量准备

一、工业建筑施工测量的主要内容

根据我国现有的工业建筑工程,工业建筑的类型可分为单层和多层、装配式和现浇整体式。单层工业厂房以装配式为主,采用预制的钢筋混凝土柱子、吊车梁、屋架、大型屋面板等构件,在施工现场进行安装。

为保证工业建筑各种构件就位的正确性,在工业建筑施工中应进行以下测量工作:厂房矩形控制网的测设;厂房柱子轴线的放线;杯形基础的施工测量;厂房构件及设备安装测量等。工业建筑测量的准备工作与民用建筑基本相同。此外,还应做好"制定厂房控制网的测设方案"和"绘制厂房控制网的测设略图"等工作。

二、制定控制网测设方案

1)工业厂房一般是跨度和空间较大的建筑,对于预制构件的安装精度要求比较高。工业建筑厂房测设的精度要高于民用建筑,而厂区已有控制点的密度和精度,往往不能满足厂房测设的要求。因此,对于每个厂房,还应在原有控制网的基础上,根据厂房施工对测量精度的要求,设置独立的矩形控制网,作为厂房施工测量的基本控制。

2)厂房矩形控制网的测设方案,通常是根据厂区的总平面图、厂区控制网、厂房施工图和现场地形情况等资料来制定的。工程实践证明:对于一般的中小型工业厂房,测设一个单一的厂房矩形控制网,就可以满足施工中测设的需要;对于大型工业厂房或设备基础复杂的工业厂房,为保证厂房各部分精度一致,一般应先测设一条主轴线,然后以这条主轴线测设出矩形控制网。

3)为使测量用的控制网点能在整个施工过程中应用,在确定主轴线点及矩形控制网的位置时,要考虑到控制点在施工中不被破坏,能够长期保存和使用,应避开地上和地下的管线,其位置应距离厂房基础开挖边线之外。

4)在测设矩形控制网的同时,还应测出距离指标桩的位置,距离指标桩的间距一般为厂房柱子距离的倍数,但不要超过测量中所用钢尺的整尺长度。

三、绘制控制网测设略图

厂房控制网的测设略图是厂房施工中的重要标准和基本依据,是决定厂房各预制构件安装精度的关键。厂房控制网的测设略图是依据厂区的总平面图、厂区控制网、厂房施工图等技术资料,按照一定的比例绘制的,如图 8-1 所示。

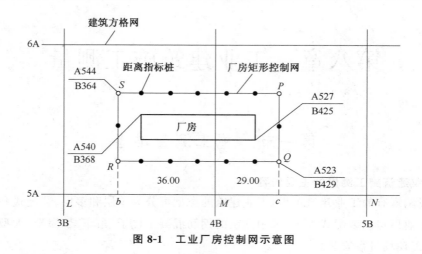

图 8-1　工业厂房控制网示意图

第二节　工业厂房矩形控制网测设

一、厂房矩形控制网测设技术要求

厂房矩形控制网的测设,可分为Ⅰ、Ⅱ、Ⅲ3 个等级,要求的技术指标包括主轴线、矩形边长精度,主轴线交角容许差,矩形角容许差。厂房矩形控制网应满足表 8-1 中的技术要求。

表 8-1　厂房矩形控制网的技术指标

矩形网的等级	矩形网的类别	厂房类别	主轴线、矩形边长精度	主轴线交角容许差	矩形角容许差
Ⅰ	主轴线矩形图	大型	1：500000、1：300000	±3″～±5″	±5″
Ⅱ	单一矩形网	中型	1：200000		±7″
Ⅲ	单一矩形网	小型	1：100000		±10″

在旧厂房进行扩建或改建时,最好能找到原有厂房施工时的控制点,作为扩建或改建时进行控制测量的依据;但原有的控制点必须与已有的吊车轨道及主要设备中心线联测,将实测的结果提交设计部门参考。

如果原厂房的控制点都已经不存在,应按照下列不同情况,恢复厂房原来的控制网:

1)当厂房内有吊车轨道时,应以原有吊车轨道的中心线为依据,然后用测量的方法恢复原来的控制网。

2)扩建或改建的厂房内的主要设备与原有设备有联动或衔接关系时,应当以原有设备中心线为依据,通过测量恢复原来的控制网。

3)当厂房内无大型或重要设备及吊车轨道时,可以原有厂房柱子的中心线为依据,用测量的方法恢复原来的控制网。

二、厂房矩形控制网的布置

1)厂房矩形控制网应布置在基坑开挖范围线以外 1.5～4m 处,其边线与厂房轴线平行。

2)除控制桩外,在控制网各边每隔若干柱间距埋设一个距离控制桩(距离指示桩),其间距一般为厂房柱距的倍数,但不要超过所用钢尺的整尺长。

三、测设矩形控制网的方法

1)如图 8-2 所示,将经纬仪安置在建筑方格网点 F 上,分别精确照准 E、G 点,自 F 点沿视线方向分别量取 $F_b=36.00$m 和 $F_c=29.00$m;定出 b、c 两点。

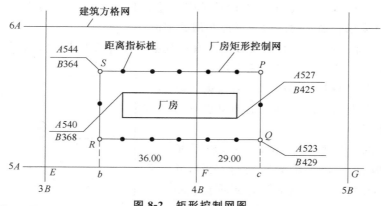

图 8-2　矩形控制网图

2)将经纬仪分别安置于 b、c 两点上,用测设直角的方法分别测出 bS、cP 方向线,沿 bS 方向测设出 R、S 两点,沿 cP 方向测设出 Q、P 两点,分别在 P、Q、R、S4 点上钉立木桩,做好标志。

3)检查控制桩。P、Q、R、S 各点和直角是否符合精度要求,一般情况下,其误差不应超过 $\pm10''$,各边长度相对误差不应超过 $1/25000\sim1/10000$。

4)在控制网边上按一定距离测设距离指示桩,以便对厂房进行细部放样。

四、中型及小型工业厂房矩形控制网的测设

单层工业厂房构件安装和生产设备安装,要求测设的厂房柱子轴线有较高的精度,因此,在进行厂房施工放样时,应先建立厂房矩形施工控制网,以此作为轴线测设的基本控制。

工程实践充分证明,对于单一的中型和小型工业厂房,测设一个简单矩形控制网即可满足施工放线的要求。工业厂房简单矩形控制网的测设,可以采用直角坐标法、极坐标法和角度交会法等。现以直角坐标法为例,介绍依据建筑方格网建立厂房控制网的具体方法(图8-3所示)。

图 8-3 中 M、N、Q、P 为厂房边轴线的 4 个交点,其中 M、Q 两点的坐标在总平面图上已标出。E、F、G、日是布设在厂房基坑开挖线以外的厂房控制网的 4 个角桩,称为厂房控制桩。

在进行测设前,先由 M、Q 两点的坐标推

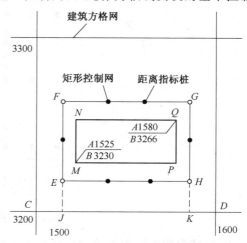

图 8-3　简单矩形控制网的测设

算出控制点 E、F、G、H 的坐标,然后以建筑方格网 C、D 的坐标值为依据,计算测设数据 CJ、CK、JE、JF、KH、KG。在进行测设时,根据施工放样数据,从建筑方格网点 C 起始在 CD 方向上定出 J、K 点,然后,将经纬仪分别放置在 J、K 点上,采用直角坐标法测设 JEF、KHG 的方向,根据测设数据定出厂房控制点 E、F、G、H,并用大木桩标定,同时测出距离指标桩。反复校核 $\angle EFG$、$\angle FGH$ 是否为 90°,其误差不应超过 10″;并精密丈量 EH、FG 的距离,与设计长度进行比较,其相对误差不应超过 1/10000。

五、大型及要求较高工业厂房矩形控制网的测设

对于大型工业厂房、机械化程度较高或有连续生产设备的工业厂房,需要建立主轴线较为复杂的矩形控制网。这种方法是先根据厂区控制网定出矩形控制网的主轴线,然后根据主轴线测设矩形控制网。例如,主轴线的测量设置具体的测设步骤如下:

以图 8-4 的十字轴线为例,首先,将长轴 AOB 测定于地面,再以长轴为基线测 COD,并进行方向校正,使纵横两轴线必须达到垂直。轴线的方向调整好以后,应以 O 点为起点,进行精密丈量距离,以确定纵横轴线各端点位置,其具体测量设置的方法与误差处理和主轴线法相同。

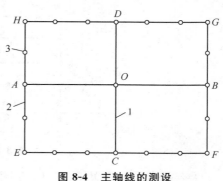

图 8-4 主轴线的测设

第三节 厂房柱体与柱基测设

一、厂房柱列轴线测设

如图 8-5 所示为某厂房的平面示意图,Ⓐ、Ⓑ、Ⓒ轴线及①、②、③等轴线分别是厂房的纵、横柱列轴线,又称定位轴线。纵向轴线的距离表示厂房的跨度,横向轴线的距离表示厂房的柱距。

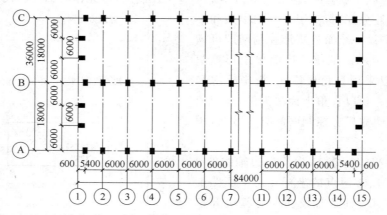

图 8-5 厂房平面(单位:mm)

根据柱列间距和跨距用钢尺从靠近的距离指标桩量起,沿矩形控制网各边定出各柱列轴线桩的位置,并在柱顶上钉入小钉,作为桩基放线和构件安置的依据,如图 8-6 所示。丈

量时应以相邻的两个距离指标为起点分别进行,以方便检核。

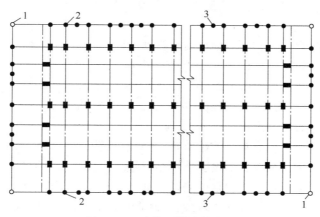

图 8-6　厂房柱列轴线的测设
1. 厂房控制桩　2. 轴线控制桩　3. 距离控制桩

二、厂房桩基施工测量

1. 桩基础施工测量技术要求

(1)建筑物轴线测设的主要技术要求

①建筑物桩基础定位测量,一般是根据建筑设计或设计单位所提供的测量控制点或基准线与新建筑物的相关数据。

②先测设建筑物定位矩形控制网,进行建筑物定位测量。

③然后根据建筑物的定位矩形控制网,测设建筑物桩位轴线,最后再根据桩位轴线来测设承台桩位。

(2)对高程测量的技术要求

①桩基础施工测量的高程应以设计或建设单位所提供的水准点作为基准进行引测。

②在高程引测前,应对原水准点高程进行检测。确认无误后才能使用,在拟建区附近设置水准点,其位置不应受施工影响,便于使用和保存,数量一般不得少于 2~3 个,一般应埋设水准点或选用附近永久性的建筑物作为水准点。

③高程测量可按四等水准测量方法和要求进行,其往返较差,附合或环线闭合差不应大于±20mm,水准路线长度以 km 为单位。

④桩位点高程测量一般用普通水准仪散点法施测,高程测量误差不应大于±1cm。

2. 定位

在建筑物定位测量时,在距建筑物四周外廓 5~10m,并平行建筑物处,首先测设一个建筑物定位矩形控制网,作为建筑物定位基础。然后,测出桩位轴线在此定位矩形控制网上的交点桩,称之为轴线控制桩。

(1)定位

①根据设计所给定的定位条件不同,建筑物的定位主要有五种不同形式:一是根据原建筑物定位;二是根据道路中心线(或路沿)定位;三是根据城市建设规划红线定位;四是根据建筑物施工方格网定位;五是根据三角点或导线点定位。

②在定位时,可根据设计所给的定位形式选用直角坐标法、内分法、极坐标法、角度或距

离交会法、等腰三角形与勾股弦等测量方法,为确保建筑物的定位精度,对角度的测设均要按经纬仪的正倒镜位置测定,距离丈量必须按精密测量方法进行。

（2）定位矩形网测量

对定位矩形网测量,根据工程大小、复杂程度不同,一般采用下列方法:

①定位桩法。比如需要测设 a、b、c、d（建筑物）时,要根据设计所给定的条件,首先测设出 a′和 b′两点,然后,根据 a′、b′测设出 c′、d′两点,最后,以 a′、b′、c′、d′定位矩形网为基础测设 abcd 建筑物所有的桩位轴线进行建筑物定位。此种方法适用于一般民用建筑和精度要求不高的中小型厂房的定位测量。

②主轴线法。大型厂房或复杂的建筑物,因对定位精度要求高,采用定位桩法不易保证建筑物定位要求。由于主轴线法测设要求严格,误差分配均匀,精度高,但工作量大,主要适用于大型工业厂房或复杂建筑物的定位测量。如要测设厂房时,应根据设计所给的条件首先测设出长轴线,然后,再以长轴线为基线,用测直角形方法测设出短轴线、进行精密丈量和归化。最后根据长轴线点和短轴线点按直角形法,测设同 a′、b′、c′、d′各点。经检查满足要求后,才测设建筑物的桩位轴线进行建筑物定位测量。

（3）测量质量控制

建筑物定位矩形网点需要埋设直径 8cm,长 35cm 的大木桩,桩位既要便于作业,又要便于保存,并在木桩上钉小铁钉作为中心标志,对木桩要用水泥加固保护,在施工中要注意保护、使用前应进行检查。对于大型或较复杂、工期较长的工程应埋设顶部为 10cm×10cm,底部为 12cm×12cm,长为 80cm 的水泥桩为长期控制点。

3. 建筑物桩位轴线及承台桩位测设

（1）桩位轴线测设的质量控制

1）建筑物桩位轴线测设是在建筑物定位矩形网测设完成后进行的,是以建筑物定位矩形网为基础,采用内分法用经纬仪定线精密量距法进行桩位轴线引桩的测设。

2）对复杂建筑物圆心点的测设一般采用极坐标法测设。

3）对所测设的桩位轴线的引桩均要打入小木桩,木桩顶上应钉小铁钉作为桩位轴线引桩的中心点位。为了便于保存和使用,要求桩顶与地面齐平,并在引桩周围撒上白灰。

4）在桩位轴线测设完成后,应及时对桩位轴线间长度和桩位轴线的长度进行检测,要求实量距离与设计长度之差,对单排桩位不应超过±1cm,对群桩不超过±2cm。

5）在桩位轴线检测满足设计要求后才能进行承台桩位的测设。

（2）承台桩位测设的质量控制

1）建筑物承台桩位的测设是以桩位轴线的引桩为基础进行测设的,桩基础设计根据地上建筑物的需要分群桩和单排桩。

2）规范规定 3～20 根桩为一组的称为群桩。1～2 根为一组的称为单排桩。

3）测设时,可根据设计所给定的承台桩位与轴线的相互关系,选用直角坐标法、线交会法、极坐标法等进行测设。

4）对于复杂建筑物承台桩位的测设,往往设计所提供的数据不能直接利用,而是需要经过换算后才能进行测设。

5）在承台桩位测设后,应打入小木桩作为桩位标志,并撒上白灰,便于桩基础施工。

6）在承台桩位测设后,应及时检测,对承台桩位间的实量距离与设计长度之差不应大于

±2cm。

7）对相邻承台桩位间的实量距离与设计长度之差不应大于±3cm。

8）在桩点位经检测满足设计要求后，才能移交给桩基础施工单位进行桩基础施工。

4. 桩基础竣工测量质量控制

1）恢复桩位轴线。在桩基础施工中由于确定桩位轴线的引桩，往往因施工被破坏，不能满足竣工测量要求，所以，首先应根据建筑物定位矩形网点恢复有关桩位轴线的引桩点，以满足重新恢复建筑物纵、横桩位轴线的要求。恢复引桩点的精度要求应与建筑物定位测量时的作业方法和要求相同。

2）单桩垂直静载实验。在整个桩基础工程完成后，测量工作需要配合岩土工程测试单位进行荷载沉降测量，对桩的荷载沉降量的测量一般采用百分表测量，当不宜采用百分表测量时，可采用 S05 或 S1 精密水准仪和铟瓦尺施测。

3）桩位偏移量测定。桩位偏移量是指桩顶中心点在设计纵、横桩位轴线上的偏移量。对桩位偏移量的允许值，不同类型的桩有不同要求。当所有桩顶标高差别不大时，桩位偏移量的测定方法可采用拉线法，即在原有或恢复后的纵、横桩位轴线的引桩点间分别拉细尼龙绳各一条，然后，用角尺分别量取每个桩顶中心点至细尼龙绳的垂直距离，即偏移量，并要标明偏移方向；当桩顶标高相差较大时，可采用经纬仪法。把纵、横桩位轴线投影到桩顶上，然后再量取桩位偏移量，或采用极坐标法测定每个桩顶中心点坐标与理论坐标之差计算其偏移量。

4）桩顶标高测量。采用普通水准仪，以散点法施测每个桩顶标高，施测时应对所用水准点进行检测，确认无误后才进行施测，桩顶标高测量精度应满足±1cm 要求。

5）桩身垂直度测量。桩身垂直度一般以桩身倾斜角来表示的，倾斜角系指桩纵向中心线与铅垂线间的夹角，桩身垂直度测定可以用自制简单测斜仪直接测完其倾斜角，要求盘度半径不少 30cm，度盘刻度不低于 10′。

6）桩位竣工图编绘。其主要内容包括：建筑物定位矩形网点、建筑物纵、横桩位轴线编号及其间距、承台桩点实际位置及编号、角桩、引桩点位及编号。

【示例】 1）如图 8-7 所示，将两台经纬仪分别安置⊙轴与⑤轴一端的轴线控制桩上，瞄准各自轴线另一端的轴线控制桩，交会出轴线交点作为该基础的定位点。

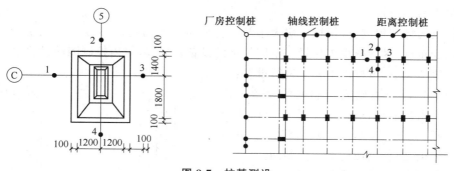

图 8-7　柱基测设

2）沿轴线在基础开挖边线以外 1～2m 处的轴线上打入 4 个小木桩 1、2、3、4，并在桩上用小钉标明位置。

3）木桩应钉在基础开挖线以外一定位置，留有一定空间以便修坑和立模。再根据基础详图的尺寸和放坡宽度，量出基坑开挖的边线，并撒上石灰线，此项工作称为柱列基线的放线。

如图 8-8 所示，等基坑挖到一定深度后，用水准仪在坑壁四周离坑底 0.3m 或 0.5m 处测设几个水平桩，作为检查坑底标高和打垫层的依据。

注意，打垫层前须再进行垫层标高桩的测设。

待垫层做好后，再依据基坑旁的定位小木桩，用拉线吊锤球法将基础轴线投测到垫层上，弹出墨线，作为桩基础立模和布置钢筋的依据。

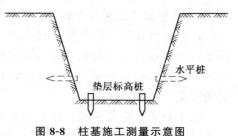

图 8-8　柱基施工测量示意图

立模板时，应将模板底线对准垫层上的定位线，且用锤球检查模板是否垂直。

最后将柱基顶面设计高程测设在模板内壁。

第四节　工业厂房设备基础的施工测量

一、设备基础的施工程序

工业厂房中设备基础施工一般有 2 种程序：一种是在厂房柱子基础和厂房部分建成后，再进行设备基础的施工。如果采用这种施工方法，必须将厂房外面的测量控制网在厂房墙体砌筑之前，引进厂房的内部并校正，重新布设一个内控制网，作为设备基础施工和设备安装放线的依据。

另一种是厂房柱子基础与设备基础同时施工，这样可以不建立内控制网，一般是将设备基础主要中心线的端点测定在厂房矩形控制网上。当设备基础安装模板或地脚螺栓时，局部架设木线板或钢线板，以测设地脚螺栓组的中心线。

二、设备基础控制的设置

（1）内控制网的设置

1）厂房内控制网的设置应根据厂房矩形控制网测定，其投点的容许误差为±2～±3mm，内控制网标点一般应选在施工中不易被破坏稳定的柱子上，标点的高度最好一致，以便于测量距离及通视。

2）标点的稀密程度，应根据厂房大小及设备分布情况而定，在满足施工定线的要求下，尽可能减少布点，尽量减少工作量。不同规格的设备基础，其对内控制网的设置要求是不同的。在一般情况下，可按以下要求进行设置：

①中小型设备基础内控制网的设置。这类设备基础内控制网的标志，一般采用在柱子上预埋标板，如图 8-9 所示。然后将柱子中心线测定于标板之上，以便构成内控制网。

②大型设备基础内控制网的设置。大型连续生产设备基础中心线及地脚螺栓组的中心线很多，为便于施工放线，将槽钢水平地焊接在厂房钢柱上，然后，根据厂房矩形控制网，

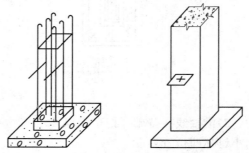

图 8-9　柱子标板的设置示意

将设备基础主要中心线的端点,测定于槽钢之上,以建立内控制网。

图 8-10 为内控制网的立面布置图。先在设备内控制网的厂房钢柱上测定相同高程的标点,其高度以便于测量距离为原则,用边长为 50mm×100mm 的槽钢或 50mm×50mm 的角钢,将其水平地焊牢于柱子上。为了使其牢固,可加焊角钢于钢柱上。柱子间的跨距较大时,钢材会发生一定的挠曲,可在中间加一木支撑。

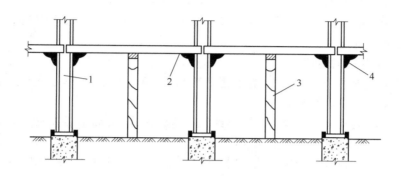

图 8-10　内控制网的立面布置

1. 钢柱　2. 槽钢　3. 木支撑　4. 角钢

（2）线板的架设

1）木线板的架设。木线板可直接支架在设备基础的模板外侧的支撑上,支撑必须安装牢固稳定。在支撑上铺设截面尺寸为 5cm×10cm 表面刨光的木线板（图 8-11）。为了便于施工拉线安装地脚螺栓,木线板的高度应比基础模板高 5～6cm,同时纵横两方向的高度必须相差 2～3cm,以免在拉线时纵横两根钢丝在相交处相碰。

2）钢线板的架设。钢线板的架设是用预制钢筋混凝土小柱子作为固定架,在浇筑混凝土垫层时,将预制好的混凝土小柱埋设在垫层内（图 8-12）。在埋设混凝土小柱前,先在规定的位置将混凝土小柱表面凿开,露出钢筋,然后,在露出的钢筋处焊上角钢斜撑,再在斜撑上焊上角钢作为线板。在架设钢线板时,最好靠近设备基础的外模,这样可依靠外模的支架顶托,以增加其稳固性。

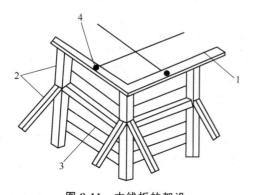

图 8-11　木线板的架设

1.5cm×10cm 木线板　2. 支撑　3. 模板
4. 地脚螺栓组的中心线点

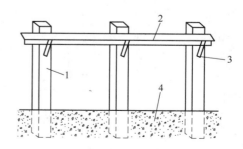

图 8-12　钢线板的架设

1. 钢筋混凝土预制小柱子　2. 角钢
3. 角钢斜撑　4. 垫层

三、设备基础的定位

（1）中小型设备基础的定位

1）中小型设备基础的定位方法与厂房基础的定位方法基本相同。

2）在基础平面上，设备基础的位置是以基础中心线与柱子中心线关系来表示，这时测设的数据需将设备基础中心线与柱子中心线的关系，换算成与矩形控制网上距离指标桩的关系式，然后，在矩形控制网的纵横对应边上测定基础中线的端点。

3）对于采用封闭式施工的设备基础工程（即先建厂房而后进行设备基础施工），则根据内控制网进行基础的定位测量。

（2）大型设备基础的定位

1）大型设备基础的中心线较多，为了便于其测定，防止产生错误，在定位以前应根据设备基础设计原图绘制中心线测设图。

2）将全部中心线及地脚螺栓组的中心线统一进行编号，并将设备基础与柱子中心线和厂房控制网上距离指标桩的尺寸关系注明。

3）在进行大型设备基础的定位放线时，按照中心线测设图，在厂房控制网或内控制网对应边上测出中心线的端点，然后在距离基础开挖边线 1.0～1.5m 处定出中心桩，以便于设备基础的开挖。

四、设备基础上层的放线工作

1）设备基础上层的放线工作，是一项非常重要的基础施工准备。这项工作主要包括固定架设点、地脚螺栓安装抄平和模板标高测设等，其测设的方法与前面有关内容相同。但大型设备基础不仅地脚螺栓很多，而且大小类型和标高不一样，为使安装地脚螺栓时其位置和标高都符合设计要求，必须在测定前绘制地脚螺栓平面布置图（图 8-13），作为进行地脚螺栓测定的依据。

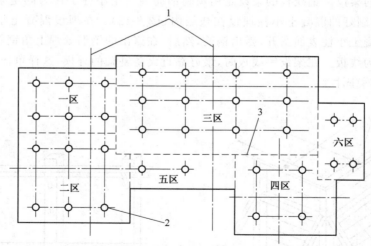

图 8-13　地脚螺栓平面布置及分区编号示意图
1. 螺栓组的中心线　2. 地脚螺栓　3. 区界

2）地脚螺栓平面布置图可直接从原图上描下来，也可根据工程实际重新绘制。如果此图只供检查螺栓标高用，上面只需要绘制出主要地脚螺栓组的中心线，地脚螺栓与中心线的尺寸关系可以不注明，只将同类的地脚螺栓进行分区编号，并在图的一侧绘制出地脚螺栓标高表,注明地脚螺栓的号码、数量、标高和混凝土面标高。

五、设备基础中心线标板的埋设与投点

为便于设备的安装和确保施工质量,作为设备安装或砌筑依据的重要中心线,应按照下列规定埋设牢固的标板:

1)对于联动设备基础的生产轴线,应埋设必要数量的中心线标板。

2)对于重要设备基础的主要纵横中心线,应当埋设必要数量的标板。

3)对于结构复杂工业炉的基础纵横中心线、环形炉及烟囱的中心位置等,应埋设必要数量的标板。

①中心线标板可采用小钢板下面加焊两个锚固脚的型式,如图 8-14a 所示,或者采用直径为 18～22mm 的钢筋制作卡钉,如图 8-14b 所示,在基础混凝土未凝固前,将其埋设在中心线的位置,如图 8-14c 所示。

②在埋设标板时,应使其顶面露出基础面 3～5mm,到基础的边缘为 50～80mm。如果主要设备中心线通过基础凹形部分或地沟时,则应埋设 50mm×50mm 的角钢或 100mm×50mm 的槽钢,如图 8-14d 所示。

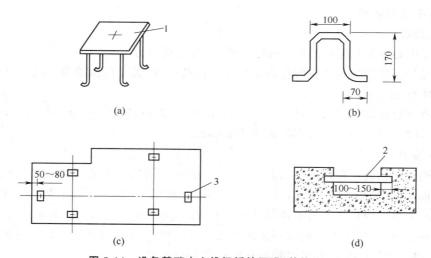

图 8-14 设备基础中心线标板的埋设(单位:mm)

1.60mm×80mm 钢板加焊钢筋脚 2.角钢或槽钢 3.中心线标板

中线投点的方法与柱子基础中线投点相同,即以控制网上中线端点为后视点,采用"正倒镜法",将仪器移置于中线上,然后进行投点;或者将仪器置于中线一端点上,照准另一个端点,进行投点。

第五节　厂房预制构件安装测量

在工业厂房中,一般是先预制柱子、吊车梁、屋架和屋面板等构件,而后运至施工现场进行安装。工程实践证明,预制构件安装就位的准确度,不仅直接影响厂房的施工速度和质量,而且还影响厂房能否正常使用。因此,在厂房预制构件的安装中,关键的问题是搞好定位测量,以确保构件准确安装。工业厂房预制构件安装的允许误差见表 8-2。

表 8-2 工业厂房预制构件安装的允许误差

项 目			允许误差(mm)
杯形基础	中心线对轴线偏移		±10
	杯底安装标高		±10
柱子	中心线对轴线偏移		±5
	上下柱子接口中心线偏移		±3
	垂直度	≤5m	±5
		>5m	±10
		≥10m 多节柱	1/1000 柱子高度,且不大于 20
	牛腿面和柱子高	≤5m	±5
		>5m	±8
梁或吊车梁	中心线对轴线偏移		±5
	梁上表面标高		±5

一、柱子安装测量

(1)安装要求

1)柱子中心线应与相应的柱列轴线一致,其允许偏差为±5mm。

2)牛腿顶面和柱顶面的实际标高应与设计标高一致,其允许偏差为±(5~8mm),柱高大于 5m 时为±8mm。

3)柱身垂直允许误差为:当柱高小于 5m 时为±5mm;柱高 5~10m 时为±10mm;柱高大于 10m 时为柱高的 1/1000,但不能大于 20mm。

(2)安装前准备工作

1)投测柱列轴线。在杯形基础拆模以后,根据柱列轴线控制桩用经纬仪把柱列轴线投测在杯口顶面上,如图 8-15 所示,并弹上墨线,用红漆画出"▲"标明,作为吊装柱子时确定轴线方向的依据。当柱列轴线不通过柱子中心线时,应在杯形基础顶面上加弹柱子中心线。

2)在杯口内壁,用水准仪测设一条标高线,并用"▼"表示。从该线起向下量取一个整分米数即到杯底的设计标高,并用以检查杯底标高是否正确。

3)柱身弹线。柱子吊装前,应将每根柱子按轴线位置进行编号。在柱身的 3 个侧面上弹出柱中心线,并在每条线的上端和近杯口处画上小三角形"▲"标志,以供校正归照准用。如图 8-16 所示。

4)杯底找平。柱子在预制时,由于模板制作和模板变形等原因,不可能使柱子的实际尺寸与设计尺寸一样,为了解决这个问题,往往在浇注基础时把杯形基础底面高程降低 2~5cm,然后,用钢尺从牛腿顶面沿柱边量到柱底,根据这根柱子的实际长度,用 1:2 水泥砂浆在杯底进行找平,使牛腿面符合设计高程。

调整杯底标高。检查牛腿面到柱底的长度,看其是否符合设计要求,如不相符。就要根据实际柱长修整杯底标高,以使柱子吊装后,牛腿面的标高基本符合设计要求。具体做法如下:在杯口内壁测设某一标高线(如一般杯口顶面标高为 −0.500m,则在杯口内抄上 −0.600m 的标高线)。

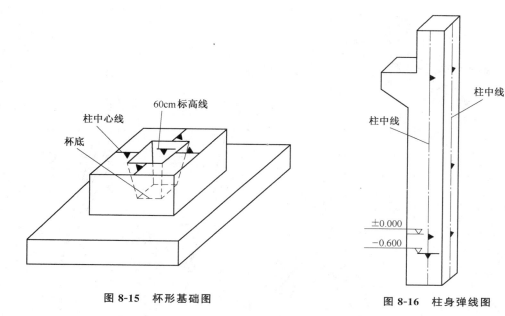

图 8-15　杯形基础图　　　　　　　　图 8-16　柱身弹线图

　　然后,根据牛腿面设计标高,用钢尺在柱身上量出±0.000及某一标高线的位置,并涂上标志。

　　分别量出杯口内某一标高线至杯底高度及柱身上某一标高线至柱底高度,并进行比较。修整杯底,高的地方凿去一些,低的地方用水泥砂浆填平,使柱底与杯底吻合。

　　(3)安装测量施工操作

　　柱子安装测量的目的是保证柱子平面和高程符合设计要求,柱身铅直,测量要求如下:

　　1)预制的钢筋混凝土柱子插入杯口后,应使柱子三面的中心线与杯口中心线对齐,如图8-11a所示,用木楔或钢楔临时固定。

　　2)柱子立稳后,立即用水准仪检测柱身上的±0.000m标高线,其容许误差为±3mm。

　　3)如图8-17a所示,用两台经纬仪,分别安置在柱基纵、横轴线上,离柱子的距离不小于柱高的1.5倍,先用望远镜瞄准柱底的中心线标志,固定照准部后,再缓慢抬高望远镜观察柱子偏离十字丝竖丝的方向,指挥用钢丝绳拉直柱子,直至从两台经纬仪中,观测到的柱子中心线都与十字丝竖丝重合为止。

　　4)在杯口与柱子的缝隙中浇入混凝土,以固定柱子的位置。

　　5)在实际安装时,一般是一次把许多柱子都竖起来,然后,进行垂直校正。这时,可把两台经纬仪分别安置在纵横轴线的一侧,一次可校正几根柱子,如图8-17b所示,但仪器偏离轴线的角度,应在15°以内。

　　(4)工业厂房柱子安装测量注意事项

　　1)当校正变截面的柱子时,经纬仪必须放在轴线上校正,否则容易产生差错。

　　2)柱子在两个方向的垂直度都校正好后,应再复查平面位置,看柱子下部的中线是否仍对准基础的轴线。

　　3)校正用的经纬仪事前应经过严格检校,因为校正柱子竖直时,往往只用盘左或盘右观测,仪器误差影响很大,操作时还应注意使照准部水准管气泡严格居中。

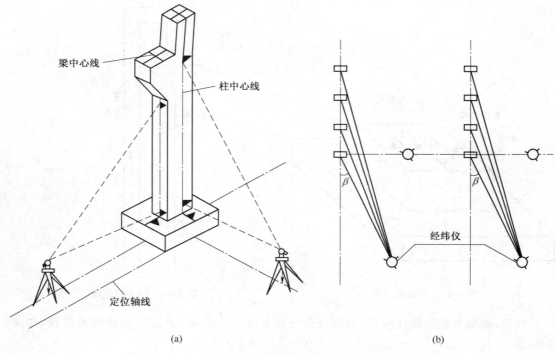

(a) (b)

图 8-17　柱子垂直度校正

4）在阳光照射下校正柱子垂直度时。要考虑温度影响,因为柱子受太阳照射后,柱子向阴面弯曲,使柱顶有一个水平位移。为此应在早晨或阴天时校正。

5）当安置一次仪器校正几根柱子时,仪器偏离轴线的角度最好不超过 15°。

二、吊车梁安装测量

（1）安装前准备工作

1）安装前先弹出吊车梁顶面中心线和吊车梁两端中心线,要将吊车轨道中心线投到牛腿面上。如图 8-18 所示。在吊车梁的顶面和两端面上,用墨线弹出梁的中心线,作为安装定位的依据。

2）然后分别安置经纬仪于吊车轨中线的一个端点上,瞄准另一端点,仰起望远镜,即可将吊车轨道中线投测到每根柱子的牛腿面上并弹以墨线。再根据牛腿面的中心线和梁端中心线,将吊车梁安装在牛腿上。

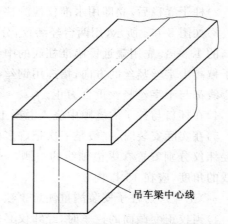

图 8-18　在吊车梁上弹出梁的中心线

3）如图 8-19a 所示,利用厂房中心线 A_1A_1,依据设计轨道间距,在地面上测设出吊车梁中心线 $A'A'$ 和 $B'B'$。在吊车梁中心线的一个端点 A'（或 B'）上安置经纬仪,瞄准另一个端点 A'（或 B'）,同时固定照准部,抬高望远镜,即可将吊车梁中心线投测到每根柱子的牛腿面上,并用墨线弹出梁的中心线。

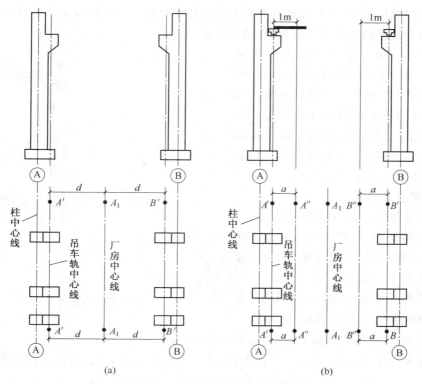

图 8-19　吊车梁吊车轨道安装测量

（2）安装测量操作

安装时，使吊车梁两端的梁中心线与牛腿面梁中心线重合，使吊车梁初步定位。采用平行线法，对吊车梁的中心线进行检测，校正方法如下：

1）如图 8-19b 所示，在地面上，从吊车梁中心线，向厂房中心线方向量出长度 a（1m），得到平行线 $A''B''$ 和 $B''B''$。

2）在平行线一端点 A''（或 B''）上安置经纬仪，瞄准另一端点 A''（或 B''），固定照准部，抬高望远镜进行测量。

3）校正时，一人在梁上移动横放的木尺，当视线正对准尺上一米刻划线时，尺的零点应与梁面上的中心线重合。如不重合，可用撬杠移动吊车梁，使吊车梁中心线到 $A''A''$（或 $B''B''$）的间距等于 1m 为止。

4）吊车梁安装就位后，先按柱面上定出的吊车梁设计标高线对吊车梁面进行调整，然后将水准仪安置在吊车梁上，每隔 3m 测一点高程，并与设计高程比较，误差应在 3mm 以内。

5）吊车梁安装完后，应检查吊车梁的高程，可将水准仪安置在地面上，在柱子侧面测设 50cm 的标高线，再用钢尺从该线沿柱子侧面向上量出至梁面的高度，检查梁面标高是否正确，然后在梁下用铁板调整梁面高程。使之符合设计要求。

三、吊车轨道安装测量

1）安装吊车轨道前，须先对梁上的中心线进行检测，此项检测多用校正线法（平行线法）。如图 8-20 所示，首先在地面上从吊车轨中心线向厂房中心线方向量出长度 d，然后安置经纬仪于校正轴线一端点上，瞄准另一端点，固定照准部，仰起望远镜投测。此时另一人在梁上移动横放的木尺,当视线正对准尺上应有长度刻划时,尺的零点应与梁面上的中线重合。如不重合应予以改正,可用撬杠移动吊车梁。

2)安装吊车轨道前,可将水准仪直接安置在吊车梁上检测梁面标高,并用铁垫板调整梁的高度,使之符合设计要求。轨道安装后,将水准尺直接放在轨道上检测其高程,每隔 3m 测一点,误差应在 ±3mm 以内。最后还要用钢尺实际丈量吊车轨道的间距,误差应不大于 ±5mm。

四、屋架安装测量

屋架安装测量步骤与方法如下。

1)吊装屋架前,用经纬仪或其他方法在柱顶面上测设出屋架定位轴线,在屋架两端弹出屋架中心线,以方便定位。

2)安装测量时,使屋架的中心线与柱顶面上的定位轴线对准,允许误差为 5mm。

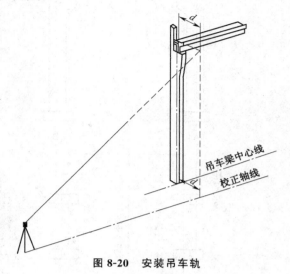

图 8-20 安装吊车轨

3)用经纬仪(也可用锤球)对屋架垂直度进行检查。

①在屋架上安装 3 把卡尺,1 把卡尺安装在屋架上弦中点附近,另外 2 把分别安装在屋架的两端。

②屋架几何中心沿卡尺向外量出一定距离,一般为 500mm,作出标志。

③在地面上,距屋架中线同样距离处安置经纬仪,观测 3 把卡尺的标志是否在同一竖直面内,如果屋架竖向偏差较大,则用机具校正,最后将屋架固定。

垂直度允许偏差为:薄腹梁为 5mm;桁架为屋架高的 1/250。

屋架安装测量如图 8-21 所示。

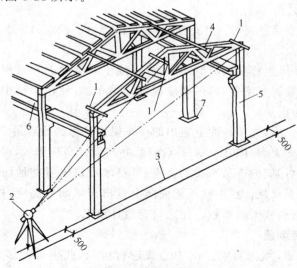

图 8-21 屋架的安装测量

1. 卡尺 2. 经纬仪 3. 定位轴线 4. 屋架 5. 柱 6. 吊车梁 7. 柱基

第六节　烟囱、水塔施工测量

一、中心定位测量

1) 如图 8-22 所示,依据图纸要求,依据已知控制点和已有建筑物的尺寸关系,在地面上测出烟囱中心位置 O 点。

2) 安置经纬仪 O 点,测设出以 O 为交点的两条互相垂直的定位轴线 AB 和 CD。A、B、C、D 各控制桩离烟囱的距离应大于烟囱的高度。

3) 在轴线方向上,尽量靠近烟囱而又不影响桩位稳固的地方设 a、b、c、d 4 个定位小木桩,作为修坑和修复烟囱中心用。

二、烟囱基础测量

1) 依顺时针方向旋转照准部依次测设 90°直角,测出 OC、OB、OD 方向上的 C、c、B、b、D、d 各点,并转回 OA 方向归零校核。其中 A、B、C、D 各控制桩至烟囱中心的距离应大于其高度的 1~1.5 倍,并应妥善保护。a、b、c、d 4 个定位桩,应尽量靠近所建构筑物但又不影响桩位的稳固,用于修坑和恢复其中心位置。

2) 在 O 点上安置经纬仪,任选一点 A 作为后视点,同时在此方向上定出 a 点。

3) 以基础中心点 O 为圆心,以 $(r+\delta)$ 为半径(δ)为基坑的放坡宽度,r 为构筑物基础的外侧半径在场地上画圆,撒上石灰线以标明土石方开挖范围,如图 8-22 所示。

4) 当基坑开挖快到设计标高时,即可在基坑内壁测水平桩,作为检查基础深度和浇筑混凝土垫层的依据。

三、烟囱筒身测量

(1) 引测筒体中心线

1) 如图 8-23 所示,先在施工作业面上横向设置 1 根控制方木和 1 根带有刻度的旋转尺杆,尺杆零端铰接于方木中心,方木的中心下悬挂质量为 8~12kg 的锤球。

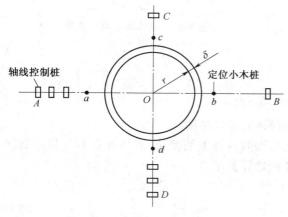

图 8-22　烟囱基础定位放线图

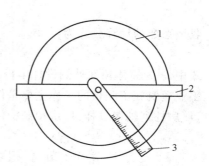

图 8-23　旋转尺杆图

1. 烟囱砌体　2. 固定方木　3. 旋转杆

2) 平移方木,将锤球尖对准基础面上的中心标志,即可检核施工作业面的偏差,并在正确位置继续进行施工。

3)当筒体每施工 10m 左右,还应用经纬仪向施工作业面引测中心 1 次,对筒体进行检查。

(2)筒体外壁收坡的控制

1)图 8-24 为靠尺外形,为保证筒身收坡符合要求,除了用尺杆画圆控制外,应随时用靠尺板来检查,靠尺的两侧斜边是严格按设计要求的筒壁收坡系数制作法。

2)使用时,把斜边紧靠在筒体外侧,如筒体的收坡符合要求,则锤球线正好通过下端的缺口。如收坡控制不好,可通过坡度尺上小木尺读数反映其偏差大小,以便使筒体收坡及时得到控制。

3)在筒体施工的同时,还应检查筒体砌筑到某一高度时的设计半径。如图 8-25 所示,某高度的设计半径 rH' 可由图示计算求得,计算公式为:

$$rH' = R - H'_m$$

式中,R 为筒体底面外侧设计半径;m 为筒体的收坡系数。

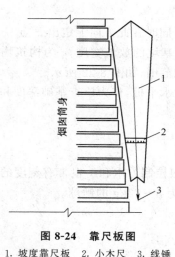

图 8-24 靠尺板图

1. 坡度靠尺板　2. 小木尺　3. 线锤

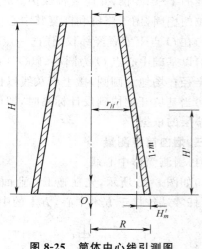

图 8-25 筒体中心线引测图

收坡系数的计算公式为:

$$m = (R - r)H$$

式中,r 为筒体顶面外侧设计半径;H 为筒体的设计高度。

工业建筑施工测量的工作主要是保证这些预制构件安装到位,具体任务有厂房控制网测设、厂房柱列轴线放样,厂房预制构件安装测量等工作。

第七节　工业厂房施工测量案例

一、某厂房施工测量

1. 概述

工业建筑中以厂房为主体,一般工业厂房多采用预制构件,在现场装配施工。厂房的预制构件有柱子、吊车梁和屋架等。因此,工业建筑施工测量的工作主要是保证这些预制构件安装到位。具体任务为:厂房矩形控制网测设、厂房柱列轴线放样、杯形基础施工测量及厂房预制构件安装测量等。

2. 厂房矩形控制网测设

工业厂房一般都应建立厂房矩形控制网,作为厂房施工测设的依据。下面介绍根据建筑方格网,采用直角坐标法测设厂房矩形控制网的方法,如图 8-26 所示。

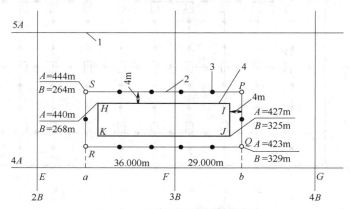

图 8-26　厂房矩形控制网的测设
1. 建筑方格网　2. 厂房矩形控制网　3. 距离指标桩　4. 厂房轴线

如图所示,H、I、J、K 4 点是厂房的房角点,从设计图中已知 H、J 两点的坐标。S、P、Q、R 为布置在基础开挖边线以外的厂房矩形控制网的 4 个角点,称为厂房控制桩。厂房矩形控制网的边线到厂房轴线的距离为 4m,厂房控制桩 S、P、Q、R 的坐标,可按厂房角点的设计坐标,加减 4m 算得。测设方法如下:

(1)计算测设数据

根据厂房控制桩 S、P、Q、R 的坐标,计算利用直角坐标法进行测设时,所需测设数据,计算结果标注在图 8-26 中。

(2)厂房控制点的测设

①从 F 点起沿 FE 方向量取 36m,定出 a 点;沿 FG 方向量取 29m,定出 b 点。

②在 a 与 b 上安置经纬仪,分别瞄准 E 与 F 点,顺时针方向测设 90°,得两条视线方向,沿视线方向量取 23m,定出 R、Q 点。再向前量取 21m,定出 S、P 点。

③为了便于进行细部的测设,在测设厂房矩形控制网的同时,还应沿控制网测设距离指标桩,距离指标桩的间距一般等于柱子间距的整倍数。

(3)检查

①检查 $\angle S$、$\angle P$ 是否等于 90°,其误差不得超过 ±10″。

②检查 SP 是否等于设计长度,其误差不得超过 1/10 000。

以上这种方法适用于中小型厂房,对于大型或设备复杂的厂房,应先测设厂房控制网的主轴线,再根据主轴线测设厂房矩形控制网。

3. 厂房柱列轴线与柱基施工测量

(1)厂房柱列轴线测设

根据厂房平面图上所注的柱间距和跨距尺寸,用钢尺沿矩形控制网各边量出各柱列轴线控制桩的位置,如图 8-27 中的 1′、2′、…,并打入大木桩,桩顶用小钉标出点位,作为柱基测设和施工安装的依据。丈量时应以相邻的两个距离指标桩为起点分别进行,以便检核。

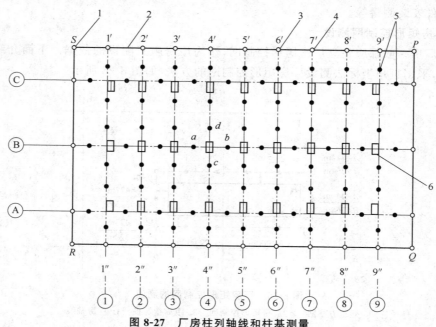

图 8-27　厂房柱列轴线和柱基测量
1. 厂房控制桩　2. 厂房矩形控制网　3. 柱列轴线控制桩
4. 距离指标桩　5. 定位小木桩　6. 柱基础

（2）柱基定位和放线

①安置 2 台经纬仪,在 2 条互相垂直的柱列轴线控制桩上,沿轴线方向交会出各柱基的位置（即柱列轴线的交点）,此项工作称为柱基定位。

②在柱基的四周轴线上,打入 4 个定位小木桩 a、b、c、d,如图 8-27 所示,其桩位应在基础开挖边线以外,比基础深度大 1.5 倍的地方,作为修坑和立模的依据。

③按照基础详图所注尺寸和基坑放坡宽度,用特制角尺,放出基坑开挖边界线,并撒出白灰线以便开挖,此项工作称为基础放线。

④在进行柱基测设时,应注意柱列轴线不一定都是柱基的中心线,而一般立模、吊装等习惯用中心线,此时,应将柱列轴线平移,定出柱基中心线。

（3）柱基施工测量

1）基坑开挖深度的控制。当基坑挖到一定深度时,应在基坑四壁,离基坑底设计标高 0.5m 处,测设水平桩,作为检查基坑底标高和控制垫层的依据。

2）杯形基础立模测量。

①基础垫层打好后,根据基坑周边定位小木桩,用拉线吊锤球的方法,把柱基定位线投测到垫层上,弹出墨线,用红漆画出标记,作为柱基立模板和布置基础钢筋的依据。

②立模时,将模板底线对准垫层上的定位线,并用锤球检查模板是否垂直。

③将柱基顶面设计标高测设在模板内壁,作为浇灌混凝土高度的依据。

4. 厂房预制构件安装测量

主要是柱子安装测量、吊车梁安装测量、屋架安装测量等,参照本章第五节相关内容。

5. 烟囱、水塔施工测量

烟囱和水塔的施工测量相近似,现以烟囱为例加以说明。烟囱是截圆锥形的高耸构筑物,其特点是基础小,主体高。施工测量工作主要是严格控制其中心位置,保证烟囱主体竖直。

(1)烟囱的定位、放线

1)烟囱的定位。烟囱的定位主要是定出基础中心的位置。定位方法如下:

①按设计要求,利用与施工场地已有控制点或建筑物的尺寸关系,在地面上测设出烟囱的中心位置 O(即中心桩)。

②如图 8-28 所示,在 O 点安置经纬仪,任选一点 A 作后视点,并在视线方向上定出 a 点,倒转望远镜,通过盘左、盘右分中投点法定出 b 和 B;然后,顺时针测设 $90°$,定出 d 和 D,倒转望远镜,定出 c 和 C,得到两条互相垂直的定位轴线 AB 和 CD。

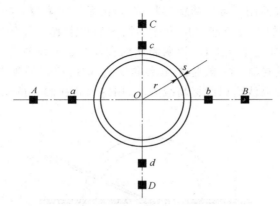

图 8-28　烟囱的定位、放线

③ A、B、C、D 4 点至 O 点的距离为烟囱高度的 $1\sim1.5$ 倍。a、b、c、d 是施工定位桩,用于修坡和确定基础中心,应设置在尽量靠近烟囱而不影响桩位稳固的地方。

2)烟囱的放线。以 O 点为圆心,以烟囱底部半径 r 加上基坑放坡宽度 s 为半径,在地面上用皮尺画圆,并撒出灰线,作为基础开挖的边线。

(2)烟囱的基础施工测量

1)当基坑开挖接近设计标高时,在基坑内壁测设水平桩,作为检查基坑底标高和打垫层的依据。

2)坑底夯实后,从定位桩拉两根细线,用锤球把烟囱中心投测到坑底,钉上木桩,作为垫层的中心控制点。

3)浇灌混凝土基础时,应在基础中心埋设钢筋作为标志,根据定位轴线,用经纬仪把烟囱中心投测到标志上,并刻上"+"字,作为施工过程中,控制筒身中心位置的依据。

(3)烟囱筒身施工测量

1)引测烟囱中心线。在烟囱施工中,应随时将中心点引测到施工的作业面上。

①在烟囱施工中,一般每砌一步架或每升模板 1 次,就应引测 1 次中心线,以检核该施工作业面的中心与基础中心是否在同一铅垂线上。引测方法如下:

在施工作业面上固定一根枋子,在枋子中心处悬挂 $8\sim12$ kg 的锤球,逐渐移动枋子,直到锤球对准基础中心为止。此时,枋子中心就是该作业面的中心位置。

②另外,烟囱每砌筑完 10m,必须用经纬仪引测 1 次中心线。引测方法如下:

如图 8-28 所示,分别在控制桩 A、B、C、D 上安置经纬仪,瞄准相应的控制点 a、b、c、d,将轴线点投测到作业面上,并作出标记。然后,按标记拉 2 条细绳,其交点即为烟囱的中心位置,并与锤球引测的中心位置比较,以作校核。烟囱的中心偏差一般不应超过砌筑高度的 $1/1\ 000$。

③对于高大的钢筋混凝土烟囱,烟囱模板每滑升 1 次,就应采用激光铅垂仪进行 1 次烟囱的铅直定位,定位方法如下:

在烟囱底部的中心标志上,安置激光铅垂仪,在作业面中央安置接收靶。在接收靶上,显示的激光光斑中心,即为烟囱的中心位置。

④在检查中心线的同时,以引测的中心位置为圆心,以施工作业面上烟囱的设计半径为半径,用木尺画圆,如图 8-29 所示,以检查烟囱壁的位置。

2)烟囱外筒壁收坡控制。烟囱筒壁的收坡,是用靠尺板来控制的。靠尺板的形状,如图 8-24 所示,靠尺板两侧的斜边应严格按设计的筒壁斜度制作。使用时,把斜边贴靠在筒体外壁上,若锤球线恰好通过下端缺口,说明筒壁的收坡符合设计要求。

3)烟囱筒体标高的控制。一般是先用水准仪,在烟囱底部的外壁上,测设出 $+0.500$m(或任一整分米数)的标高线。以此标高线为准,用钢尺直接向上量取高度。

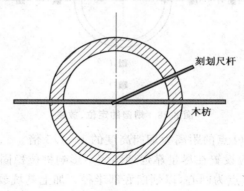

图 8-29 烟囱壁位置的检查

二、某电厂测量书

1. 适用范围

本方案为了保证某电厂 2×660MW 机组工程建造过程中,整个电厂施工范围内所有建、构筑物的土建、安装施工过程中的工程施工测量控制,以及钢结构安装以及设备、装置等精确定位而制定。

2. 编制依据

1)施工总平面布置图。

2)工程施工图纸和相关文件。

3)业主提供的原始点成果。

4)现行工程测量规范。

5)现行电力建设施工质量验收及评定规程(第Ⅰ部分土建工程)。

6)现行电力建设施工及验收技术规范。

3. 工程概况

某电厂为 $2×660MW$ 机组的大型火力发电厂,目标为建成国际先进技术的高效、环保、数字化示范燃煤电厂。此电厂位于××市××区××镇,现主要为农田及鱼塘,北侧紧濒长江。坐标系统:采用电厂厂区坐标系;高程系统:采用吴淞高程系。建设单位提供坐标控制点 E001($A=1763.22$,$B=1544.522$),E005($A=1758.96$,$B=1799.997$),E004($A=1051.338$,$B=1535.271$)进行了测量前的复测,并对测量结果进行了平差($5mm$)满足目前测设方格网的精度要求,故采用建设单位提供的坐标进行测设方格网。

4. 作业人员的要求

测量工作共设技术人员 4 名。

5. 测量仪器配备

测量仪器配备情况(表 8-3)。

6. 工作程序

(1)仪器的管理

1)仪器的检验和校正。

①周期性检定。全站仪、经纬仪、水准仪、钢卷尺等,全部测量仪器,必须经国家授权计量检测单位检定、进行刻划比较标定,并提供书面检定证书和检测记录报告,检定证书及检测报告原件留存测量组,复印件交业主、监理公司及计量科。检定不合格的仪器修理后仍无法满足要求的,则撤出施工现场或封存并隔离。所有的测量仪器必须分类贴好标识。以上在该电厂控制网测设所用仪器全部符合规定,检定证书及检测记录报告资料齐全。

表 8-3 测量仪器配备表

序号	仪器名称	仪器型号	标称精度	生产厂家	备注
1	全站仪	TC1800	$1''1+2PPm$	瑞士	1 台
3	经纬仪	J2	2″	苏州一光	1 台
5	水平仪	NA2+GPM3	S1	瑞士	配 3m、2m 钢瓦尺
7	水平仪	DSZ2	S1.5	苏州一光	1 台
8	钢卷尺	50m	1mm	日本	1 把
9	钢卷尺	50m	1mm	长城	2 把

②例行性检校。除上述周期性检定外,还应在控制网测设开始前或定期对测量仪器作如下例行性检校。

经纬仪的检校包括圆水准器、长水准管的检校;水准管轴垂直于竖轴的检校;横轴垂直于竖轴的检校;视准轴垂直于横轴的检校;十字丝竖丝垂直于望远镜横轴的检校;垂直度盘指标差的检校;光学对点器的检校。

水准仪的检校包括圆水准器轴的检验;望远镜十字丝横丝水平的检验;角的测定与校正;对于自动安平水准仪补偿器有效性检验。

2)仪器的使用、维护与保养。

①装卸仪器时,注意轻拿轻放,放正,不挤不压。

②太阳照射下及雨天观测时,应打测伞,光滑地面作业时,要有防滑措施。

③光学元件应保持清洁,禁止任意拆卸仪器。

④仪器应有专人负责保管使用,并放置在专门的地方。

⑤所有测量仪器和附件应有专门存放仪器的房间,房间内应通风、干燥、温度稳定。仪

器柜不得靠近明火,柜内应摆放干燥剂。脚架一般应横放在特制的搁架上。

3)测量仪器领用。测量仪器应建立完善的领用制度,测量仪器由测量组管理,各部门借领测量仪器须填写借领登记表,领用仪器均归自己部门使用,不许借给其他部门。

(2)控制网点布设

控制网布设如图 8-30 所示。

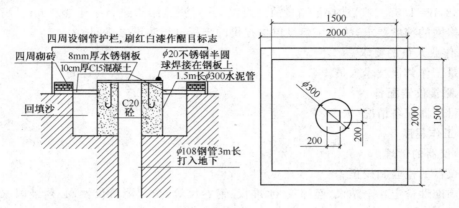

图 8-30　控制网布设

(3)控制网的施测

1)根据施工总平面图采用先整体后局部的施测布设方法设计控制网桩的设计坐标,然后进行大概定位、埋桩、精密定位、精测桩位、标志改正,方格网先作外围四角四边观测,然后向内逐渐推进,使之点位误差控制在最低程度上。在外围方格网边上,按距离进行内插或外延,得出中间或外延方格网点。根据对应边上相应的方格网点分别用方向、距离交会法定出中间或延长方格网点。这种方法即减少了测角工作量,又提高方格网的整体精度。观测精度应满足以下要求:主控制网直接采用一级小三角测量技术要求进行测量,即在每一点上观测能够通视的相邻控制点的角度和距离,并采用平差软件进行平差计算。

使用仪器为 TC1800 型全站仪。

方法按一级导线或边角要求进行观测,测角二测回,技术要求如下:

①测角。

半测回归零差 8″。

2C 差变动范围 13″。

同一方向值各测回较差 9″。

②测边。距离测量一测回,读 3 次数并对向观测。

根据观测成果利用 NASEW 平差软件做网平差计算进行平差调整,算出各方格网点坐标值,然后,按相应的设计坐标值进行改正,最后钻 1mm 孔作标定。

2)第二级控制网。根据第一级控制网成果及各厂房施工图和总平面图进行布设网,确定本工程建构筑物每根轴线的位置,二级网直接沿四周方格网边布置,方格网四角点作为二级网的高一级控制,减少二级网轴线测量层次,并提高了二级网的测设精度。二级网的控制边与方格网的边一并布设,便于定期作桩位复测和桩位移后的点位修正,保证了相邻轴线的连接。施工过程中还应经常保护、复核。确保轴线的准确性。桩位结构同方格网。由于二级网布桩间距较短精度要求高,所以,二级网的施测精度和要求同一级网的施测。

3）高程控制网。高程控制网系统设置在方格网和厂房轴线桩桩顶上（在桩上预埋 $\phi20$ 的不锈钢圆球）。

高程控制网采用精密水准测量方法按二等闭合水准要求从业主提供的高程控制点引测。观测精度应满足以下要求：

仪器为精密水准仪，配备一对 3m、2m 铟瓦尺。

方法采用往返观测最大视距不超过 35m，前、后视等距。

（4）沉降观测

为保证本期工程施工质量和以后机组安全运行在施工期间必需进行沉降观测。

1）沉降观测控制点布设。沉降观测控制点是建立在各厂房周围附近，埋设深度达到冰冻线 0.5m 以下。原始基准点选用设计院提供的导线点。按照 DL5001 要求，沉降观测控制点应按一等水准要求测量，且整数量不少于 3 个。

2）沉降观测控制点观测周期要求。施工期间建筑物沉降观测周期是建筑物每增加 1～2 层应观测 1 次，总观测次数不应少于 6 次。直至竣工移交。重设备吊装前后应各进行一次沉降观测工作。

3）土建施工中不能随意更改设计图纸中沉降观测点位置，沉降观测点及其保护装置的制作与埋设，严格按设计要求去做。如果设计点位因各种因素不能立尺观测时，要以变更形式报监理、业主。

4）观测精度应满足以下要求：

①仪器为精密水准仪，配备一对 3m 铟瓦尺。

②采用闭合观测视距不超过 25m，前、后视等距。

③计算及成果整理。

5）观测结束要检查记录后利用 NASEW 平差软件做网平差计算并注明荷重情况和画出沉降量曲线图。

6）观测过程中应按"沉降观测的四定"要求进行组织观测：固定人员观测和成果整理；使用固定的仪器和水准尺；使用固定的水准基点；按规定的方法及路线进行观测。

7）沉降观测的首次观测精度必须要提高。在结构拆模后，立即进行沉降观测点的设置，并按规范要求测定其初值可按二组独立观测的平均值确定。

（5）结构定位放线

结构定位放线原则上用该二级网点进行，都必需有 1 个以上的多余观测，以便检核。

（6）桩位定期复测

施工现场的建筑方格网及高程控制网在基础打桩完大面积土方开挖后及时复测 1 次，施工期间做到每 3 个月复测 1 次，因特殊原因桩位移位较大时及施工重要节点施工前可增加复测次数。

7. 安全管理及防护技术措施

1）所有作业人员都必须经过公司安全部门进行三级安全教育合格后方可进入作业现场，贯彻"安全第一，预防为主"的安全生产方针，使每一位作业人员都应对自己的全部工作负有安全责任，做到思想到位、组织到位、措施到位、压力到位。

2）进入作业现场的施工人员必须正确佩戴安全帽，严禁穿拖鞋、凉鞋、高跟鞋或带钉的鞋进入作业现场，严禁酒后进入作业现场。

3）加大反习惯性违章的力度,加强思想工作和安全教育,增强职工的安全意识,提高工作责任心,使每个职工变习惯性违章为自觉遵守规程。

4）施工控制桩坑挖好立即将混凝土浇筑完并马上用直径 48mm 钢管搭设直径 2m 的护栏。

5）所有搭设护栏均需横平竖直,刷红白漆作醒目标志,并挂设统一的桩位标志牌。

6）测量桩位点的周围应留出 5m 安全控制范围,此范围内不准取土或堆土及堆放材料和设备,以保证视线畅通。

7）沉降观测架设仪器时应将仪器架在固定楼板下。在各建筑物施工过程中的沉降观测应尽量避免与土建施工立体交叉作业,无法错开的时应及时通知施工单位商定工作时间。进行沉降观测时应设专人监护。

8）仪器的安全性防护。

①架设仪器时应将仪器架在固定安全可靠的地方。

②仪器使用时,要有专人看管。

③装卸仪器时,注意轻拿轻放,放正,不挤不压。

④太阳照射下及雨天观测时,应打测伞,光滑地面作业时,要有防滑措施。

⑤仪器运输过程中,必须手提、抱等,禁止置于有振动的车上。

8. 资料提供

方格网资料以定位记录格式传送,结构定位放线以验评资料格式传送。厂区控制测量成果完成后,应形成测量成果报告。

9. 成品保护

为加强对测量成果的管理,保证测量成果的合理利用,测量桩位点的周围应留出 3m 安全控制范围,此范围内不准取土或堆土及堆放材料和设备,以保证视线畅通。为防止施工车辆碰撞测量桩位点用钢管加以围护、保管,并设立明显的测量标志和标记以确保其安全性、准确性和可靠性。

第九章　高层建筑施工测量

第一节　高层建筑测量定位

一、方格网测设

施工控制网的建立与高层建筑的施工方法密切相关,一般应在总平面布置图上进行设计。由于打桩、基础开挖和浇筑基础等施工环节对于控制网的影响较大,所以,施工测量控制网应测设在基坑开挖范围以外一定距离,不仅要经常复测校核控制网,还要随着施工的进行,逐渐将控制点延伸到施工影响区域外和测量比较方便的地方。

图 9-1 为某高层建筑工程的施工控制网。图中的"○"为施工控制点,"▶"为轴线控制标志,作为施工控制方向。随着建筑物的不断升高,在施工控制点上设站测量轴线有困难,这时可利用延长至远方的轴线标志,再设站测设轴线。为简化设计点的坐标计算和现场施工放样的方便,一般应建立独立的直角坐标系统,即高层建筑的施工坐标系,其坐标轴的方向应严格平行于建筑物的主轴线。高层建筑施工现场上的高程控制点,应符合稳定、坚固和便于使用的原则,同时应联测到国家水准点或城市水准点上。为保证高程的准确性,在施工过程中应定期对水准点进行复测校核,以便发现问题及时纠正。

二、主轴线测设

在施工控制方格网的四边上,根据建筑物主要轴线与方格网的间距,测定主要轴线的控制桩。在进行测设时,要以施工控制方格网各边的两端控制点为准,并用经纬仪定线和钢尺丈量距离来打桩定点。测设好这些轴线控制桩后,在高层建筑的施工过程中,便可方便、准确地确定建筑物的四个主要角点。除了建筑物的四廓轴线外,建筑物的中轴线等重要的轴线,也应在施工控制方格边线上测设出来,与四廓的轴线一起称为施工控制方格网中的控制线,一般要求控制线的间距为 30～50m。控制线的增多可为以后测设细部轴线带来方便,施工控制方格网控制线的测距精度应不低于 1/100000,测角精度应不低于 $\pm 10''$。

如果高层建筑施工中准备采用经纬仪法进行轴线的测设,还应把测定轴线的控制桩,向更远处、更安全稳固的地方引测,这些控制桩与建筑物的距离应大于建筑物的高度,以避免用经纬仪测设时仰角太大,不便于进行观测。

软土地基地区的高层建筑常采用桩基,一般打入钢管桩或钢筋混凝土方桩。由于高层建筑的上部荷载主要由桩基承担,所以,对于桩基位置要求比较高,按规定,钢管桩和钢筋混凝土桩的定位偏差不得超过 0.5D(D 为圆柱桩的直径或方桩边长)。为了准确地定出桩位,首先应根据控制点定出建筑物的主轴线,再根据设计的桩位图和尺寸,逐一定出各根桩的桩位。对于定出的桩位,要反复校核桩位之间的尺寸,以防止出现错误。

高层建筑的桩基础和箱形基础,其基坑的深度都很大,有的甚至可达几十米,对于这样的深基坑,在进行开挖时,应根据现行施工规范和设计规定的精度完成土方工程。

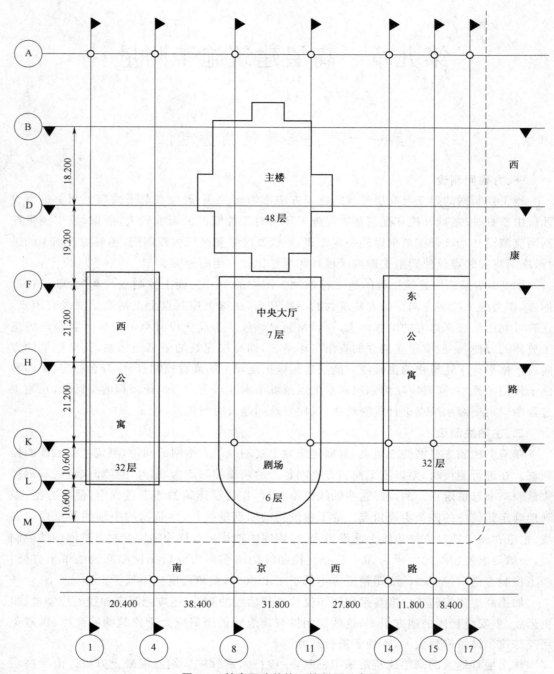

图 9-1　某高层建筑施工控制网示意图

第二节　高层建筑基础测量

一、基坑边线测设

1)为充分利用建筑物地下空间和增加上层建筑的稳定性,高层建筑一般都设置地下室,这就不可避免地遇到基坑开挖问题。

2）在基坑正式开挖前，首先，根据建筑物的轴线控制桩，确定 4 个角的桩及建筑物的外围边线；然后根据基坑中的土壤种类，确定基坑开挖时的坡度。

3）再根据基础施工所需要的工作面宽度，最后综合基坑开挖的边线，并用石灰撒出其开挖线。

二、基坑开挖的测量

1）高层建筑的基坑一般都比较深，需要放出坡度并进行边坡的支护加固。为准确和科学地进行开挖，在开挖的整个过程中，需要进行精心地测量。

2）除了用水准仪控制开挖深度外，还应经常用经纬仪或拉线检查边坡的情况，防止出现基坑底部的边线内收，从而导致基础的尺寸不满足设计的要求。

3）在基坑开挖的测量工作中，首先要特别注意所用测量仪器的精度必须满足要求，其次要随时观察基坑在开挖中的变化，尤其是当基坑开挖至最底部时，应当加大对基坑的标高和尺寸的测量频率。

三、基础放线

基坑开挖完成后，要按照设计要求进行检查，完全符合设计要求后，可按以下 3 种方法对基坑进行处理，并做好测量工作：

1）在基坑内直接打垫层，然后做箱形基础或筏形基础，这时要求在垫层上测定基础的各条边界线、梁轴线、墙体宽度线和桩位线等。

2）在基坑底部按设计要求打桩或挖孔，进行桩基础的施工，这时要求在基坑底部测设各条轴线和桩孔的定位线，桩基完成后，还要测设桩承台和承重梁的中心线。

3）先在基坑内做桩基础，然后，在桩上做箱形基础或筏形基础，从而组成复合基础，这时的测量工作是前两种情况的结合。

4）在测设轴线时，有时为了通视和测量距离的方便，不一定是测定真正的轴线，而是测设轴线的平行线，这种做法在施工现场必须标注清楚，以避免在施工中用错。另外，一些基础桩、梁、柱、墙的中线不一定与建筑轴线重合，而是偏移某个尺寸，要认真按照图纸进行测定，防止出现错误，如图 9-2 所示。

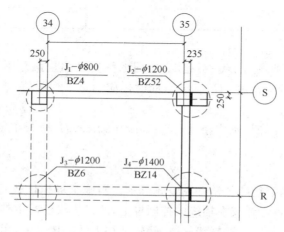

图 9-2　有偏心桩的基础平面图

5)如果是在垫层上进行放线,可把有关轴线和边线直接用墨线弹在垫层上,由于基础轴线的位置决定整个高层建筑的平面位置和尺寸,在测量放线时要严格校核,以便确保其测量精度。

6)如果是在基坑底部做桩基,在测设轴线和桩位时,宜在基坑护壁上设置立轴线控制桩,以便能保留较长时间,也便于施工时用来复核桩位和测设桩顶上的承台和基础梁等。

从地面上往基坑内测定轴线时,一般是采用经纬仪投测法。由于此种投测法的俯角较大,为了减少测量误差,每个轴线的点均按盘左、盘右方法各测量1次,然后取其中数。

四、基础标高测设

1)在基坑开挖完成后,应及时用水准仪根据地面上的±0.000水平线,将高程引测到基坑的底部,并在基坑护坡的钢板或混凝土桩上做好标高为负的整米数的标高线。

2)对于深度较深的基坑,在引测时应多设几站进行观测,也可以用悬吊钢尺代替水准尺进行观测。

第三节 高层建筑的轴线测量

一、轴线测定的精度要求

1)随着高层建筑物设计高度的增加,在施工中对竖向偏差的控制要求也不断提高,轴线竖向测定的精度必须与其相适应,以保证工程的施工质量。

2)我国现行的高层建筑施工规范中,不同结构和不同施工方法的高层建筑,对于竖向精度有不同的要求,施工时应符合表9-1中的规定。

表 9-1 高层建筑竖向及标高施工偏差限差 (mm)

结构类型	竖向施工偏差限差		标高偏差限差	
	每层	全高	每层	全高
现浇混凝土	8	$H/1000$(最大30)	±10	±30
装配式框架	5	$H/1000$(最大20)	±5	±30
大模板施工	5	$H/1000$(最大30)	±10	±30
滑动模板施工	5	$H/1000$(最大50)	±10	±30

注:H 为建筑物的总高度。

3)为了保证总的竖向施工误差不超限,层间的垂直度测量偏差不应超过3mm,建筑物全高垂直度测量偏差不应超过$3H/10000$,同时还应满足下列限值:当$30m < H \leq 60m$时,不应超过±10mm。

4)当$60m < H \leq 90m$时,不应超过±15mm;当$90m < H$时,不应超过±20mm。

二、轴线测定方法

1. 经纬仪法

1)高层建筑轴线测定经纬仪法如图9-3所示。当施工场地比较宽阔时,可以选用经纬仪法进行竖向投测,安置经纬仪在轴线的控制桩上,严格将仪器对中整平。

2)以盘左照准建筑物底部的轴线标志,轻轻地往上转动望远镜,用镜中的竖向丝线指挥在施工层楼面的边缘上画一点。

3）以盘右再次照准建筑物底部的轴线标志，同样在该处楼面的边缘上画出另一点，取2点的中间点作为轴线的端点，其他轴线端点的测定与此法相同。

4）当高层建筑的层数较多时，经纬仪在观测时的仰角较大，操作起来很不方便，也容易产生较大的误差，应用经纬仪将轴线的控制桩测定至较远且稳固的地方，一般应大于建筑物的高度，然后再向更高处测定。

5）如果施工现场的空地很小，经纬仪在地面上无法进行竖向轴线测定，可以将控制桩测定至工地附近的房顶上，如图9-4所示。

6）先在轴线控制桩 A_1 上安置经纬仪，照准建筑物底部的轴线标志，将轴线投测到楼面上 A_2 点处，然后在 A_2 点处安置经纬仪，照准 A_1 点。

7）将轴线投测到附近建筑物的屋顶上 A_3 点处，以后在 A_3 点处安置经纬仪，就可以测定更高楼层的轴线。

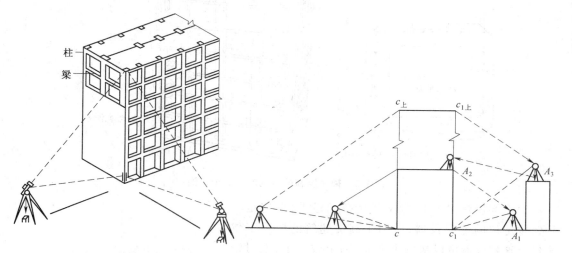

图 9-3　经纬仪法轴线竖向测定　　　　图 9-4　减小经纬仪仰角的方法

8）采用经纬仪法进行高层建筑轴线测定时，应注意如下事项：

①在采用经纬仪传递时，应选用测量精度较高的经纬仪，最好将此经纬仪作为轴线和标高传递的专用仪器，不能再用来进行其他方面的测量。另外，在每次观测传递时，对于仪器对中、调平的操作应认真细致、严格要求，以达到精确无误。

②结合结构施工高度的上升、荷载的增加，还应配合建筑的沉降进行观测。如发现有不均匀沉降，应立即报告有关部门，以便采取适当措施。

③在向每高一层楼层进行传递时，每次应向下观测以下各层的传递点标记是否在同一条竖向垂直线上。经检查发现异常，或偏离竖直线较大，应立即查找原因，如仪器是否正常、对中和调平有无问题等。查明原因后应立即纠正，防止传递偏差增大而造成高层施工垂直度偏差超过规范允许值。

④传递观测要选择在无风及日光不强烈的天气进行，避免因自然条件差而给观测带来困难，防止传递精度下降。

⑤当所有的主轴线测定上来后，应进行角度和距离的检查复核，合格后再以主轴线为依据测定其他的轴线。为了保证轴线测定的质量，所用的仪器必须经过严格的检验和校正，测

定时宜选择阴天、早晨和无风的时候进行,以尽量减少日照及风力带来的不利影响。

2. 垂准仪法

垂准仪法就是利用能提供铅直向上或向下视线的专用测量仪器,进行竖直方向的投测。常用的仪器有垂准经纬仪、激光经纬仪和激光铅垂仪等。用垂准仪法进行高层建筑的轴线投测,具有占地小、精度高、速度快等优点,在高层建筑施工中得到广泛应用。

1)先在建筑底层设置轴线控制网,建立稳固的轴线标志,在标志上方每层楼板都要预留 30cm×30cm 的孔洞,以便供视线通过,如图 9-5 所示。

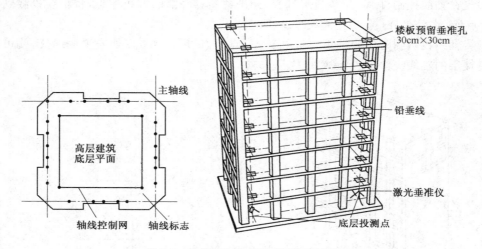

图 9-5　轴线控制桩与投测孔洞示意图

2)垂准仪法最常用的仪器是激光铅垂仪,这是一种铅垂定位的专门仪器,适用于高层建筑的铅垂定位测量。这种仪器可以从两个方向(向上或向下)发射铅垂激光束,以此作为铅垂基准线,精度比较高,操作也简单。

3)激光铅垂仪的构造比较简单,主要由氦氖激光器、竖轴发射望远镜、水准管、基座等部分组成(图 9-6)。

4)激光器通过两组固定螺钉固定在套筒内。竖轴是一个空心筒轴,两端有丝扣用来连接激光器套筒和发射望远镜,激光器装在下端,发射望远镜装在上端,即构成向上发射的激光铅垂仪。

5)倒过来安装即成为向下发射的激光铅垂仪。

6)用这种方法必须在首层面层上做好平面控制,并选择 4 个比较合适的位置作为控制点(图 9-7),中心用"十"字进行控制。

7)为方便激光铅垂仪的测量,在浇筑上升的各层楼面时,必须在相应的位置预留 200mm×200mm 与首

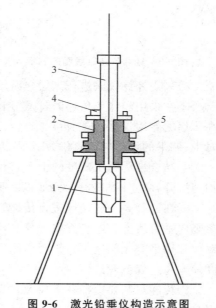

图 9-6　激光铅垂仪构造示意图
1. 氦氖激光器　2. 竖轴　3. 发射望远镜
4. 水准管　5. 基座

层上控制点相对应的小方孔,以保证能使激光束垂直向上穿过预留孔。

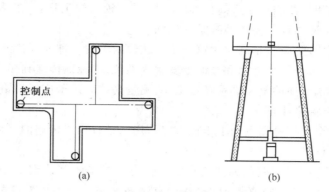

图 9-7　激光铅垂仪测量内控制布置示意图
（a)控制点设置　（b)垂向预留孔设置

8)采用激光铅垂仪进行测量时,在首层控制点上架设激光铅垂仪,将仪器对中、整平后启动电源,使激光铅垂仪发射出可见的红色光束,投射到上层预留孔的接收靶上,查看红色光斑点离靶心最小之点,此点即为第二层上的 1 个控制点。

其余的控制点用同样方法向上进行传递。

9)激光铅垂仪的投点操作具体要求。在采用激光铅垂仪进行轴线传递时,应注意以下事项:

①激光束要通过地方的楼面处,施工时安装模板预留孔洞的大小,以能放置靶标盘大小为限,千万不能太大,过大靶标盘放置比较麻烦。

②预留孔洞应留成倒锥形,以便完工后进行堵塞。

③平时不用时,应用钢板或木盖将洞盖好,保证施工安全。

④用来做激光靶标盘的材料应是半透明的,以便在上面形成光斑,使在楼面上的人看得清楚。

⑤靶标盘应做成 5mm 方格网,使光斑居中后可以按线引入洞口,作为形成楼面坐标控制网的依据。

⑥要检查复核楼面传递点形成的坐标控制网与首层坐标控制网的尺寸、关系是否一致。

⑦如有差错或误差,应找出原因,并及时加以纠正,从而保证测量精度。

⑧当高层建筑施工至 5 层以上时,应结合建筑沉降观测的数据,检查沉降是否均匀,以免因不均匀沉降而造成传递偏差。

⑨每一楼层的传递,应当在一个作业班内完成,并经质量检查员等有关人员复核,确认确实无误后,方可进行楼面的放线工作。

⑩每层的传递均应作测量记录,并应及时整理形成技术资料,妥善保存,以便检查、总结和研究用。

整个工作完成之后,可作为技术档案保存归档。

第四节　高层建筑的高程传递

高层建筑的高程传递精度高低,不仅直接影响高层建筑的施工质量,而且直接影响建筑物的使用功能。在高层建筑的施工过程中,其高程传递的方法很多,如悬吊钢尺传递高程、钢尺直接测量传递和仪器测量传递高程等。精度要求较高的工程,一般多采用仪器测量传递高程,仪器测量传递高程与传递轴线基本相同。

利用悬吊钢尺传递高程,是高层建筑施工中比较简单的一种高程传递方法,即在外墙或楼梯间悬吊 1 根钢尺,分别在地面和楼面上安置水准仪,将标高传递到楼面上。

1)用于高层建筑传递的钢尺必须经过检验,测量高差时尺子应保持铅直,下部要施加规定的拉力,并应进行温度改正。

2)一般需要 3 个底层标高点向上传递,最后,用水准仪检查传递的高程点是否在同一水平面上,误差不超过±3mm。

3)悬吊钢尺传递高程的做法如图 9-8 所示。当一层墙体砌筑到 1.5m 标高后,用水准仪在内墙上测设一条+50mm 的标高线,作为首层地面施工及室内装修的依据。以后每砌筑一层,就通过悬吊钢尺从下层的+50mm 标高线处向上量出设计层高,再测出上一层的+50mm 标高线,以此逐层向上测设。

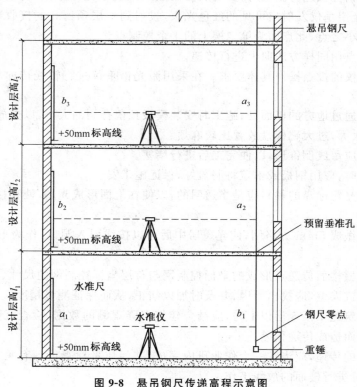

图 9-8 悬吊钢尺传递高程示意图

第五节 某高层住宅楼施工测量案例

一、编制依据

1)《工程测量规范》。

2)《建筑工程施工测量规程》。

3)《建筑安装工程资料管理规程》。

4)由×××市筑博工程设计有限公司设计的《××·××1号花园三期高层施工图纸》。

5)《××·××1号花园××1-7栋、××-5栋施工组织设计》。

二、工程概况

××·××1号花园工程××1-7栋、××-4栋位于××市××科技产业园区,东临××高速,毗邻××烟雨风景区,与××管理委员会、××大酒店隔湖相望;××1号花园××1-7栋、××-4栋在新竹路路旁,依山傍水,空气清新。适宜旅游、居住。本方案所含楼栋为××1-7栋、××-4栋共11栋高层(小高层),各下设1层地下室车库,总建筑面积为78707m²,主体为框架剪力墙结构。

三、施工部署

1. 施工程序

准备工作→测量作业→自检→报检,合格之后进入下道工序。

2. 施工测量组织工作

由项目技术部专业测量人员成立测量小组,根据甲方给定的坐标点和高程控制点进行工程定位、建立轴线控制网。按规定程序检查验收,对施测组全体人员进行详细的图纸交底及方案交底,明确分工,所有施测的工作进度及逐日安排,由组长根据项目的总体进度计划进行安排。

四、施工测量的基本要求

1. 施测原则

1)严格执行测量规范,遵守先整体后局部的工作程序,先确定平面控制网,后以控制网为依据,进行各局部轴线的定位放线。

2)必须严格审核测量原始数据的准确性,坚持测量放线与计算工作同步校核的工作方法。

3)定位工作执行自检、互检合格后再报检的工作制度。

4)测量方法要简捷,仪器使用要熟练,在满足工程需要的前提下,力争做到省工省时省费用。

5)明确为工程服务,按图施工,质量第一的宗旨。紧密配合施工,发扬团结协作、实事求是、认真负责的工作作风。

2. 准备工作

1)全面了解设计意图,认真熟悉与审核图纸。施测人员通过对总平面图和设计说明的学习,了解工程总体布局,工程特点,周围环境,建筑物的位置及坐标,其次了解现场测量坐标与建筑物的关系,水准点的位置和高程以及首层±0.000的绝对标高。在了解总图后认真学习建筑施工图,及时校对建筑物的平面、立面、剖面的尺寸、形状、构造,它是整个工程放线的依据,在熟悉图纸时,着重掌握轴线的尺寸、层高,对比基础,楼层平面,建筑、结构几者之间轴线的尺寸,查看其相关之间的轴线及标高是否吻合,有无矛盾存在。

2)测量仪器见表9-2。

表 9-2　本项目用测量仪器

序号	名称	数量	精度		产地或品牌	备注
			测角	测距		
1	全站仪	1 台	2″	（2＋PPmXP）m	苏州一光	已送检
2	激光铅垂仪	1 台	合格		苏州福田	已送检
3	光学经纬仪	1 台	2″级		北京光学仪器厂	已送检
4	水准仪	2 台	S3 级		SOKKIAC32Ⅱ	已送检
5	50m 钢卷尺	2 把	1mm		东莞	已送检
6	7.0m 钢卷尺	5 把	1mm		东莞	已送检
7	5m 钢卷尺	10 把	1mm		东莞	已送检
8	对讲机	3 台			深圳	
9	墨斗	4 个				

3）测量的基本要求。测量记录必须原始真实、数字正确、内容完整、字体工整，测量精度要满足要求。根据现行测量规范和有关规程进行精度控制。根据工程特点及现行《工程测量规范》，此工程设置精度等级为二级，测角中误差 20″，边长相对误差 1/5000。

五、工程定位与控制网测设

1. 工程定位

根据××市东城规划部门提供的控制点和水准点。按照所计算的建筑物主轴线坐标点进行轴线定位。由于本工程占地面积较大，建筑物数量多，因此，必须进行整个场区的平面控制网测设，以作为场区的整体控制，场区平面控制网是各栋建筑物平面控制的上一级控制，其设置必须结合各建筑物平面分布位置的特点来确定，本工程拟布置成建筑三角网和方格网。根据整体控制局部、高精度控制低精度的原则，以场区平面控制网作为各建筑物平面控制网的引测、控制基准。

2. 平面控制网测设

1）方格网的主轴线应尽可能选择在场区的中心线上（宜设在主要建筑物的中心轴线上）。其纵横轴线的端点应尽量延伸至场地边缘，既便于方格网的扩展又能确保精度均匀。

2）平面控制网的坐标系统与工程设计所采用的坐标系统相一致，布设呈矩形。

3）布设平面控制网首先根据设计总平面图、现场施工平面布置图。

4）选点应在通视条件良好、安全、易保护的地方。

5）桩位必须保护，需要时用钢管进行围护，并用红油漆作好标记。

6）控制网的测设方法是先测设主轴线，后加密方格网，并按导线测量进行平差。

7）本项目工程场区平面控制网点拟按 100m×100m 进行布测，并根据现场的各建筑物的布置进行适当的调整，作为本项目的一级控制网点，其余各单体建筑则根据一级网点进行引测。

8）一级控制网点的测放及各建筑物轴线控制网的引测主要采用全站仪进行，其余的测量放线则采用经纬仪、水准仪及钢尺进行施工测量。

9）按照《工程测量规范》要求，定位桩的精度要符合表9-3要求。

表 9-3　定位桩精度要求

等级	测角中误差（秒）	边长丈量相对中误差
一级	±7	1/30000

3. 高程控制网的布设

1）高程控制网的布设原则。

①为保证建筑物竖向施工的精度要求，在场区内建立高程控制网，以此作为保证施工竖向精度的首要条件。

②根据场区内规划局给定的路边高程点 27.023m 布设场区高程控制网。

③为保证建筑物竖向施工的精度要求，根据规划局给定的路边高程点 27.023m，在场区内建立高程控制网。先用水准仪进行复测检查，校测合格后，测设一条闭合水准路线，联测场区高程竖向控制点，即场区半永久性水准点 $M_1 = 29.700m$，以此作为保证竖向施工精度控制的首要条件，该点也作为以后沉降观测的基准点。

2）高程控制网的等级及技术要求。

①高程控制网的精度，不低于三等水准的精度。

②半永久性水准点位处于永久建筑物以外，一律按测量规程规定的半永久设水准点。

③桩的方式埋设，并妥善加以保护。

④引测的水准控制点，需经复测合格后方可使用。

⑤高程控制网技术要求。高程控制网的等级拟布设三等附合水准，水准测量技术要求见表9-4。

表 9-4　水准测量技术要求

等级	高差全中误差（mm/km）	路线长度（km）	与已知点联测次数	附合或环线次数	平地闭合差（mm）
三等	6	50	往返各一次	往返各一次	12

3）水准点的埋设及观测技术要求。

①水准点的埋设。水准点选取在土质坚硬，便于长期保存和使用方便的地方。墙水准点应选设在稳定的建筑物上，点位应位于便于寻找、保存和引测。

②水准点观测技术要求见表9-5。

表 9-5　水准点观测技术要求

等级	水准仪型号	前后长度（M）	前后视距较差（m）	前后视距累积差（m）	视线离地面最低高度（m）	基辅分划读数差（mm）	基辅分划所测高差之差（mm）
三级	SOKKIAC32 II	≤75	≤2	≤5	0.3	2.0	3.0

4. 桩的保护与备份

施工场地的平面控制桩和高程控制桩选择在不会受到损坏的地块进行牢固埋设，并做好埋设地点的标志记载。

标桩的做法如图9-9所示。

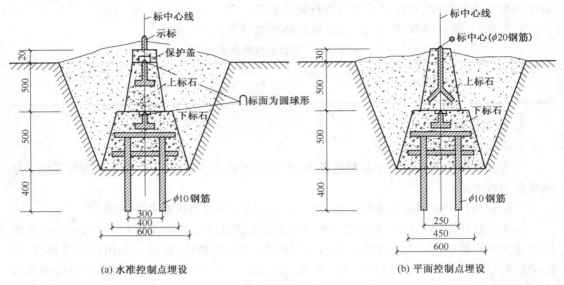

(a) 水准控制点埋设　　　　　　　　(b) 平面控制点埋设

图 9-9　标桩的做法

六、基础测量

1. 基础平面轴线投测方法

1）将全站仪架设基坑边上的轴线控制桩位上,经对中、整平后、后视同一方向桩(轴线标志),将所需的轴线投测到施工的平面层上、在同一层上投测的纵、横线各不得少于2条,以此作角度、距离的校核。一经校核无误后,方可在该平面上放出其他相应的设计轴线及细部线。在各楼层的轴线投测过程中,上下层的轴线竖向垂直偏移不得超过3mm。

2）在垫层上进行基础定位放线前,以建筑物平面控制线为准,校测轴线控制桩无误后,再用经纬仪以正倒镜挑直法投测各主控线,投测允许误差±2mm 垫层上建筑物轮廓轴线投测闭合,经校测合格后,用墨线详细弹出各细部轴线,暗柱、暗梁、洞口必须在相应边角,用红油漆以三角形式标注清楚。

3）轴线允许偏差见表9-6。

表 9-6　轴线允许偏差

$L<30\text{m}$	$\pm5\text{mm}$	$60<L\leqslant90\text{m}$	$\pm15\text{mm}$
$30<L\leqslant60\text{m}$	$\pm10\text{mm}$	$90<L$	$\pm20\text{mm}$

注:轴线的对角线尺寸,允许误差为边长误差的$\sqrt{2}$倍,外廓轴线夹角的允许误差为1″。

2. ±0.000 以下部分标高控制

1）高程控制点的联测:在向基坑内引测标高时,首先联测高程控制网点,以判断场区内水准点是否被碰动,经联测确认无误后,方可向基坑内引测所需的标高。

2）±0.000 以下标高的传递。施工时用钢尺配合水准仪将标高传递到基坑内,以此标高为依据,进行槽底抄平。并作相互校核,校核后三点的较差不得超过3mm,取平均值作为该平面施工中标高的基准点,基准点应标在便于使用和保存的位置,根据基坑情况,在基坑内将其引测至基槽外围砖胎模内侧壁,并标明绝对高程和相对标高,便于施工中使用。

墙、柱拆模后,应在墙柱立面抄测出建筑一米线。(一米线相对于每层设计标高而定)。

3)标高校测与精度要求。每次引测标高需要作自身闭合外,对于同一层分几次引测的标高,应该联测校核,测量偏差不应超过±3mm。

七、主体结构施工测量

1. 平面控制网的测设

1)±0.000以下墙体混凝土浇筑完毕后,根据场地平面控制网,校测建筑物轴线控制桩后,使用经纬仪将轴控线引弹到结构外立面上。一层墙拆模后,再引弹至墙顶。并弹出外墙大角30cm控制线。

2)浇筑一层顶板混凝土过程中,按照控制点预埋100mm×100mm×3mm铁板。二层楼面放线,依据外墙及东、北侧围墙上可以通视的主轴控制线进行施测,铁板上用钢针划出纵、横轴交叉线,并将交叉点处钻出2mm小孔作为标志。

3)上部楼层结构相同的部位留200mm×200mm的放线洞口以便进行竖向轴线投测。预留洞不得偏位,且不能被掩盖,保证上下通视。

4)二层楼面的轴网须认真校核,经复核验收方可向上投测。

5)二层楼面基点铁件上不得堆放料具,顶板排架避开铁件,确保可以架设仪器。

6)平面控制网根据结构平面确定,尽量避开墙肢,保证通视。

7)平面控制网布设原则:先定主控轴,再进行轴网加密。控制轴线满足下列条件:建筑物外轮廓线、施工段分界轴线、楼梯间电梯间两侧轴线。

2. 基准线竖向投测方法及技术要求

(1)基本要求

1)竖向投测精度取决于测量人员的技术素质和设备的技术的状态。从这两方面着手控制投测精度。

2)测量人员经技术培训,持证上岗。

3)测量人员施测前认真理解方案。

4)仪器需有检定合格证。

(2)竖向投测程序

1)将激光铅垂仪架设在二层楼面基准点,调平后,接通电源射出激光束。

2)通过调焦,使激光束打在作业层激光靶上的激光点最小、最清晰。

3)移动激光靶,使激光靶的圆心与轨迹圆心同心,后固定激光靶。在进行控制点传递时,用对讲机通信联络。

4)轴线点投测到楼层后,用光学经纬仪进行放线。

5)施工层放线时,应先在结构平面上校核投测轴线,闭合后再细部放线。室内应把建筑物轮廓轴线和电梯井轴线的投测作为关键部位。为了有效控制各层轴线误差在允许范围内,并达到在装修阶段仍能以结构控制线为依据测定,要求在施工层的放线中弹放下列控制线,所有细部轴线,墙体边线、门窗洞口边线。

3. 测量精度要求

1)距离测量精度:1/5000。

2)测角允许偏差:20″。

4. 垂直度控制

结构施工中每层施工完毕,应检测外墙偏差并记录,并每层检查门窗洞口净空尺寸偏差,同一外立面同层窗洞口高低偏差及各层同一部位窗洞口水平位移,弹外墙窗口边线竖直通线。

5. 标高竖向传递

(1)标高传递法

依据现场内 2 个永久标高控制点,每段在外墙设置 3 个标高控制点,一层控制点相对标高为+0.50m,引测至室外塔吊标准节上,室内引测至核心筒内,并用红油漆做好标识,注明标高尺寸。以上各层均以此标高线直接用 50m 钢尺向上传递,每层误差小于 3mm 时,以其平均点向室内引测+50cm 水平控制线,每层测控时按以上两点闭合复核,每 2 个标准层由底部±0.000 复核 1 次。抄平时,尽量将水准仪安置在测设范围内中心位置,并进行精密安平。

(2)标高传递技术要求

1)标高引至楼层后,进行闭合复测。

2)钢尺需有检定合格证。

3)钢尺读数进行温差修正。

4)标高允许误差。

层高 :±2mm。

全高 :3H/10000,且不应大于±10mm。

八、工程重点部位的测量控制方法

1. 建筑物大角铅直度的控制

首层墙体施工完成后,分别在距大角两侧 30cm 处外墙上,各弹出一条竖直线,并涂上 2 个红色三角标记,作为上层墙支模板的控制线。上层墙体支模板时,以此 30cm 线校准模板边缘位置,以保证墙角与下一层墙角在同一铅直线上。以此层层传递,从而保证建筑物大角的垂直度。

2. 墙、柱施工精度测量控制方法

为了保证剪力墙、隔墙和柱子的位置正确以及后续装饰施工的及时插入,放线时首先根据轴线放测出墙、柱位置,弹出墙柱边线,然后,放测出墙柱 30cm 的控制线,并和轴线一样标记红三角,每个房间内每条轴线红三角的个数不少于 2 个。在该层墙、柱施工完后要及时将控制线投测到墙、柱面上,以便用于检查钢筋和墙体偏差情况,以及满足装饰施工测量的需要。

3. 门、窗洞口测量控制方法

结构施工中,每层墙体完成后,用经纬仪投测出洞口的竖向中心线及洞口两边线横向控制线用钢尺传递,并弹在墙体上。室内门窗洞口的竖直控制线由轴线关系弹出,门窗洞口水平控制根据标高控制线由钢尺传递弹出。以此检查门、窗洞口的施工精度。

4. 电梯井施工测量控制方法

在结构施工中,在电梯井底以控制轴线为准弹测出井筒 300cm 控制线和电梯井中心线,并用红三角标识。在后续的施工中,每层都要根据控制轴线放出电梯井中心线,并投测到侧面上用红三角标识。

5. 楼层竖向标高控制方法

每层的标高点由底层复核后,引测至该层外墙内侧主筋上,高出该层 500mm,并用红油漆标识,梁板标高按引测标高牵引棉线,以此为基准校正构件标高。混凝土浇筑时,按此棉线控制梁板面标高,每层标高必须按此由质检和监理验收复核后方可进行下道工序施工。

九、质量保证措施

1)作业的各项技术按现行《建筑工程施工测量规程》进行。

2)测量人员全部持证上岗。

3)进场的测量仪器设备,必须检定合格且在有效期内,标识保存完好

4)施工图、测量桩点,必须经过校算校测合格才能作为测量依据。

5)所有测量作业完后,测量作业人员必须进行自检,自检合格后,上报质检员和责任工程师核验,最后向监理报验。

6)自检时,对作业成果进行全数检查。

7)核验时,要重点检查轴线间距、纵横轴线交角以及工程重点部位,保证几何关系正确。

8)滞后施工单位的测量成果应与超前施工单位的测量成果进行联测,并对联测结果进行记录。

9)加强现场内的测量桩点的保护,所有桩点均明确标识,防止用错和破坏。

十、施测安全及仪器管理

1)施测人员进入施工现场必须戴好安全帽。

2)在基坑边投放基础轴线时,确保架设的经纬仪稳定性。

3)二层楼面架设激光铅垂仪时,要有人监视不得有东西从轴线洞中掉落打坏仪器。

4)操作人员不得从轴线洞口上仰视,以免掉物伤人。

5)轴线投测完毕,须将洞上防护盖板复位。

6)操作仪器时,同一垂直面上其他工作要注意尽量避开。

7)施测人员在施测中应坚守岗位,雨天或强烈阳光下应打伞。仪器架设好,须有专人看护,不得只顾弹线或其他事情,忘记仪器不管。

8)施测过程中,要注意旁边的模板或钢管堆,以免仪器碰撞或倾倒。

9)所用线坠不能置于不稳定处,以防受碰被晃掉落伤人。

10)所有仪器必须每年鉴定 1 次,并经常进行自检。

11)仪器实行专人负责制,建立仪器管理台帐,由专人保管、填写。

12)仪器使用完毕后需立即入箱上锁,存放在通风干燥的室内。

13)测量人员持证上岗,严格遵守仪器测量操作规程作业。

14)使用钢尺测距须使尺带平坦,不能扭转折压,测量后应即卷起。

15)钢尺使用后表面有污垢及时擦净,长期储存时尺带涂防锈漆。

第十章　工程竣工测量

第一节　工程竣工测量的主要内容

一、竣工测量的概念

竣工测量根据测量的时期不同,可分为施工过程中的竣工测量和工程建设全部完成以后的竣工测量。

施工过程中的竣工测量,包括各工序完成后的检查验收测量和各单项工程完成后的竣工验收测量,它直接关系到下一个工序的施工进行,应与施工测量相配合。工程建设全部完成以后的竣工测量,是整个单项工程全部完成以后进行的全面性竣工验收测量,是在前者的基础上完成的,其中包括全部资料的整理,并建立工程竣工档案,作为有关部门进行工程全面验收和以后工程管理、工程改建或扩建的依据。

1)竣工测量可以利用施工期间使用的平面控制点和水准点进行施测。

2)原有的控制点不能满足竣工测量的要求时,应当根据需要补测控制点。

3)对于主要建筑物的墙角、地下管线的转折点、窨井中心、道路交叉点、架空管网的转折点、结点及烟囱、水塔中心等重要的竣工位置,应根据控制点采用极坐标法或直角坐标法等实测其坐标。

4)对于主要建(构)筑物的室内地坪、上水道管顶、下水道管底、道路变坡点等,可用水准测量方法测定其高程,一般地物、地貌可按照地形图要求进行绘制。

二、工程竣工测量的范围

建筑工程的竣工测量包括的范围比较广泛,根据竣工测量的重要性和作用,主要应包括以下几个方面:

1)一般工业与民用建筑。主要是测定房角的坐标及高程,对于较大的矩形建筑物,至少要测量 3 个主要房角坐标,小型房屋可测量其长边两个房间角点,并量出房屋的宽度标注于图上,还应测量各种管线进出口位置和高程。

2)线路。主要应测量线路的起始点、转折点、曲线起始点、曲线元素、交叉点坐标,另外还有桥涵等构筑物的位置和标高。

3)地下管线。主要测量地下管线转折点、起始点及终点的坐标,测量、检查井旁地面、井盖、井底、沟槽、井内敷设物和管顶等处的标高。

4)架空管线。主要测量地上管线转折点、起始点及终点的坐标,测量支架间距及支架旁地面标高、基础标高,管座、最高和最低电线至地面的净高等。

5)特种构筑物。主要测量沉淀池、烟囱、煤气罐等及其附属构筑物的外形和四角的坐标,圆形构筑物的中心坐标、基础标高,构筑物的高度,沉淀池的深度等。

6)其他方面。主要测量围墙的拐角点坐标、绿化区域边界以及一些不同专业需要反映的设施和内容。

三、竣工测量的内容与方法

1. 室外实测

1)对于主要的建筑物和构筑物的墙角、地下管线的转折点、道路交叉点、架空管网的转折点以及圆形建筑物的中心点等,都要测算其坐标,并附房屋编号、结构层数、面积和竣工时间等资料。

2)对于主要建筑物和构筑物的室内地坪、上水管顶部、下水管底部、道路变坡点,要用水准测量方法测定其高程,且应附注管道及窨井的编号、名称、管径、管材、间距、坡度和流向等。

3)按地形图测绘要求对一般地物、地貌进行测绘。

2. 室内编绘

竣工总平面图的编绘是依据设计总平面图、单位工程平面图、纵横断面图和设计变更资料以及施工放线资料、施工检查测量及竣工测量资料和有关部门、建设单位的具体要求来进行的。

竣工总平面图上应含有施工测量控制点、水准点、厂房、辅助设施、生活福利设施、架空与地线管线、道路等建(构)筑物的坐标、高程,以及厂区内净空地带和尚未兴建区域的地物、地貌等内容。有关建(构)筑物的符号应与设计图例相同,有关地形图的图例应使用国家地形图图式符号。

竣工总平面图的编绘步骤与方法如下。

1)用两脚规和比例尺来绘制坐标方格网,精度要求与地形图测量的坐标格网相同。

2)将施工控制点按坐标值展绘到图上,展点对临近的方格而言,允许误差为±0.3mm。

3)根据坐标方格网,将设计总平面的图面内容按其设计坐标用铅笔展绘在图纸上,作为竣工总平面图编绘的底图。

4)展绘竣工总平面图。

①凡按设计坐标定位施工的工程,应以测量定位资料为依据,按设计坐标(或相对尺寸)和标高展绘。建筑物和构筑物的拐角、起止点、转折点应根据坐标数据展点成图。对建筑物和构筑物的附属部分,如无设计坐标,可用相对尺寸绘制。如果原设计变更,则应根据设计变更资料编绘。

②在工业与民用建筑施工中,每一个单项工程完成后都应进行竣工测量,并提交该工程的竣工测量成果。凡有竣工测量资料的工程,如果竣工测量成果与设计值之差不超过所规定的容许误差时,可按设计值编绘,否则应按竣工测量资料编绘。

5)现场实测。

①对于直接在现场指定位置进行施工的工程、以固定地物定位施工的工程、多次变更设计而无法查对的工程,均应根据施工控制网进行现场实测,并在实测时现场绘出草图,然后根据实测成果和草图,在室内进行编绘。

②对于大型企业和较复杂的工程,若将厂区地上、地下所有建筑物和构筑物都绘在一张总平面图上,会造成图上内容太多,线条密集,不易辨认。为使图面清晰醒目,便于使用,可根据工程的密集与复杂程度按工程性质分类编绘竣工总平面图。

第二节　平面控制测量

一、平面控制网的布设原则

1)三角测量的网(锁)布设。各等级的首级控制网,宜布设为近似等边三角形的网(锁),其三角形的内角不应小于 30°;当受地形限制时,个别角可放宽,但不应小于 25°;加密的控制网,可采用插网、线形网或插点等形式,各等级的插点宜采用坚强图形布设,一、二级小三角的布设,可采用线形锁,线形锁的布设,宜近于直伸。

2)平面控制网的坐标系统,应与工程施工坐标系统一致,并与国家坐标系统或城市坐标系统进行联测。当采用建筑工程坐标系统时,坐标轴线应平行主要建筑的长边或主要道路的中心线,并要求测区(包括拟建区)内任一点的坐标值均为正。当同一点的纵横坐标值有明显差异,如果测区内有两种以上的坐标系统时,要建立它们之间的换算关系式。

3)平面控制网的等级划分。三角测量、三边测量依次为二、三、四等和一、二级小三角、小三边;导线测量依次为三、四等和一、二、三级。各等级的采用,根据工程需要,均可作为测区的首级控制。

4)应因地制宜,既从当前需要出发,又适当考虑发展。平面控制网建立的测量方法有三角测量法、导线测量法、三边测量法等。

5)广泛收集测区原有图纸和成果资料,对于测区内所有建(构)筑物、各种管网、地物、地貌等进行详细勘察,并编写控制测量技术设计书。

6)为方便竣工测量工作的进行,控制点位置宜选择在通视良好、使用方便和便于长期保存的地方。

二、平面控制测量要求

1)平面控制网中相邻最弱点的相对点位中误差和图根点相对于起算点的点位中误差,均不应大于 ±50mm。

2)为了确保平面控制测量的精度,各等级导线测量的技术要求,应当满足表 10-1 中的规定。

表 10-1　导线测量各等级的技术要求

导线测量等级	平均边长(km)	附合导线长度(km)	水平角测回数		测角中误差(°)	方位角闭合误差(°)	测距中误差(mm)	测距相对中误差	坐标相对闭合差
			DJ2	DJ6					
三等	3.0	14.0	10		±1.8	$±3.6n^{1/2}$	±20	1:150000	1:55000
四等	1.5	9.0	6		±2.5	$±5.0n^{1/2}$	±18	1:80000	1:35000
Ⅰ级	0.4	4.0	2	4	±5.0	$±10n^{1/2}$	±15	1:30000	1:15000
Ⅱ级	0.2	2.4	1	3	±8.0	$±16n^{1/2}$	±15	1:14000	1:10000
Ⅲ级	0.1	1.2	1	2	±12.0	$±24n^{1/2}$	±15	1:7000	1:5000

3)当测区最大测图比例为 1:1000 时,表中各等级导线的平均边长可放长 1 倍。当附合导线长度短于表 10-1 规定的 1/3 时,导线全长的坐标闭合差不应大于 13cm。当观测各级支导线和用电磁波测距极坐标法加宽控制点时,水平角观测的测回数应按表 7-1 中的规定增加一倍,距离应往返测量。

4)首级平面控制网应 1 次全面布设,并做到覆盖整个测区。首级平面控制网测量的等级根据测区面积的大小,可参照表 10-2 中的数值确定。

表 10-2　首级平面控制网测量的等级及测区面积的确定

测区面积(km²)	<0.1	0.1~0.5	0.5~1.0	1.0~5.0	5.0~10.0	>10.0
测量等级	Ⅲ级	Ⅲ级、Ⅱ级	Ⅱ级	Ⅱ级、Ⅰ级	Ⅰ级、四等	四等、三等

5)首级导线网的形式可采用多边形网、多边矩形网或复合网。网中各边的边长宜接近该等级的平均边长,最短边不宜短于平均边长的 1/2,网中任两相邻边中短边与长边之比不应小于 1∶3。

6)加密导线可采用附合导线或结点导线网形式,布设困难的地区可采用各级支导线加密,但其点数不超过 3 点,也可用电磁波测距极坐标法加密各级导线点,但在 1 个测站上加密的点数不得超过 4 点,且应有条件进行校核检查。

7)导线水平角采用方向法进行观测,各测回之间应变换度盘的位置。水平角观测的各项限差,应不大于表 10-3 中的规定。

表 10-3　导线水平角观测限差的规定

导线测量等级	经纬仪的级别	光学测微器重合读数差(″)	一测回内 $2c$ 变动范围(″)	同一方向各测回较差(″)
三等、四等	DJ2	3	13	9
Ⅰ级、Ⅱ级	DJ2	3	18	12
Ⅲ级	DJ6	—	30	24

8)各等级导线边的距离,宜采用电磁波测距仪或经检定过的钢尺进行测定。电磁波测距仪,根据其标称精度 m_D 大小,可以分为以下 3 级:Ⅰ级:$m_D<5mm$;Ⅱ级:$5mm≤m_D≤10mm$;Ⅲ级:$10mm<m_D≤20mm$。

9)各等级导线边长的测距技术要求应符合表 10-4 中的规定,用钢卷尺悬空丈量技术要求应符合表 10-5 中的规定。

表 10-4　导线边长的测距技术要求

导线测量等级	测距方式	测距时间段	测距仪器级别	每边总测回数	一测回各次读数较差(mm)	单程测回间较差(mm)	往返或时段间较差
三级	往返	2	Ⅰ	6	5	7	$1.4142m_D$
			Ⅱ	8	10	15	
四级	往返	2	Ⅰ	4~6	5	7	$1.4142m_D$
			Ⅱ	6~8	10	15	
Ⅰ等	单程	1	Ⅱ	2	10	15	$1.4142m_D$
			Ⅲ	4	2—	30	
Ⅱ等、Ⅲ等	单程	2	Ⅱ	2	10	15	$1.4142m_D$
			Ⅲ	2	20	30	

表 10-5　　钢卷尺悬空丈量技术要求

导线级别	定线最大偏差（mm）	尺段最大高差（mm）	读数次数	钢尺估读（mm）	同尺各次或同段各尺较差（mm）	温度估读（℃）	丈量总次数	较差相对误差
Ⅰ级	50	50	3	0.5	2	0.5	4	1：30000
Ⅱ级	50	100	3	0.5	2	0.5	2	1：20000
Ⅲ级	70	100	2	0.5	3	0.5	2	1：10000

在进行导线边长测距前，所用的电磁波测距仪应经过检定，所测距的数值应加入气象、倾斜和仪器常数的改正。在采用钢卷尺丈量距离时，钢尺应经过检定，尺长的检定精度不得低于尺长的 1/100000，丈量距离时的环境温度宜接近检定时的温度，且宜使用检定时的温度计和弹簧秤。

第三节　　高程控制竣工测量

建筑工程的竣工测量中的高程控制测量，宜采用水准测量或电磁波测距三角高程测量。高程控制网最弱点相对于起算点的高差中误差不应大于±20mm。高程基准应与施工高程基准相一致，如果做到这点比较困难时，可采用国家或城市高程基准，并要进行必要的检测，当测区内存有 2 个以上的高程基准时，应建立不同高程基准间数据换算关系式。高程控制测量的水准测量通常采用三等或四等。当测区的面积在 10km² 以内时，一般布设四等水准路线；当测区的面积在 10km² 以上时，一般布设三等水准路线。三等或四等水准观测的技术要求，应符合现行的国家水准测量的规范规定。

在条件适宜的地区，可采用电磁波测距三角高程测量建立区的高程控制。电磁波测距三角高程测量宜在平面控制网的基础上沿其边缘布设，高程起讫点应是不低于同精度的已知高程点，网中任意 2 个已知高程点或结点间的边数不得超过 6 条。电磁波测距三角高程测量应采用 DJ_2 级以上的经纬仪和标称精度不低于 Ⅱ 级的电磁波测距仪进行观测，观测的主要技术要求应符合表 10-6 中的规定。电磁波测距三角高程测量的垂直角宜采用中丝法进行观测，仪器高度和目标高度宜用量测杆量取，读至 1mm，测前和测后各量测 1 次，2 次较差不大于 2mm 时取中数。

表 10-6　　电磁波测距三角高程测量技术要求

高程测量等级	测距边长（m）	中丝法观测测回数	指标差较差（″）	垂直角较差（″）	对向观测高程较差（mm）	附合或环线闭合差（mm）
四等	100～400	3	7	7	$±40D^{1/2}$	$±20D^{1/2}$

注：表中 D 为电磁波测距边的长度，以 km 计。

第四节　　建（构）筑物竣工的测量

建（构）筑物的竣工测量，实际上就是测定建（构）筑物主要特征点的三维空间位置，并用图形表示，对于建（构）筑物的主要拐点和中心点，还需要用解析坐标表示其平面位置。

一、建(构)筑物竣工测量的要求

1)建(构)筑物竣工测量应在原有施工控制网的基础上进行,如果施工控制网点的密度不能满足建(构)筑物竣工测量的要求时,应当根据实际需要加密控制点。

2)加密控制点相对于起算点的点位中误差允许值为±50mm。

3)建(构)筑物竣工测量应采用与施工一致的坐标系统和高程系统,如果采用建筑坐标系,应与城市或国家坐标系统进行联测。

4)场区内有 2 种以上的坐标系统时,应当给出它们之间的相互换算关系。

5)在进行建(构)筑物竣工测量时,对各建(构)筑物要进行统一编号,如果建(构)筑物已经有编号,应当沿用原来的编号。

6)凡是需要测量解析坐标的拐角,也要进行编号,一般按顺时针方向顺序编号。

7)建(构)筑物细部竣工测量的点位中误差和标高中误差,不应大于表 10-7 中的规定。

表 10-7　建(构)筑物细部竣工测量的点位中误差和标高中误差

细部点名称	点位中误差(mm)	标高中误差(mm)
建(构)筑物外墙转角	±50	—
建(构)筑物散水坡脚	—	±30
建(构)筑物中心	±70	±30
室内地坪标高	—	±30

8)重要的建(构)筑物应当测量标注足够的细部解析坐标和标高。矩形建(构)筑物一般至少应当测 3 个转角点坐标。

9)非矩形建(构)筑物和少数大型的或重要的厂房的转角,应当全部测量标注细部坐标。

10)紧贴在主要建筑物上的附属建筑物应区分开来,建(构)筑物的凹凸部分在图上大于 1mm 应测绘,小于 1mm 时可合并或省略。

11)圆形构筑物的几何中心坐标和接触处的半径要测量标注,需要时还应测量标注其高度。

12)非圆形的特殊构筑物的几何中心坐标也要测量标注,需要时还要测量标注其周边实际尺寸。

13)建(构)筑物四周的排水明沟、暗沟的位置应测绘,必要时还应测绘其横断面尺寸。建筑物的外楼梯及在图上宽度大于 2mm 的其他室外附属建筑(如台阶等)均应进行测绘。

14)建筑小品和小型构筑物的外轮廓,能按比例尺表示者应进行实测,不能按比例尺表示者应实测其几何中心或立足点。

15)全部测量标注厂界围墙的转角(外墙角)坐标和标高。围墙直线部分可在地面高程变化处或在图上每隔 40～50m 测量标注一点标高,围墙接地处的厚度在图上大于 1mm 时应进行实测。

16)工厂大门和通行铁路、道路的侧门中心坐标和标高要测量标注,必要时还应量测门的宽度。

17)建筑物室内地坪和四周散水坡脚转角处的标高要测量标注,如果室内有不同高度的地坪时,应当分别测量标注不同高度地坪的标高,并标出不同高度地坪的分界线。

二、建(构)筑物竣工测量的方法

建(构)筑物竣工测量的方法,应根据控制点的分布情况,结合施工场地条件确定,最常用的方法有极坐标法、直角坐标法、角度交会法和距离交会法等。建(构)筑物的标高可用水准仪或三角高程方法测定。

测定圆形建(构)筑物中心坐标和半径长度的方法很多,应根据场地条件灵活选用,常用的方法主要有切线法和坐标法。

1. 切线法

1)将经纬仪安置在已知点 A 上,瞄准圆形建筑物的两切线方向,定出两个切点 T_1 和 T_2。

2)照准已知点 B,测出角度$\angle BAT_1 = \beta_1$ 和角度$\angle BAT_2 = \beta_2$,用钢尺丈量距离 AT_1 和 AT_2,其较差不应大于 2mm,取其平均值为 AT。切线法计算图如图 10-1 所示。

3)从图 10-1 中可以通过几何关系,分别计算出圆形建筑物的半径 R、测点 A 至圆心的距离 AO、圆心 D 的坐标$(x_o、y_o)$。

2. 坐标法

1)坐标法是在圆形建(构)筑物的圆周上任意选择四点 A、B、C 和 D,并测定其坐标。

2)任选其中三点为一组,分成 2 个组,根据任意三点的坐标计算圆心坐标和圆周半径,取两组计算结果以便进行校核,并取其平均值作为最后结果。坐标法计算图如图 10-2 所示。

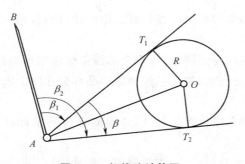

图 10-1　切线法计算图

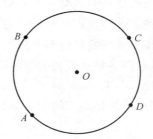

图 10-2　坐标法计算图

第五节　铁路竣工测量

铁路竣工测量,是指工厂铁路在完工后的测量。工厂铁路按其作业性质和范围,分为专用线和厂内线路两部分。工厂铁路竣工测量主要包括平面位置的测定和铁路标高的测定。

一、平面位置的测定

铁路平面位置的测定,主要是测定道岔中心、曲线元素、曲线起(终)点、桥梁四角及涵洞中心等细部坐标位置。

1. 道岔中心位置测定

铁路的道岔中心就是本线中线与侧线中线的交点。为了测定道岔中心位置,首先要确定道岔中心。下面以普通单开道岔为例,说明道岔中心位置的测定方法。

1)道岔号的确定。如图 10-3 所示,量取辙叉的长度 L 和宽度 B,则道岔号 N 为:$N=$

L/B。

2）道岔中心的确定。为了确定道岔中心的位置，首先要确定辙叉的理论尖端，其基本方法是：在辙叉 0.2m 宽度处向尖轨方向量取 20 倍道岔号长度（单位为 cm），此处就是理论尖端。再从理论尖端起沿着直线股中线向尖轨方向量取距离 $K=1.435N$（N 为道岔号），即为道岔中心。

图 10-3　道岔号的确定示意图

3）道岔中心的测定。在确定道岔中心后，就可以根据测量控制点，用经纬仪和钢尺，以极坐标法测定道岔中心的位置。

2. 曲线元素的测定

曲线元素的测定，主要包括曲线起（终）点位置确定、曲线起（终）点及圆缓点坐标测定和单曲线元素的测定、缓和曲线元素的测定。

3. 其他细部位置测定

铁路竣工测量除了测定线路起（终）点、曲线交点、曲线起（终）点的解析坐标外，还要测定长度超过 200m 直线部分的中心点，桥梁 4 个角和涵洞中心点等细部位置的解析坐标。其测定的方法可用极坐标法、交会法等。或者将上述细部点布设在图根导线中，作为图根导线中的导线点，按图根据导线测量的方法和精度要求进行测定，从而求得各细部位置点的解析坐标。

铁路工程中的其他附属设施，如扳道器、里程碑、信号灯等，可以不测其坐标，但均应实测其位置。

二、铁路标高的测定

铁路除了必须测定平面位置外，还应当测定其高程位置。在直线部分一般每隔 20m 左右测定轨顶标高和路肩标高，在曲线部分一般每隔 15～20m 测定内轨的轨顶标高和路肩标高。路堑应实测出其上部宽度，并测出坡脚及边沟的标高，铁路桥梁均需测出桥底河流底部的标高和净空高度，涵洞应测出涵洞底的标高及其横断面尺寸。

铁路标高测定的方法与建筑物一样，一般用水准测量法或电磁波测距三角高程测量方法。

第六节　道路竣工测量

厂区道路包括厂外公路和厂内道路。厂外公路指厂区与国家公路、城市道路、车站、码头相连接的公路或者工厂各分厂、生活区等之间的联络公路，它是工厂与外部进行交通运输的纽带。厂内道路是厂内交通运输的道路，它是实现正常生产、进行厂内人流和物流的主要组成部分。

一、道路竣工测量的内容

凡是道路中线的交叉点、分支点、尽头等，都应当测定其中心坐标和标高。与厂内道路相连接的国家公路或城市道路，也应适当测定一些路的中心坐标和标高。在道路的曲线部分，要测定曲线元素。测定曲线元素有困难时，应每隔 15m 测定一个中心坐标和标高。道路的变坡点都必须测其中心点标高或者每隔 20m 测定一个中心点标高。

　　如果道路的路基高于或低于经过地段的自然地面而形成路堤或路堑时,应当测定路堤或路堑的宽度,并测定地沟、路肩、坡脚和边沟底的标高。

　　大型桥梁和涵洞要测定四角坐标和中心标高,中型桥梁和涵洞要测定中心线两端点坐标和中心标高,小型桥梁和涵洞要测定其中心坐标和标高,另外还要测定出桥梁的净空高度和涵洞的管径(或横截面尺寸),以及桥底河流底部和涵洞底的标高。

　　道路两旁的排水明沟或暗沟,应当测定其位置和截面尺寸,每隔30m测1个沟底标高,道路两边的雨水算子要逐一测定其具体位置,道路旁的行道树应实地测绘出其中心线位置。

　　厂内道路进入各车间的支路,要测出其引道半径。主要道路要用剖面图标出道路的型式,并在图上注明路面铺装的材料。

二、道路竣工测量的方法

　　道路的交叉点、尽头点、分支点,以及桥梁、涵洞中心点等坐标,可根据施工控制点用极坐标法、交会法、直角坐标法等进行测定,测定道路中心坐标的点位中误差不应大于±70mm。

　　道路的中心标高、变坡点标高、排水边沟等标高,应当根据施工高程控制点用水准仪测量方法测定,也可以用电磁波测距三角高程测量方法测定。道路中心标高的测定中误差不应大于±30mm。

　　道路曲线应当测定曲线元素,如果测定曲线有困难时,应在图上的曲线部分每隔20mm测定一点道路中心坐标。道路曲线元素的测定方法和内容,与铁路曲线元素基本相同。

1. 转向角和交点坐标测定

　　如图10-4和图10-5所示,在两相交道路直线段的中线上各选定两点 A、B 和 C、D,则 AB 和 CD 的交点即为道路的交点。如果测定了 A、B 和 C、D 的坐标,并分别计算各道路中心线的方位角 α_{AB} 和 α_{CD},则其交角为:

$$\alpha = \alpha_{AB} - \alpha_{CD}$$

　　两条道路中线的交点 O 的坐标可按下式进行计算:

$$Y_O = \frac{Y_A \tan\alpha AB - Y_D \tan\alpha CD - X_A + X_D}{\cot\alpha AB - \cot\alpha CD}$$

$$X_O = X_A + (Y_0 - Y_A)\cot\alpha_{AB}$$

$$X_O = X_D + (Y_O - Y_D)\cot\alpha_{CD}$$

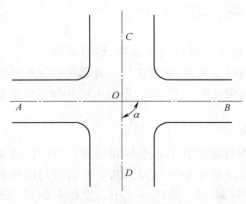

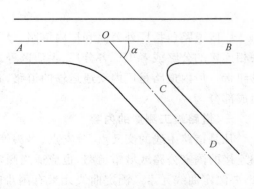

图 10-4　正交道路示意图　　　　　　**图 10-5　斜交道路示意图**

2. 曲线半径 R 的测定

道路曲线半径 R 的测定,一般可采用正矢法和外距法,其中外距法比较简单,是一种最常采用的方法。如图 10-6 和图 10-7 所示,先求出两条道路中心线的交点 JD,在交点处等分交角 $I(I=180°-\alpha)$。沿着等分角的方向线,量取交点 JD 至道路外侧曲线的距离(e)。

如果 JD 点落在外侧曲线以外(图 10-6),则 $E=b+e$;如果 JD 点落在外侧曲线以内(图 10-7),则 $E=b-e$。b 为 JD 点至道路外侧边线交点的距离,可按下式计算:

$$b=\frac{B}{2}\sec\frac{\alpha}{2}$$

式中　B——道路的宽度。

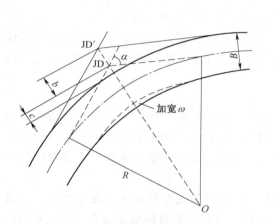

图 10-6　交点在道路外侧曲线之外

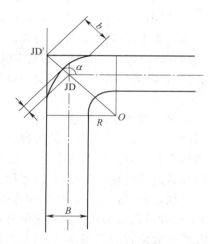

图 10-7　交点在道路外侧曲线以内

在求得 E、b 等数值后,即可按计算道路的曲线半径。

第七节　管网与线路竣工测量

各种工程管网和电力、电信线路,是现代化工业建(构)筑物中的重要组成部分,在进行管网竣工测量和管网图编绘前,首先,进行认真调查,了解各种地上、地下和空中管线的设置,熟悉各种管线的特性,掌握它们的敷设原则及其分布规律。

一、工程管网的敷设原则

根据管线的敷设位置、使用性质、敷设方式等的不同,工程管网可以分成若干类,其具体分类方法见表 10-8。

表 10-8　工程管线的分类

分类方式	管线类别	分类方式	管线类别
按管线位置分	(1)厂外管线 (2)厂内管线 (3)街区管线	按输送材料分	(1)固体输送管线 (2)液体输送管线 (3)气体输送管线
按管线性质分	(1)公用工程管线 (2)工艺管线 (3)生产成品及原料管线	按敷设方式分	(1)地上架空管线 (2)地面管线 (3)地下管线

1)根据管线的设计要求和实际情况,应尽可能地节约管网用地,应当把性质类似、埋深相近的管道集中敷设。根据施工现场和建(构)筑物的实际,科学地进行管网敷设,做到管线线路最短、转弯最少、设置的检查井最少。要尽量减少管网与公路、铁路的交叉,当交叉不可避免时应尽量垂直交叉,以减少因交叉而必须采取特殊措施的经费。

2)为降低管线的工程投资和方便用户,管线应尽量靠近用户,干线要尽可能靠近支线最多的方向。要尽可能地减少管线互相交叉,尤其是要避免热力管道与排水管道的交叉、各种电缆与热力管道的交叉。为减少车辆对管线的振动和干扰,不允许把管线敷设在铁路的下面(不可避免的交叉除外),也不要敷设在公路的下面。

3)除了有不可避免的交叉外,一般不允许把一种管线敷设在另一种管线的上面,以避免不同管线之间出现不良的干扰。当管线敷设在平面上或竖向上有冲突时,应按照"小管让大管、有压管让自流管、新建管让已建管、临时管让永久管"的原则进行处理。

4)为确保建(构)筑物的安全,架空输电线路至各工程设施的最小距离不得超过有关规范的规定。直埋电缆的上面要设置一定厚度的保护层,直埋电缆与其他管线、道路交叉时,应设置保护装置。

二、工程管网的竣工测量

1)各种工程管网竣工测量的内容,应当满足设计或使用单位的要求,在进行工程管网竣工测量时,应有专业人员现场配合。在进行工程管网竣工测量之前,应收集原有的各种管线专业图,并认真进行现场核对、分析利用。对于地下管线,要通过探测或开挖弄清管线的敷设方式、管线走向、附属设施、材料和管径等。

2)工程管网采用探测仪探测定位时,探测点的位置应事先在管道施工图上确定。在进行探测时,平面位置的埋深,均应取 2 次读数的中数。各种工程管线细部点点位中误差和标高测量中误差,不应大于表 10-9 中的规定。

表 10-9　管线细部点点位和标高中误差

细部点名称	点位中误差(mm)	标高中误差(mm)
直埋地下电力、通信电缆开挖点	±100	±30
各种管线固定支架、塔架杆	±70	—
管顶、下水管底、沟顶、沟底	±70	±30

3)各种管线的编号应当与原来的编号尽量一致;如果需要自行进行编号,应当遵照一定的规则。

三、上水管网的竣工测量

上水管网一般包括取水构筑物、提升水构筑物、净化水构筑物、储水池、输水水道、管道网及其附属设备,附属设备主要有闸阀门、消火栓、止回阀、排气装置、排污装置、预留接头、安全阀和检查井等。上水管网竣工测量要进行统一编号,一般从水源到储水池(塔)的管线称为主干线,应作为第一编号段,如 $S_1 \sim S_{30}$;从储水池(塔)到最远用户的管线称为支干线,应作为第二编号段,如 $S_{51} \sim S_{530}$。自支干线上引出的支线,主要是为用户服务的管道,其编号应从引出端开始,并在前面冠以引出支线的点号,如 $S_{51} - 1$。

上水管网竣工测量的内容,归纳起来主要包括以下几个方面。

1)测定出上水管道进出建(构)筑物的具体平面位置和标高或丈量距离建(构)筑物拐角

的尺寸。沿着管道的轴线测出管道的位置和管顶标高。

2)测定出管道中心线的交叉点、拐弯点、分支点的坐标和管顶标高。测定出检查井的中心位置和其他附属设备的中心位置,中心位置可以用坐标表示,也可以用其他形式表示。量出上水管道的外径,并求出管道的公称直径,标注于工程竣工测量图上。

3)测定出上水管道与其他地下管线交叉的平面位置和管顶标高。测定出检查井台面、地面、井中的管顶和设备上部顶端标高。测定出上水管道通过道路的保护管套的位置和管套的管径,并根据实际需要调查管套的制作材料。测定出上水管道改变直径处的平面位置,并测量出改变直径处的管径,用尺寸或坐标的形式表示。

4)凡是测定管顶标高的部位均要测量相应的地面标高,以便了解管道的埋设深度和为绘制管道埋设纵断面图提供数据。测定上水管道中的止回阀、安全阀、排气阀、水表等装置的位置,预留接头和消火栓的坐标和标高。

5)上水管网竣工测量除以上项目外,对于水质净化等构筑物附近或其他管道密集处,需要时还应测绘局部更大比例尺的专业图。

四、下水管网的竣工测量

下水管网主要由下水道、水泵站、污水处理厂等构筑物和一系列窨井组成。下水道上的窨井主要有检查井、结点井、转角井、渗透井及化粪池等。下水管网竣工测量的编号,从下水管的出水口开始,沿逆水流方向顺序进行编号。从出水口开始直至城市排水干线的衔接处为第 1 个编号段,如 $X_1 \sim X_{30}$;从第一个连接在主管道上的检查井起,至化粪池为第 2 个编号段,并在每个编号前冠以主管道检查井的编号,如 $X_{15} - 2$;从化粪池起至进入用户的最近实测点为第 3 个编号段,在每个编号前冠以化粪池的编号。

下水管网竣工测量的内容,主要包括以下几个方面:

1)测定出下水管线进、出建(构)筑物的具体位置或者丈量距离建(构)筑物拐角的尺寸。测定出下水管线(或明沟、暗沟)的交叉点、拐弯点、分支点的中心坐标。

2)沿着下水管道直线的窨井只测定其位置,但下水管道的主干线、支干线需要量出井之间的距离。下水管道主干线和支干线上的全部窨井,都需要测出平台、地面、井底、井内各管底内壁的标高。支线上的窨井只测出井台和地面标高。下水明沟要测定起点、终点、分支点、交叉点的内底标高,直线部分每隔 50m 测定一个沟底标高。下水管道要测量出管道的内径,并调查制作管子的材料;下水明沟或暗沟要测定其横断面尺寸。

3)要测定化粪池的具体位置,用中心坐标表示其位置时,要注明化粪池的长度和宽度的具体尺寸。对于排水所用的虹吸管和渡槽,要测出其两端出入口的具体位置和管(槽)底的标高,必要时还要测量出其宽度。

五、动力管网的竣工测量

1)动力管网是工业厂房经常设置的管网,主要包括热力管网、压缩空气管网、氧气管网、乙炔管网和煤气管网等。

2)动力管道一般分为干线和支线两类,并在编号前冠以相应的字母,如热力管线冠以 R,煤气管线冠以 M,氧气管线冠以 Y,压缩空气管线冠以 YA,乙炔管线冠以 YT。

3)动力管网竣工测量的内容,除了必须测量管线的起点、终点、拐角点的位置外,还应当测定热力管网的截止阀、放水阀、调节阀、止回阀和安全阀的位置,煤气管道应当测定排水器、放散管、蒸汽排口的位置,预留接头的坐标和标高等。

4)在组成比较复杂的动力管网结点处或密集处,还要根据管网维修、养护和管理的要求,绘制放大图和剖面图。

六、管道测设具体操作

1. 主点测设

主点或管道方向与周围地物间的关系,可由规划设计图找出测设条件或数据,如图10-8所示。

1)测设时,可以利用与地物(道路、建筑物等)之间的关系直接测设。如井$_1$、井$_2$,从图10-8的右上角放大图可看出它们与办公楼的关系,井$_6$由平行办公楼的井$_2$—井$_6$线与平行展览中线的井$_{13}$—井$_6$线交出。在主点测设的同时,根据需要,可将检查井或其他附属构筑物位置一并标定。

2)主点测设完后,应检查其位置的正确性,做好点的标记,并测定管道转折角。管道的转折角有时要满足定型管道弯头的转角要求,如给水铸铁管弯头转折角有 90°、45°、22.5°等几种。

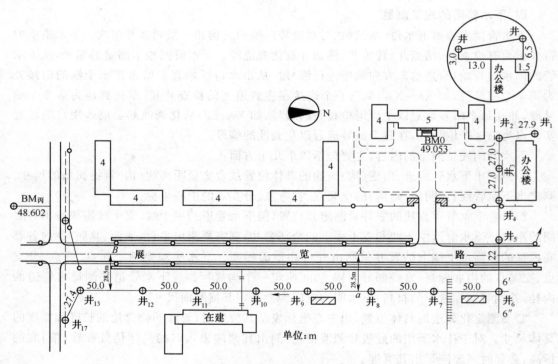

图 10-8　管道主点的测设

2. 测量中线

1)当管道的主点在实地标定后,管道的走向已经基本确定,为了计算管道长度和绘制纵断面图,还需要沿管道中线方向每隔一段距离测设中线桩(里程桩)。

2)根据不同的管线,里程桩间的距离可以为 20m、30m、50m 等,按固定桩间距设置的中线桩称为整桩,当管道穿过重要地物(如管道穿过铁路、公路等)或遇到地形坡度变化处需要设置加桩。

3)管道距离丈量一般用钢卷尺,精度要求不高时也可用皮尺丈量。

4）管道中线桩按管道起点至该桩的里程进行编号,并以"整千米数＋米数"的形式表达,如管道的起点桩为"0＋000",桩号"2＋500"表示此桩距离起点 2500m,打桩时,一般用红漆将桩号写在木桩的侧面。

3. 测量转向角

转向角也叫转角,是指管道在转折点处改变方向与原方向之间的夹角。当管道向右偏离原方向时其转向角称为右转向角,向左偏离原方向时其转向角称为左转向角,管线前、后方向间的转折角也有左右之分,右侧的为右角,左侧的为左角。

如图 10-9 所示,A 点为管道的起点,B、C、D 为转折点,转向角 $\alpha_右$ 表示管线在 B 点向右偏转,转向角 $\alpha_左$ 表示管线在 C 点处向左偏转,β_1、β_2 表示管线在转折点处的右角。

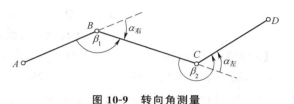

图 10-9 转向角测量

转折角与转向角关系如下:

$$\alpha_右 = 180° - \beta_右 = \beta_左 - 180°$$

$$\alpha_左 = 180° - \beta_左 = \beta_右 - 180°$$

有些管道转向使用定型弯头,如 60°、45°等,当管道主点间隔距离较短时,设计管道的转向角与定型弯头的转向角之差一般要求不得大于 1°～2°。

4. 纵断面测量

管道纵断面测量是指测定管线上各中线桩地面点高程的工作,管道纵断面测量通常采用水准测量的形式,依据中线桩高程的测量成果绘制的中线纵断面是管道竖向设计和土方量计算的主要依据。

（1）布设水准点

1）纵断面测量前,应沿线路方向设置一些水准点,一般 1～2km 布设一个永久性的水准点,300～500m 布设一个临时性的水准点。

2）水准测量时,先应将起始水准点与附近国家水准点进行联测,并尽量构成附合水准路线。

3）若不能引测国家水准点时,应选定一个与实地高程接近的假定高程起算点。

（2）测量纵断面的步骤与方法

如图 10-10 所示,采用视线法对纵断面进行水准测量。

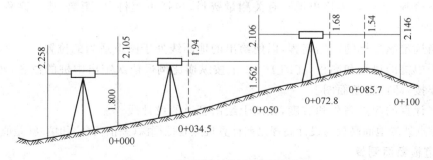

图 10-10 纵断面水准测量图(单位:m)

1）观测时,先在每一个测站上读取后视点和前视点上的读数,这些后、前视点称为传递高程的转点,读数至 mm。

2)再读取前、后视点中间桩上尺子的读数,这些中桩点称为间视点,间视点的读数可读到 cm。纵断面水准测量的视线长度一般不应大于 100m,各测段的高差允许闭合差为 $40\sqrt{L}$(mm)或 $12\sqrt{n}$(mm)。

3)若观测结果在允许范围内,闭合差也无需调整,若闭合差超限,则应检查原因,重新观测。

4)中线桩高程的计算方法如下:

$$视线高程=后视点高程+后视读数$$
$$转点高程=视线高程-前视读数$$
$$间视点高程=视线高程-间视读数$$

【示例】 已知图 10-11 中,水准点 BN_1 的高程 H_{BN_1} 为 56.356m,后视读数为 2.258m,第一站的视线高程为 56.356+2.258=58.614m,桩号 0+000 的高程为 58.614-1.800=56.814m;第二站的视线高程为 56.814+2.105=58.919m,桩号 0+050 的高程为 58.919-1.562=57.357m,间视点 0+034.5 的高程为 58.919-1.94=56.979m。

依此,可以推出各桩点高程,并填入下面的纵断面记录表 10-10 中。

表 10-10　纵断面水准测量记录表

测站数	点　　　号	后视读数(m)	间视读数(m)	前视读数(m)	视线高程(m)	测点高程(m)	说　　明
1	BN_1	2.258			58.614	56.356	
	0+000			1.800		56.814	
2	0+000	2.105			58.919		
	0+034.5		1.94			56.979	
	0+050			1.562		57.357	
3	0+050	2.106			59.463		
	0+072.8		1.68			57.783	
	0+085.7		1.54			57.923	
	0+100			2.146		57.317	

(3)纵断面图的绘制

1)如图 10-11 所示,按照选定的里程比例尺和高程比例尺在毫米方格纸上划纵横线。在水平线下绘制表格,在表格里填写有关测量资料,包括里程桩号、距离、地面高程、管底设计高程、坡度等。

2)恰当选定纵坐标的起始高程,以使绘出的地面线处于图上适当的位置。

3)依据中桩的里程和高程,在图 10-11 上按纵横比例尺依次定出中桩的位置,再用直线将相邻点连接,即得纵断面图。

4)依据计算的起点高程和坡度,在图上绘出管道的设计线。

5)由桩点处的地面高程与设计高程之差计算桩点处挖掘深(差值为负)和填高(差值为正)。

5. 管道横断面测量

(1)横断面测量方法

管线上所有的里程桩都要进行横断面测量。根据横断面测量成果可绘制横断面图,横

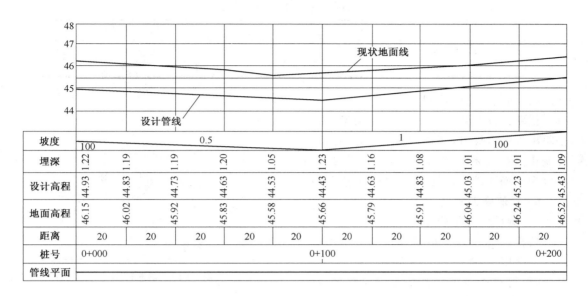

图 10-11　管道纵断面图

断面图是计算土石方量的主要依据。横断面测量通常可以采用花杆置平法、水准仪法、经纬仪视距法来测定。

其中，花杆置平法是用花杆配合皮尺测量，目估皮尺水平后，读出皮尺在花杆上的读数。

水准仪法是在桩号点上和断面点上竖立花杆，测量者将皮尺的零端放在中线桩上，另一测量者拉紧皮尺并使尺子水平贴紧断面点的花杆，读出水平距离和高差。用同样的方法可测出其他坡度变化点。也可用水准仪测出水平距离和高差，用皮尺丈量两点间的水平距离。

经纬仪视距法是将经纬仪安置在里程桩上，量取仪器高，后视另一里程桩，将水平度盘旋转 90°，固定照准部，得到横断面方向，经纬仪按视距法读数，计算水平距离和高差。若使用全站仪进行横断面测量，可自由架站，直接测得水平距离和高差，测量工作更为简单。

横断面的方向，一般可用十字架（也叫方向架）或经纬仪来测定；方向架确定横断面方向，如图 10-12 所示，将方向架置于所测断面的中桩上，用方向架的一个方向照准线路上的另一中桩，那么方

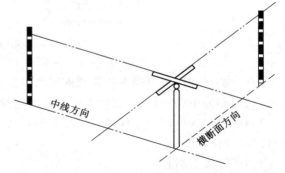

图 10-12　十字架确定横断面方向图

向架的另一方向就是所测横断面方向。从中线桩开始测出左右两侧坡度变化点至桩号点的水平距离和高差。左、右侧是以面向管线铺设方向为准，左手侧为左侧，右手侧为右侧。

横断面测量记录表见表 10-11。

表 10-11　横断面测量记录表

左侧横断面			中心桩	右侧横断面		
$\dfrac{2.26}{24}$	$\dfrac{1.45}{12.5}$	$\dfrac{1.53}{7.2}$	$\dfrac{0+000}{55.350}$	$\dfrac{1.01}{13.2}$	$\dfrac{0.56}{23.6}$	$\dfrac{0.56}{23.6}$

（2）横断面图的绘制

横断面图是以中线地面高程为准，以水平距离为横坐标，以高程为纵坐标，将地面坡度变化点在毫米方格纸上，再依次连接各点即成横断面图的地面线，如图 10-13 所示。

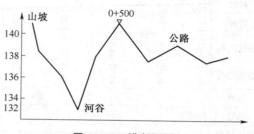

图 10-13　横断面图

6. 管道施工测量

（1）测设管道中线

1）根据管径的大小及管道埋设深度，决定挖槽深度，并撒灰线表明管道开挖边界线。开挖时，管道中线桩将被挖去。通常采用龙门板来控制管线的中线和高程。

2）如图 10-14 所示，龙门板由坡度板与坡度立板组成，管道中线测量时，里程桩间的距离一般较大，需要加密中线桩，即每隔一定距离设置一个龙门板。

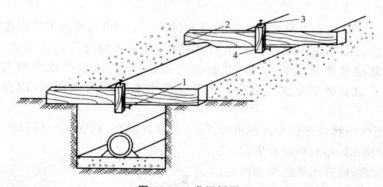

图 10-14　龙门板图示

1. 坡度钉　2. 坡度板　3. 中线钉　4. 坡度立板

3）中线放样时，可根据中线控制桩用经纬仪把管线中线投测到各坡度板上，并用小钉标定其位置，称为中线钉，各坡度板上中线钉的连线就是管道中心线和方向。

4）管道施工时，在坡度板的中线钉上吊垂球，可以将中线投影到管槽内，用以控制中线与管道的埋设。

（2）测管管道高程

1）在龙门板上设置高程标志，以便控制管槽的开挖深度与管道埋设。

2）用水准仪测出中线上各坡度板的板顶高程，板顶高程与管底设计高程之差便为从板顶向下开挖到管底的深度，即下返数。

7. 顶管施工测量

当地下管道需要穿越其他建筑物时，不能用开槽方法施工，就采用顶管施工法。在顶管施工中要做的测量工作有中线测量和高程测量。

（1）中线测量

1）如图 10-15 所示，首先，挖好顶管工作坑，根据地面上标定的中线控制桩，用经纬仪将中线引测到坑底，在坑内标定出中线方向。

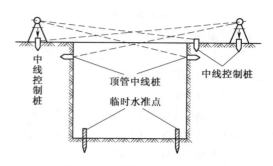

2）用经纬仪将地面中线引测到工作坑的前后，钉立木桩和铁钉，称为中线控制桩。

3）确定工作坑的开挖边界线，进行工作坑施工。

4）当工作坑开挖到设计高程时，进行顶管的中线测设。测设时，根据中线控制桩，

图 10-15　顶管中线桩测设图

用经纬仪将中线引测到坑壁上并钉立木桩，称为顶管中线桩，以标定顶管中线位置。

5）如图 10-16 所示，在两个顶管中线桩之间拉一细线，在线上挂 2 个锤球，2 个锤球的连线方向就是顶管的中线方向。

6）在管内前端横放一水平尺，尺长等于或略小于管径，尺上分划是以尺中点为零向两端增加。

7）当尺子在管内水平放置时，尺子中点若位于两锤球的连线方向上，顶管中心线即与设计中心线一致。若尺子中点偏离两锤球的连线方向，其偏差大于允许值时则应校正顶管方向。

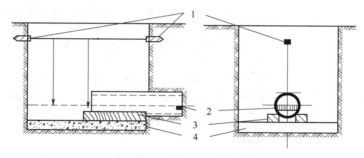

图 10-16　顶管中线测量图

1. 顶管中线桩　2. 木尺　3. 导轨　4. 垫层

（2）高程测量

1）如图 10-17 所示，将水准仪安置在坑内，以临时水准点为后视，在管筒内前进方向上，竖立 1 根略小于管筒直径的标尺作为前视，测出待测点的高程。

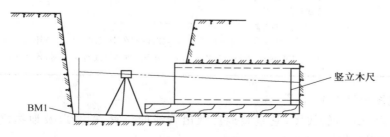

图 10-17　高程测量图

2)将测出的高程与该点的设计高程相比较,若其差值超过了±1cm时,则需要校正。

3)在顶进过程中,每顶进0.5m需要进行1次中线和高程测量,以保证施工质量,如果误差在限差之内,可继续顶进。

8. 管道竣工测量

管道竣工测量主要是指管道竣工图的测绘和相应资料的编绘,管道竣工带状图的测量方法通常有解析法和图解法。

(1)解析法测绘

解析法测绘管道竣工图是指依据国家已有控制网及加密的控制点直接测定管线点(例如管线的起点、终点、交点、变坡点及检查井等)的坐标和高程,然后,再绘制成图。

解析法测绘管道图的相关要求见表10-12。

表 10-12 解析法测绘管道图的相关要求

类　别	内　容
技术要求	①竣工图一般采用1∶500、1∶1000和1∶2000的比例尺 ②竣工图的宽度根据需要而定,对于有道路的地方,其宽度取至道路两侧第一排建筑物外20m ③施测坐标的点位中误差不应大于图上±0.5mm;高程测量中误差(相对于所测路线的起点、终点)对于直接测定时为±2cm,通过检修井间接测定管线点高程时为±5cm。根据工程要求,精度可适当调整
外业测量	①从管线起点开始,沿线将各管线点顺序编临时号,并绘制草图 ②对于直埋管线,如当时不能测定坐标,可先作栓点,即在选取的管线点上在实地标注3个栓距,待还土后再用栓距还原点位补测坐标 ③对已经编好号的管线点,用附合水准路线逐点联测高程;每一管线点均应按转点施测,以防粗差 ④以编号的管线点组成导线逐点联测坐标或用极坐标法测设 ⑤除测量井中心坐标及井面高程外,还要测量井间距、管径、偏距等
成果计算 及单位的计取	①计算管线点的坐标时,方位角可凑整到5″或10″ ②坐标和高程的计算应取到cm ③管径除通信管道以cm为单位外,其他管道应以mm为单位,且应注明内径或是外径 ④对于计算完毕的管线成果应列表汇总并配以施测略图
内业测绘	①图上内容应以反映管线为主,对次要地物可适当取舍 ②为了明显地表示出管线的种类以及管线的主要附属设施,对管线的表示应用不同的符号和不同的颜色 ③对于已展绘上色的管线,不但要在图上注记统一的编号,还要在相应的图面上注记管线点的高程
检查	为了保证综合管线图的质量,验收时除对外业成果进行检查外,还应检查图上各种线条,管线的点位、标高、点号注记是否正确,地物管线有无错漏,各种注记是否合乎要求

地下管线图示见表10-13。

图10-18为一综合管线图,它直观地反映出管线的位置、标高以及地物之间的相互关系,是管线竣工测量的综合成果。

表 10-13 地下管线图示

名　称	符　号 管　线		备注说明
规划道 路中线	50.0　⋮　10.0　⋮		
给水(水)	∥⋮　30.0　5.0　∥ 2.0	湖蓝	⊕⋮⋮2.0 ⊕⋮⋮2.0	⊖⋮2.0 盖堵 水表 闸链 1.5
污水(污)	⊕　　⊕	赭石	⊕⋮⋮2.0	□⋮2.0 暗井
雨水(雨)	⊕　　⊕	浅熟褐	⊕⋮⋮2.0	
煤气(煤)	50.0　　5.0 低压 中压粉红 高压		⊘⋮⋮2.0	0.5 ○ 抽水缸 闸门
热力(热)	⊖　⊖	橘黄	⊙⋮⋮2.0	
电力(力)	⚡⋮　30.0　⋮10.0⋮ 2.0	朱红	○⋮⋮2.0	电力、无轨、照明
电信(话、长 广、铁)	/⋮　30.0　⋮10.0⋮ 2.0	草绿	⊕⋮⋮2.0 人孔 ⊠⋮⋮2.0 手孔	市话、长途、 专用通信
工业管道(工)	I⋮　30.0　⋮10.0⋮ 2.0	黑	○⋮⋮2.0	工业气、液体、 液体排渣

(2)图解法测图

　　在城镇大比例尺地形图上,直接用图解的方法测绘地下管道竣工位置图的工作称为图解法测图。图解法测图,是利用城镇大比例尺基本地形图作为综合管道的工作底图,在该图上实测或按资料进行编绘,从而形成管线竣工图。图解法测绘图具有方法简便、工作量少、直观性强,易于发现错误等优点,但其精度直接受底图的精度影响,图的精度低,则管线位置精度就低。

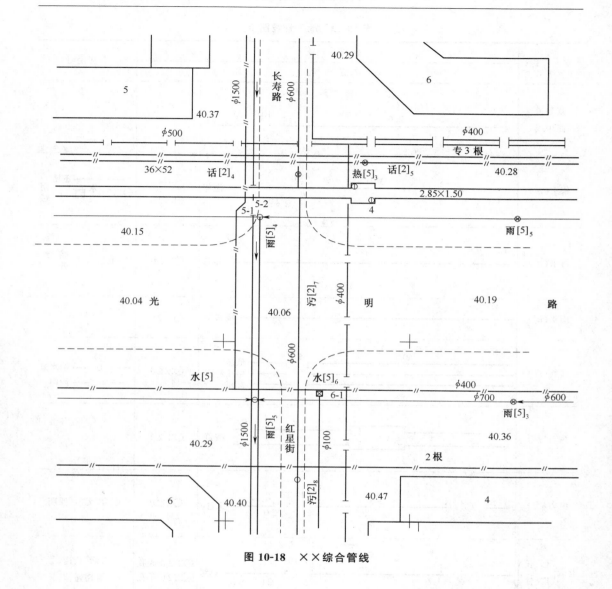

图 10-18 ××综合管线

第八节 竣工总平面图的绘制

一、竣工总平面图绘制的原则

1)广泛收集建(构)筑物的原设计图纸、施工图纸、施工变更通知、施工检验记录和其他有关资料,并对所收集的资料进行抽查。

2)根据以上资料的检查结果,将其确认无误的部分绘到总平面图中,对于有问题的部分应采用实测数据进行编绘。

3)在编绘竣工总平面图时,主要应以施工图为基本依据,竣工总平面图的比例尺、图式、图中内容、精度、坐标和高程系统等,应当与施工图一致。

4)在编绘竣工总平面图时,应当遵守一边施工、一边编绘的原则,这是保证竣工总平面图绘制质量的重要措施。

5)一个建筑工程往往包括若干单项工程,单项工程的开工时间有先有后,因此,对于竣工总平面图的绘制,必须根据单项工程的施工顺序,进行周密计划、合理安排。

二、竣工总平面图的内容

竣工总平面图的内容包括测量控制点、厂房、辅助设施、生活设施、架空与地下管道、道路等建(构)筑物的坐标、高程,以及建(构)筑物区内净空地带和尚未兴建区域的地物、地貌等。

三、竣工总平面图绘制步骤

1)首先,在图纸上绘制出坐标方格网,一般是用两脚规和比例尺来绘制,其精度要求与地形测量图的坐标方格网相同。

2)绘制控制点。坐标方格网绘制完毕后,将施工控制点按坐标值绘制在图上,绘制点对临近的方格而言,其容许该点误差为±0.3mm。

3)绘制设计总图。根据已绘制的坐标方格网,将设计总图中的内容按其设计坐标,用铅笔绘制于图纸上,作为竣工总平面图的底图。

四、竣工总平面图绘制方法

竣工总平面图的绘制方法有以下 2 种:

(1)根据设计资料进行绘制

凡是按照设计坐标定位施工的建(构)筑物,按设计坐标(或相对尺寸)和标高进行绘制。建(构)筑物的拐角、起止点、转折点,应根据坐标数据绘制成图;对建(构)筑物的附属部分,如果无设计坐标,可用相对尺寸进行绘制。如果原设计有所变更,则应根据设计变更资料进行绘制。

(2)根据竣工测量等资料绘制

1)在工业与民用建筑工程竣工后,都会按照一定要求进行竣工测量,并提出该工程的竣工测量成果。

2)对于凡是有竣工测量资料的工程,如果竣工测量成果数值与设计图中数值存在一定差别,当不超过所规定的定位容许误差时,可以按照设计值进行绘制,否则应按竣工测量资料进行绘制。

3)根据上述资料绘制竣工总平面图时,对于厂房,应使用黑色线绘出该工程的竣工位置,并应在图上注明工程名称、坐标、高程及有关说明。

4)对于各种地上、地下的管线,应用各种不同颜色的墨线绘出其中心位置,注明转折点、坐标、高程及有关说明。

5)在施工过程中没有设计变更的情况下,墨线的竣工位置与原设计图用铅笔绘制的位置应重合,但其坐标、高程数据与原设计值比较可能稍有差异。

五、施工现场竣工实测

对于直接在现场指定位置进行施工的工程,以固定地物定位施工的工程,多次变更设计而无法查对的工程,竣工现场的竖向布置、围墙和绿化情况,施工后尚保留的大型临时设施,竣工后的地貌情况等,都应当根据施工控制网进行施工现场实测,对竣工总平面图加以补充。

在进行施工现场外业实测时,必须在现场绘出草图,再在室内进行补充绘制,这样才能成为完整的竣工总平面图。在某些情况下,也可以在现场用图解方法直接绘制成图。

对于大型企业和较复杂的工程,如将建设区域内的地上、地下所有的建(构)筑物都绘制在一张总平面图上,必然使平面图上的内容太多、线条密集、不易辨认。为了使总平面图的图面清晰醒目、便于使用,可以根据工程的密集与复杂程度,按工程性质分类来编绘竣工总平面图,如综合竣工总平面图、工业管线竣工总平面图、分类管道竣工总平面图、道路竣工总平面图等。

第九节   竣工总图与管道图的编绘

一、竣工总图与管道综合图绘制的一般规定

竣工总图的服务对象主要是设计单位和建(构)筑物管理单位的有关专业,竣工总图应尽量采用这些单位习惯的图例和绘图方式,并在每一种专业图旁注明图例及说明,能使用户一目了然。为便于竣工总图的绘制,竣工总图的图幅应与设计单位的图幅尺寸相一致,一般应采用表 10-14 中所示的 5 种图幅尺寸。

表 10-14   竣工总图所采用的图幅尺寸

图幅代号	A0	A1	A2	A3	A4
图幅规格(宽×长)(mm)	841×1189	594×841	420×594	297×420	210×297

绘制坐标方格网、图廓线、图根点和细部点,它们的最大误差不应超过表 10-15 中的规定。

表 10-15   绘图的最大误差

项 目	最大误差(mm)	
	用坐标展点仪	用方格网尺
方格网实际长度与名义长度之差	0.15	0.10
图廓对角线长度与理论长度之差	0.20	0.30
控制点间图上长度与边长之差	0.20	0.30
细部坐标展点	—	0.30
坐标格网线细度	0.10	0.10

竣工总图的细部坐标属于实测者注记到 0.01m,各种细部坐标图上标记的形式应符合以下规定:

$$\frac{A123.45}{B678.90} \text{或} \frac{x123.45}{y678.90}$$

A、B 为建筑坐标,x、y 为城市坐标或国家坐标,分子为纵坐标(m),分母为横坐标(m)。各专业图上的细部点可不注记坐标,只注记其编号,另外要提交由编号编制的坐标成果表。

对于各种大样图、断面图,依比例尺绘制者,应当注明比例尺的大小;不依比例尺绘制者,应当注明规格尺寸。大样图、断面图宜绘在该图所在位置的附近,并且图和位置的编号应相同。

图中各种线划的形式和粗细度要求,应符合建筑工程制图的有关规定。

二、竣工总图绘制的资料来源和主要内容

竣工总图不同于竣工测量图,也不同于设计图,其绘制时应包括以下内容:

1)建(构)筑物的主要交角的坐标、圆形建(构)筑物的中心坐标和接地处半径。

2)铁路、公路和其他道路中心线交点、分支点(岔心)、尽头等的坐标。

3)建(构)筑物的拐角点、室内地坪、铁路、轨顶、道路中心(或变坡点)的标高。

4)地形特征点、地形点、明沟底,铁路和其他道路断面处的标高。

5)地下人防工程的各种数据。当人防工程的数据太多,在竣工总图上难以表示清楚时,应当选择主要的数据进行注记,如果有必要可另外单独画一幅地下人防工程专业图,在此专业图上注记出全部的数据。

三、管道综合图的绘制

1)当建筑物中的管道种类较多,分布比较密集,全部绘制在竣工总图上很难表示清楚,为了专业管理方便,则需要单独编绘管道综合图。

2)管道综合图又称为管道汇总图,它是将地上、地下管道编绘在一张图上。

3)管道综合图是竣工总图的专业分图,是竣工总图的重要组成部分,其资料来源与竣工总图的资料来源基本相同。

4)在管道综合图上要表示各种管网的位置及其关系,例如,在管道交叉、分支和尽头处,均要注记坐标、注记有关标高,每种管线都要用线条配合各种符号表示。除了在图上标注上管线的位置外,还要绘出围墙、主要道路和有关建(构)筑物的位置。

5)在地上、地下管线密集处或结点处,还要绘制大样图和有关断面图,例如,从左至右,按一定的纵横比例尺,标出建筑物的围墙线、铁路、公路,以及各种地上、地下管线,并注明相应的间距和标高,加注一定的说明等。

第十节 某地铁线竣工测量案例

一、工程概况

×××地铁××号线,是×××市轨道交通线网中规划的一条骨干线路,整体上呈西南—东北走向,起点位于×××产业园区,经×××、市中心、××埠至终点××,全长双线29.045km,其中地下线为双线21.57km、高架线为双线6.87km、地面线为双线0.605km。全线共设车站23座,其中地下站18座、高架站4座、地面站1座。

标段施工范围为线路起点(K0+310)到xxx站(K14+420.605)正线及辅助线、车辆段出入线高架线整体道床部分。

线路竣工测量应在道床铺设之后进行。在高架桥及敞开段以地面导线点为测量依据,在隧道内以控制基标为起始数据,控制基标或控制点发生变化应重新进行控制测量,并以其作为起始数据布设线路导线。控制基标测量一般主要检测各控制基标间的折角和高程,其测量方法和精度要求按有关技术要求执行。对标段进行全线控制基标恢复及布设,普通整体道床按线路中心线布置,浮置板、道岔部分控制基标设置在线路一侧。精确地测设竣工基标为轨道竣工验收及以后地铁运营维修提供测量依据。

二、测量依据

1)《城市轨道交通工程测量规范》。

2)《工程测量规范》。

3)总测移交的控制桩和设计院图纸。

4)总测检测的原控制基标。

5)《地下铁道工程施工及验收规范》。

6)《城市测量规范》。

三、测量人员职能和施工保障措施

1)测量队由测量队长及 5 名测量人员组成,如图 10-19 所示,均有测量岗位资质证书。根据竣工测量时间紧任务重、工作量大、要求精度高内业资料多等特点,对测量人员进行责任分工。

2)测量队职能。测量队是公司派驻现场、完成铺轨测量任务的实体,该部门实行队长负责制。

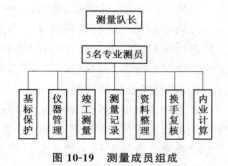

图 10-19　测量成员组成

测量队设队长 1 名,带领队员负责与××测绘院交接桩,对控制桩加固并做点之记,及时对所管辖区的工程控制桩进行复核,按规范布设铺轨基标及施工测量放线,工程竣工后,进行竣工基标测量和整理竣工测量资料等工作。

测量队长负责竣工测量数据和资料的收集、数据处理和管理,基标测量放线成果资料归档。测量方案编制、实施。负责全队的日常工作,指导测量人员编写测量日志和资料及与外界沟通、员工教育和测量技术培训等工作。并负责与业主、设计单位以及监理单位的测量方面交流与沟通。

3)测量人员必须持有测量证书,具备良好的身体素质和专业技能,有吃苦耐劳、严肃认真、实事求是、团结协作的工作作风。自觉养成爱护仪器并规范使用仪器的良好习惯。按时完成测量任务,(含外业测量、内业数据处理、测量成果的自查自检等),书写测量日志,配合测量队长做好竣工测量的各项工作。

4)确保足够、合理的人员、设备投入,安排责任心强、技术水平高、工作经验丰富的人员参与正线轨道竣工测量工作,并建立严格岗位责任制和奖惩制度。项目部投入的测量仪器设备精度高,自动化程度高,数量足,为竣工测量提供了良好的技术设备保障。

5)明确各自的工作职责和要求,依据有关法律、有关技术标准和竣工测量方案展开竣工测量的各项工作。

四、技术保障措施

地铁测量的最大特点是全线分区段施工,测量作业往往要面对工期紧、交叉多、作业环境恶劣等不利局面。地铁竣工测量的另一个特点是地铁隧道内轨道结构采用维修量较小的整体道床,几乎无调整余地,所有对竣工基标的测量精度要求为 mm 级。为了满足测量进度需要,并确保测量成果质量,首先,必须对轨道控制基标里程及坐标数据进行复核,对于设计变更部分,在原图用红笔标注,图纸应标明有效或无效并作好记录。内业计算资料必须做到两人复核或用不同的方法进行计算复核,可用 Auto cad 绘出整个工程的平面图,和数学计算相结合的方法复核。项目将结合工程特点,采用一系列的技术措施,确保轨道竣工测量按时完成。

1)测量作业开始前,积极与业主、监理沟通,全面收集基础资料并认真进行现场踏勘,依据各种有关的技术标准和合同约定,并以满足轨道工程竣工测量需要为原则,结合项目的实际情况进行轨道竣工测量方案编制,确保实施方案科学合理,切实可行。

2)方案编制完成后,及时报经监理、业主审批,获业主批准的竣工测量方案作为测量作业的依据,在项目实施的全过程加以切实和严格执行。

3)仪器采用徕卡1201全站仪,天宝电子精密水准仪,数码尺均在鉴定有效期内。棱镜及三脚架2套,使用前进行了检验及校正,精度符合要求。在竣工测量作业过程中,本项目将充分发挥测量仪器技术和精度优势,实现仪器设备和测量技术的最优化,提高测量作业的工作效率,促进测量精度的全面提升。

同时,在作业过程中,一边采取有效措施克服作业环境对测量精度和作业进度的影响,全程保持测量仪器设备在有效鉴定周期并处于良好运转状态,确保竣工测量成果质量。

4)按照技术技能高低进行测量队分工,确保作业队伍结构合理,并保持作业队伍相对稳定。

5)严格按照规范要求进行测量作业,并按规定进行作业过程检查以及测量成果的检查验收。

6)充分借鉴和总结类似项目工作经验,以避免盲目作业。

7)本项目经理将虚心向业主和监理单位学习,不断提高自身的业务能力和技术水平。

8)对测量队的全部人员进行技术培训和质量安全教育,全面领会竣工测量技术要求和测量工艺流程,使每一个测量人员懂得竣工测量的重要性,确保每一个测量环节的成果质量。

五、轨道竣工测量

1. 线路导线测设

线路导线在隧道内为保持与原线形保持一致,使用铺轨后经××测绘院检测合格的原铺轨控制基标为起始数据布设线路导线,以小里程铺轨基标点作为线路导线的起始边,中间按导线加密点进行布设,大里程铺轨基标为符合边,布设成符合导线,然后进行导线测量,符合精度后对导线进行平差计算。再布设下一段附合导线,以上一段的终止边作为下一段起始边进行导线符合,最后符合到终点根据每段导线点坐标和高程进行竣工后控制基标测设。

在高架桥及敞开段以××测绘院交的控制点为依据布设符合导线,在通视条件良好、安全、易保护的地方对附和导线进行加密布置,然后进行测量及严密计算平差。平差结果要满足四等导线的精度要求。符合规范后编制成表,准备进行下一步控制基标测设。

2. 导线观测主要技术要求

1)水平角方向观测法的主要技术要求见表10-16。

表10-16　水平角方向观测法的技术要求

等级	仪器精度等级	光学测微器两次重合读数之差(″)	半测回归零差(″)	一测回内2C互差(″)	同一方向值各测回较差(″)
四等及以上	1″级仪器	1	6	9	6
	2″级仪器	3	8	13	9
一级及以下	2″级仪器	—	12	18	12
	6″级仪器	—	18	—	24

注:①全站仪、电子经纬仪水平角观测时不受光学测微器两次重合读数之差指标的限制。

②当观测方向的垂直角超过±3°的范围时,该方向互差可按相邻测回方向比较,其值应满足表中一测回内互差的限值。

2)导线边长测距的主要技术要求应符合表 10-17 的规定。

表 10-17　测距的主要技术要求

平面控制网等级	仪器精度等级	每边测回数		一测回读数较差(mm)	单程各测回较差(mm)	往返测距较差(mm)
		往	返			
三等	5mm 仪器	3	3	≤5	≤7	≤2(a+b×D)
	10mm 仪器	4	4	≤10	≤15	
四等	5mm 仪器	2	2	≤5	≤7	
	10mm 仪器	3	3	≤10	≤15	
一级	10mm 仪器	2	—	≤10	≤15	
二、三级	10mm 仪器	1	—	≤10	≤15	

注:①测回是指照准目标 1 次,读数 2~4 次的过程。
　　②困难情况下,边长测距可采取不同时间段测量代替往返观测。

3)导线测量技术要求,见表 10-18。

表 10-18　导线测量的主要技术要求

导线等级	导线长度(km)	平均长度(km)	测角中误差(")	测距中误差(mm)	测距相对中误差	测回数			方位角闭合差(")	导线全长相对闭合差
						1″级仪器	2″级仪器	6″级仪器		
三等	14	3	1.8	20	1/150000	6	10	—	$3.6\sqrt{n}$	≤1/55000
四等	9	1.5	2.5	18	1/80000	4	6	—	$5\sqrt{n}$	≤1/35000
一级	4	0.5	5	15	1/30000	—	2	4	$10\sqrt{n}$	≤1/15000
二级	2.4	0.25	8	15	1/14000	—	1	3	$16\sqrt{n}$	≤1/10000
三级	1.2	0.1	12	15	1/7000	—	1	2	$24\sqrt{n}$	≤1/5000

注:①表中 n 为测站数。
　　②当测回测图的最大比例尺为 1∶1000 时,一、二、三级导线的导线长度、平均边长可适当放长,但最大长度不应大于表中规定相应长度的 2 倍。

3. 全站仪导线测量注意事项

1)用于控制测量的全站仪的精度要达到相应等级控制测量的要求。

2)测量前要对仪器按要求进行检定、校准;出发前要检查仪器电池的电量。

3)必须使用与仪器配套的反射棱镜测距。

4)在等级控制测量中,不能使用气象、倾斜、常数的自动改正功能,应把这些功能关闭,而在测量数据中人工逐项改正。

5)测量前要检查仪器参数和状态设置,如角度、距离、气压、温度的单位,最小显示、测距模式、棱镜常数、水平角和垂直角形式、双轴改正等。可提前设置好仪器,在测量过程中不再改动。

6)手工记录以便检核各项限差,内存记录用作对照检查。

4. 全站仪导线测量观测方法

1)在测站上安置全站仪,对中、整平(激光对中、电子整平时要先启动仪器)。

2)在各镜站上安置棱镜,对中、整平,镜面对向测站。

3）打开全站仪电源,上下转动望远镜、水平旋转仪器进行初始化,设置为角度测量状态。

4）测站、各镜站分别读记测前气压、温度。

5）盘左望远镜十字丝照准后视导线点方向的反射棱镜觇牌纵横标志线,水平方向设置为 0°0′0″,然后,照准读前视导线点方向的反射棱镜觇牌纵横标志线,读记水平角、平距。

6）转动望远镜,盘右望远镜十字丝照准前视导线点方向的反射棱镜觇牌纵横标志线,读记水平角、平距。

7）盘右转到后视导线点方向照准反射棱镜觇牌纵横标志线,同法测记。

8）测站、各镜站分别读记测后气压、温度。

9）上面 4）～8）为第一个测回的观测,照准第 1 方向,设置水平度盘,同法测完全部测回。

10）检查记录,关闭仪器。本站结束。

5. 控制基标位置

控制基标布置根据铺轨设计图纸按直线段间距为 120m 一个,曲线 60m 设置一个 ,曲线起终点、缓圆点、圆缓点、道岔起止点等均设置基标,单开道岔在基本轨轨缝两轨外侧、辙叉前后轨缝两侧、交叉渡线的长短轴上等增设轨道基标,普通整体道床在线路中线上布设,U 型结构段、浮置板道床分别按左线左侧、右线右侧 1.5m、1.8m 布置。道岔是按规范左右侧 1.5m 布置。

控制基标示意图如图 10-20～图 10-23 所示。

控制基标采用 ϕ14mm 的不锈钢螺钉制成,顶部成六棱形平面。

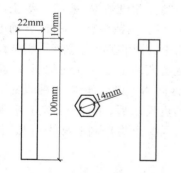

图 10-20　控制基标用螺钉尺寸图

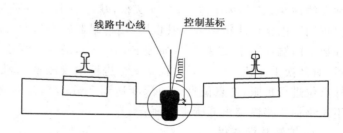

图 10-21　一般道床控制基标设置示意图

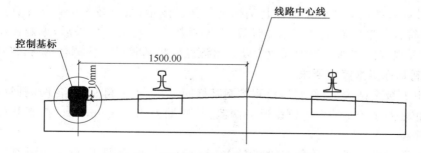

图 10-22　道岔道床控制基标设置示意图

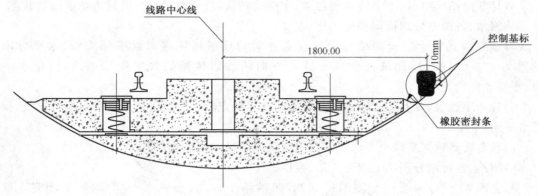

图 10-23 浮置板道床控制基标设置示意图

竣工控制基标按规范应采用等距等高布置,如果高架桥按等距等高布置,基标将露出桥面 10cm 左右,在以后轨道维修施工中,工人在搬运建筑材料及机械施工时,不可避免对高出底面的控制基标产生碾压、磕砸的情况,影响基标精度。

浮置板地段及线路道岔控制基标布设在道床外侧,无法与钢轨等高,根据《铺轨综合图》图纸的设计说明(可根据铺轨施工的工艺,以确保铺轨精度,加快施工进度和降低成本为前提,可采用灵活的设置方式)。

根据以上实际情况和设计说明,为了提高竣工控制基标的高程精度,加快测设进度,本标段按标头略微突出混凝土面为原则等距不等高布设全线控制基标。

6. 控制基标测设

竣工后的控制基标测设是根据设计图纸事先计算的控制基标测设数据,采用 1″级全站仪以坐标方式进行放样,用坐标法测至混凝土面,红油漆做好标记,电钻头竖直对准,开动电钻大约钻 9cm 深,拔出电钻,清理灰粉,基标沾水泥浆塞入孔中,并用锤砸实,然后,用全站仪正倒镜极坐标法精确测定其位置,用钉眼器轻微钉眼,在隧道侧墙上注明左右线里程,里程数字前端加写中文"控"字(如控 K0+200),最少要两站一区间为一段全部测设,测设完成后,对其换手复核。无误后对控制基标进行串线测量,满足精度要求后,用钉眼器对控制基标点位进行扩眼,使点位直径和深度达到 2mm 左右,然后用混凝土将控制基标进行加固,不锈钢标头略微突出混凝土表面。

7. 控制基标高程

控制基标的高程则利用符合导线起点水准点为基点,终点水准点为符合点,用天宝电子水准仪和数码尺按高差法对本段控制基标进行往返测量,限差按 $8mm\sqrt{n}$ 计算。符合精度要求后,按符合水准线路法进行平差计算。控制基标高程成果出来后,编制控制基标测设报告,按相关规定向监理工程师和业主及××测绘院提请报验。检测合格后,资料存档。

8. 控制基标测量限差要求

1)使用 1″级全站仪进行测量,检测控制基标间夹角,水平角左、右各两测回(其左、右角之和与 360°之差小于±6″),边长往返各两测回(测回差小于±5mm)。控制基标测设形式为等距不等高。

2)直线段控制基标间夹角与 180°较差应小于±6″,实测距离与设计距离较差小于±10mm,曲线段控制基标间夹角与设计值较差计算出的线路横向偏差小于±2mm,弦长测量值与设计值较差小于±5mm。

3)控制基标高程测量按精密水准测量要求施测。其水准线路闭合差小于 $\pm 8\sqrt{L}$ mm（L 为水准线路长度，以 km 为单位）。控制基标高程实测值与设计值较差小于±2mm，相邻控制基标与设计值地高差较差小于 2mm。

9. 控制基标保护

1)对测量人员进行质量交底，主要是针对导线控制点和基标的保护进行交底，要求测量人员做到对测设点的随时固定。

2)基标标桩埋设牢固后，经检测基标满足各项限差要求后用混凝土及时固定，控制基标进行永久固定与保护。以满足轨道维修施工和竣工检测的需求。

3)现场工程师对民工进行教育，并设立奖罚措施，共同对测量成果进行保护，以满足工程交接需要。

10. 轨道竣工检测

轨道竣工检测以控制基标为起始数据，进行中线测量，轨道距基标或线路中心线的允许偏差为±2mm；轨道高程允许偏差为±1mm，轨距允许偏差为−1mm～+2mm，左、右轨的水平允许偏差为±1mm。测量中误差应为允许偏差的 1/2。直线每 20m 检测一点，曲线每 10m 检测一点。

道岔区线路轨道竣工测量，以道岔基标为依据，分别测量基标与对应道岔轨道的位置、距离、高程以及轨距。道岔岔心位置允许偏差为±15mm，轨顶全长范围内高低差应小于 2mm。按规范填写竣工记录。

另外，根据铺轨基标测量线路里程标志、道岔标志、行车限速标志牌等其他附属设施及业主、监理要求的其他任务。整理竣工测量内业资料做好与业主及运营单位的交接准备工作。

11. 质量保证措施

为了确保竣工测量的成果质量，本项目在实施过程中将严格按照公司的质量管理体系文件、测绘与信息工程过程作业程序以及各项规章制度，对本标段轨道竣工测量工作的全过程实行全面的质量控制和质量保证，做到人员、设备、管理三到位，确保建成后的地铁轨道工程、平面、纵断面线性符合设计要求，最终保证建成后的地铁工程是一条高质量、高标准的精品地铁线路。

依据质量保证体系和竣工测量工作内容和特点，建立覆盖轨道竣工测量作业全过程的严格质量管理与控制制度，并加以实施。包括：

1)严格执行一系列强制性技术标准，以及业主方的技术规定。

2)严格执行经业主单位批准的竣工测量方案，加强过程控制，重点监控关键环节的测量技术与成果质量，保证测量方案的全面贯彻落实。

3)严格履行测量人员的岗位职责要求，层层把关，逐级负责，各测量人员对队长负责，队长对主管领导负责。

4)确定并跟踪检查、落实每个过程的内容、完成情况、精度、存在问题和处理方法等，登记测量记录人员、仪器使用人、换手测量复核人信息等。

5)在竣工测量开始前，对作业人员进行必要的技术交底和技术培训，对仪器设备提前进行鉴定，确保本项目所使用的所有仪器设备始终在有效鉴定周期内并处于良好状态。

6)对各工序的作业情况、有关技术问题的发现与处理及质量检查的作明确的记载，建立各种技术与质量文档。

7）应严格执行资料交接制度，所有资料（含向业主、监理及天津测绘院等单位提交的导线复测成果、控制基标成果、测量放样成果等）通过"交接单"的方式进行资料交接。

12. 安全生产与文明施工

为了更好地指导轨道竣工测量生产活动，规范作业流程，杜绝安全事故，避免安全事故的发生，根据本项目的现场环境与竣工测量的作业特点制定测量安全管理体系及安全管理措施。

1）进行安全教育、安全交底。

2）测量作业人员应听从项目管理人员指挥，进入现场不得嬉戏打闹，不得动用非测量专业的人和设备、材料等。

3）进入隧道的测量人员必须佩戴安全帽、安全鞋，身着安全警示服，佩戴通信设备，并保持与地面人员的通讯畅通。

4）在有轨道车及其他运输机械的地下隧道内测量作业时，应事先与有关部门、人员联系，申请测量时段，禁止在测量区段内有车辆通过、高速机械运转情况发生。在以上区段作业时，测量队尚需派专人监护，确保测量作业安全。

5）在轨排运输、轨道车行车、龙门吊作业以及现场钢轨焊接等与测量工作同时进行时，现场调度统一进行安全协调指挥。

6）对正在施工及情况复杂的现场预先进行踏勘工作，确保安全后可进入现场作业。

7）洞内作业严禁明火。

8）使用大功率发电设备时，测量人员应具备安全用电和现场急救的基础知识，供电人员应使用绝缘防护用品，接地电极附近应设明显警告标志，并设专人看管。

9）作业中一旦发生人身安全事故，除立即将受害者送医院急救外，还应保护好现场，并及时报告上级主管部门，以便调查处理。

10）在高架桥高压线附近测量时，禁止使用铝合金标尺、镜杆等，防止触电。

11）在盾构内视线不清的地点作业时应事先设置安全警示标志，必要时安排专人担任安全警戒员。

12）地下及高架桥作业必须学习相关的安全规程和洞内测量规程，掌握洞内、桥面工作的一般安全知识，掌握工作地点的具体情况。

13）现场测绘人员语言文明，谦虚谨慎，待人诚恳。

14）向相关单位解释技术问题应口齿清晰，适用专业术语，解答过程中应耐心有礼。

15）与业主、监理及相关部门进行工作联系时，联络人员应注重仪态仪表。

16）因工作需要于隧道内就餐，餐后及时清理现场杂物。

17）测量人员在施工现场文明如厕。

18）作业时不得勾肩搭背、嬉戏打闹，仪表不整者不准进入作业现场。

13. 成果资料

对取得的所有设计图纸、控制桩交接资料、导线复测资料、放线报验资料、竣工测量资料等所有成果资料，应有专人保管，作业过程中定期对各种电子数据进行备份。切实做好计算机防毒在工作，确保测量数据的安全。

上述资料在项目完成后，有必要的按相关规定移交给业主单位。另应附：主要仪器校准证书、测量人员资质，这里不详述。

第十一章　建筑物的变形观测

第一节　建筑物变形观测简介

一、变形观测的概念

所谓变形观测,是对建筑物以及地基的变形进行的测量工作,是用测量仪器或专用仪器测定建筑物在自身荷载和外力作用下随时间变形的技术工作。在进行变形观测时,一般在建筑物的特征部位埋设变形观测标志,在变形影响范围之外埋设测量基准点,定期测量观测标志相对于基准点的变形量,从历次观测结果的比较中,了解变形随时间发展的情况。

二、变形观测的意义

1)建筑物变形观测具有实用上和科学上两方面的意义。在实用上的意义,主要是检查各种工程建筑物和地质构造的稳定性,及时发现异常变化,对其稳定性和安全性作出判断,以便采取技术措施,防止事故的发生。

2)在科学上的意义,主要是积累变形观测分析资料,更好地理解变形的机理,验证变形的基本假说,为研究灾害预报建筑物变形的理论和方法服务,检验工程设计的理论是否正确、合理,为以后修改设计、制定设计规范提供依据。

3)建筑物变形观测的总体目的是获得工程建筑物的空间状态和时间特性,同时还要解释变形的原因,以便采取正确、科学的处理方法。

三、建筑物变形观测的内容

建筑物的变形,按其类型可分为静态变形和动态变形两种。静态变形通常是指变形观测的结果只是表示在某一期间内的变形值,这种变形没有其他外力的作用,只是时间的函数,又可分为长周期变形和短周期变形。动态变形是指在外力影响下而产生的变形,它以外力为函数表示动态系统对于时间的变化,其观测的结果是表示建筑物在某个时刻的瞬时变形。

建筑物变形观测的内容很多,主要包括建筑物的沉降观测、建筑物的位移观测、建筑物的倾斜观测、建筑物的裂缝观测和建筑物的挠度观测等。

(1)建筑物的沉降观测

建筑物的沉降是地基、基础和上层结构共同作用的结果。沉降观测和资料的积累是研究解决复杂地基沉降问题的基础,也是改进地基设计的重要手段。同时,通过沉降观测可以分析相对沉降是否有差异,以监视建筑物的安全。

(2)建筑物的位移观测

建筑物的位移观测是指其水平位移观测,主要测定建筑物整体平面位置随时间变化的移动量。建筑物平面产生移动的原因,主要是基础受到水平应力的影响,如地基处于滑坡地带或受地震的影响等。

（3）建筑物的倾斜观测

高大建筑物上部和基础的整体刚度较大，地基产生的倾斜（如差异沉降）即反映出上部主体的倾斜。建筑物倾斜观测的目的是验证地基沉降方面出现的差异，并通过倾斜观测来监视建筑物的安全。

（4）建筑物的裂缝观测

当建筑物基础局部产生不均匀沉降时，其墙体往往出现大小不一的裂缝。系统地进行裂缝变化的观测，根据裂缝观测和沉降观测，来分析变形的规律、特征和原因，以采取措施保证建筑物的安全。

（5）建筑物的挠度观测

建筑物的挠度观测是测定建筑物构件受力后的弯曲程度。对于水平放置的构件，在两端及中间设置沉降点进行沉降观测，根据测得某时段内这三点的沉降量，计算其挠度。对于直立的构件，要设置上、中、下三个位移观测点，进行位移观测，利用三点的位移量可计算出构件的挠度。

在建筑物变形观测中，除以上 5 种变形观测外，另外还有扭转观测、振动观测、弯曲观测、偏距观测等。但其最基本的内容是沉降观测、位移观测、倾斜观测、裂缝观测和挠度观测。建筑物的以上 5 种变形观测，并不是每座建筑物都必须进行，对于不同用途的建筑物，其变形观测的重点也有所不同。

四、建筑物变形观测的方法

建筑物变形观测的方法，要根据建筑物的性质、规模大小、使用功能、观测精度和周围环境等综合考虑确定。

1）在一般情况下，对建筑物的沉降变形多采用精密水准测量、液体静力水准测量或微水准测量等方法进行观测。

2）对于水平位移，如果是直线形建筑物，一般采用基准线法观测；如果是曲线形建筑物，一般采用导线法观测。

3）对于建筑物的裂缝或建筑物的伸缩缝变形，可采用专门的测量缝隙的仪器或其他方法进行观测。

五、建筑物变形观测的精度要求

建筑物变形观测的精度要求，取决于允许变形值的大小和观测目的。建筑物的允许变形值多数是由设计单位提供或来自现行规范中的规定。

建筑物变形观测按不同的工程要求分为 4 个等级，各等级的精度要求见表 11-1。

表 11-1　变形观测的等级划分及精度要求

变形观测等级	垂直位移测量		水平位移测量	适用范围
	变形点的高程中误差（mm）	相邻变形点的高程中误差（mm）	变形点的点位中误差（mm）	
一等	±0.3	±0.1	±1.5	变形特别敏感的高层建筑、工业建筑、高耸构筑物、重要古建筑物、精密工程设施等
二等	±0.5	±0.3	±3.0	变形比较敏感的高层建筑、高耸构筑物、古建筑物、重要工程设施和重要建筑场地的滑坡监测等

续表 11-1

变形观测等级	垂直位移测量		水平位移测量	适用范围
	变形点的高程中误差（mm）	相邻变形点的高程中误差（mm）	变形点的点位中误差（mm）	
三等	±1.0	±0.5	±6.0	一般性高层建筑、工业建筑、高耸构筑物、滑坡监测等
四等	±2.0	±1.0	±12.0	观测精度要求较低的建筑物、构筑物和滑坡监测等

六、建筑物变形观测的周期要求

1）对于单一层次布网，观测点与控制点应当按变形观测周期进行观测。

2）对于 2 个层次布网，观测点及联测的控制点应按变形周期进行观测，控制网部分可按复测周期进行观测。

3）变形观测周期应当以能够系统反映所测变化过程，且不遗漏其变化时刻为原则，根据单位时间内变形量的大小及外界因素影响而确定。

4）当观测中发现变形异常时，应及时增加观测的次数。

5）为确保建筑物变形观测的精度，对控制网也应定期进行复测，复测的周期应根据测量目的和点位的稳定情况确定，一般宜每半年复测 1 次。

6）建筑施工过程中应适当缩短观测时间间隔，当点位的稳定性可靠后，可适当延长观测时间间隔。

7）当复测成果或检测成果出现异常或测区受到如地震、爆破、洪水等外界因素影响时，应及时进行复测。

8）在建筑物变形观测的首次（即零周期）观测时，为提高其初始值的可靠性，应适当增加观测量。

9）不同周期观测时，宜采用相同的观测网和观测方法，并使用相同类型的测量仪器。对于测量精度要求较高的变形观测，还应固定观测人员、选择最佳观测时段、在基本相同的环境和条件下观测。

第二节　建筑物沉降观测

一、水准基点的布设

水准基点的布设要求如下。

1）水准基点最少应布设 3 个，以方便相互检核。

2）水准基点和观测点之间的距离应适中，相距太远会影响观测精度，通常在 100m 范围内。

3）水准基点须设置在沉降影响范围外，冰冻地区水准基点应埋设在冰冻线以下 0.5m。

二、沉降观测点的布设

沉降观测点的布设应满足以下要求。

1）沉降观测点应布设在能全面反映建筑物沉降情况的部位，如建筑物四角、沉降缝两侧、荷载有变化的部位、大型设备基础、柱子基础和地质条件变化处。

2)通常沉降观测点是均匀布置的,它们之间的距离一般为 10～20m。

3)沉降观测点的设置形式如图 11-1 所示。

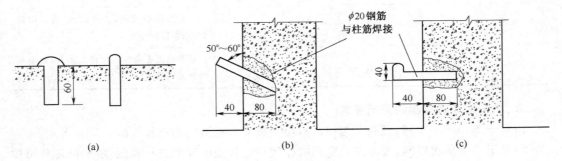

图 11-1　沉降观测点的设置形式(mm)

三、沉降观测的步骤与方法

1. 观测时间

建筑物沉降观测的时间和次数,应根据工程的性质、施工进度、地基地质情况及基础荷载的变化情况而定。

1)当埋设的沉降观测点稳固后,在建筑物主体开工前,进行第 1 次观测。

2)在建(构)筑物主体施工过程中,一般每盖 1～2 层观测 1 次。如中途停工时间较长,应在停工时和复工时进行观测。

3)当发生大量沉降或严重裂缝时,应当时并几天连续观测。

4)建筑物封顶或竣工后,一般每月观测 1 次,如果沉降速度减缓,可改为 2～3 个月观测 1 次,直至沉降稳定为止。

2. 观测方法

1)应先观测后视水准基点。

2)再观测前视各沉降观测点。

3)最后再次观测其后视水准基点,两次后视读数之差不应超过±1mm。

4)沉降观测的水准路线(即从一个水准基点到另一个水准基点)应为闭合水准路线,如图 11-2 所示。

3. 观测精度要求

1)多层建筑物的沉降观测,可采用 DS_3 水准仪,用普通水准测量的方法进行测量,其水准路线的闭合差不应超过 $\pm 2.0\sqrt{n}$ mm(n 为测站数)。

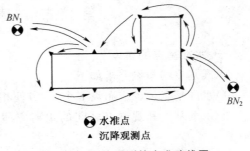

图 11-2　沉降观测的水准路线图

2)高层建筑物的沉降观测,则应采用 DS_1 精密水准仪,用二等水准测量的方法进行,其水准路线的闭合差不应超过 $\pm 1.0\sqrt{n}$ mm(n 为测站数)。

四、沉降观测的成果整理

1. 填写沉降观测记录表

每次观测结束后,应检查记录的数据和计算是否正确,精度是否合格,再接着调整高差闭合差,推算出沉降观测点的高程,填入沉降观测表中,见表 11-2。

表 11-2 沉降观测记录表

观测次数	观测时间	各观测点的沉降情况						3…	施工进展情况	荷载情况 (t/m²)
		1			2			…		
		高程(m)	本次下沉 (mm)	累积下沉 (mm)	高程(m)	本次下沉 (mm)	累积下沉 (mm)	…		
1	2007.01.10	50.454	0	0	50.473	0	0	…	一层平口	
2	2008.02.23	50.448	−6	−6	50.467	−6	−6		三层平口	40
3	2008.03.16	50.443	−5	−11	50.462	−5	−11		五层平口	60
4	2008.04.14	50.440	−3	−14	50.459	−3	−14		七层平口	70
5	2008.05.14	50.438	−2	−16	50.456	−3	−17		九层平口	80
6	2008.06.04	50.434	−4	−20	50.452	−4	−21		主体完	110
7	2008.08.30	50.429	−5	−25	50.447	−5	−26		竣工	
8	2008.11.06	50.425	−4	−29	50.445	−2	−28		使用	
9	2009.02.28	50.423	−2	−31	50.444	−1	−29			
10	2009.05.06	50.422	−1	−32	50.443	−1	−30			
11	2009.08.06	50.421	−1	−33	50.443	0	−30			
12	2009.12.26	50.421	0	−33	50.443	0	−30			

2. 计算沉降量

1)沉降观测点的本次沉降量的计算公式为:

沉降观测点的本次沉降量＝本次观测所得的高程－上次观测所得的高程

2)计算累积沉降量的计算公式为:

累积沉降量＝本次沉降量＋上次累积沉降量

计算出沉降观测点本次沉降量、累积沉降量和观测日期、荷载情况等后记入沉降观测表中,见表 11-2。

3. 沉降曲线的绘制

(1)绘制时间与沉降量关系曲线的步骤

1)以沉降量 s 为纵坐标,以时间 t 为横坐标,组成直角坐标系。

2)以每次累积沉降量为纵坐标,以每次观测日期为横坐标,标出沉降观测点的位置。

3)用曲线将标出的各点连接起来,并在曲线的一端注明沉降观测点号码,这样就绘制出了时间与沉降量关系曲线,如图 11-3 所示。

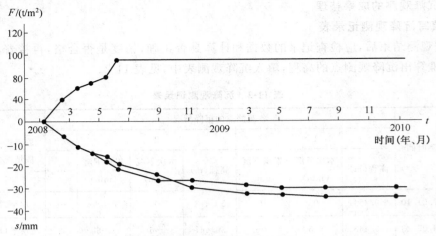

图 11-3　××建筑物沉降曲线

（2）绘制时间与荷载关系曲线的步骤

1）以荷载为纵坐标，以时间为横坐标，组成直角坐标系。

2）依据每次观测时间和相应的荷载标出各点，将各点连接起来，即可绘制出时间与荷载关系曲线，如图 11-3 所示。

第三节　建筑物的倾斜观测

一、一般建筑物的倾斜观测

1. 基础的倾斜观测

1）可以用精密水准仪测出基础两端点的差异沉降量 Δh。

2）依据两点间的距离 D，计算基础的倾斜度。基础倾斜观测如图 11-4 所示。

2. 上部的倾斜观测

（1）差异沉降量推算法

1）首先用精密水准测量测定建筑物两点的差异沉降量 Δh。

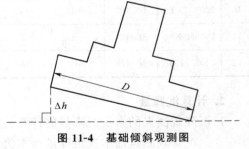

图 11-4　基础倾斜观测图

2）再根据建筑物的宽度 L 和高度 H，推算出上部的倾斜值，如图 11-5 所示，设顶部倾斜位移值 Δ，倾斜度为 i，则：

$$\Delta = iH = \frac{\Delta h}{L}H$$

（2）经纬仪投影法

如图 11-6 所示，A、B、C、D 为房屋的底部角点，A'、B'、C'、D' 为顶部各对应点，假设 A' 向外倾斜，观测步骤为：

1）标定屋顶 A' 点，设置明显标志，丈量房屋高度 H。

2）在 BA 的延长线上，距 A 点约 1.5H 的地方设置一点 M。在 DA 延长线上，距 A 点

约 $1.5H$ 的地方设置一点 N。

3）在 M、N 点上架经纬仪，将 A' 点投影到地面得点 A''。丈量倾斜量 $k=AA''$，并用支距法丈量纵横向位移量 Δx、Δy。

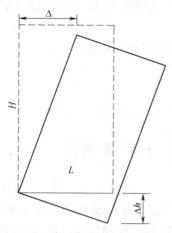

图 11-5　上部倾斜观测图

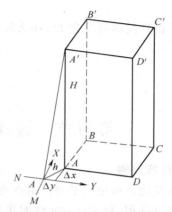

图 11-6　经纬仪投影法测建筑物上部倾斜图

4）用下列公式计算建筑物的倾斜方向和倾斜度。

倾斜方向：

$$a=\arctan\frac{\Delta x}{\Delta y}$$

倾斜度：

$$i=\frac{k}{H}$$

二、塔式建筑物的倾斜观测

塔式建筑物是指水塔、烟囱、电视塔等特殊构筑物，以烟囱为例，具体测量方法如下：

1）首先，在烟囱，附近选择两点 M、N，如图 11-7 所示，使 MO 与 NO 大致垂直，且使 M、N 两点分别离烟囱的距离大于烟囱的高度。

2）在 M 点上安置仪器，测出与同一高度的烟囱底部断面相切的两个方向的夹角 β。然后测设 β 角的平分线，此时，望远镜照准的方向正是 MO 的方向，沿该方向在烟囱底部外壁上定出一点 M'，并量取此高度处的烟囱周长，求得此处烟囱半径 R，并量出 M 点与 M' 的水平距离 L_M。

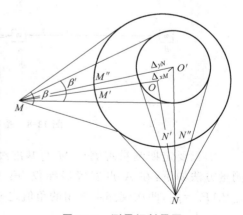

图 11-7　测量倾斜量图

3）用同样的方法测出顶部断面相切的两个方向所夹的水平角 β'。再测设角度平分线得 MO' 的方向，然后将 MO' 的方向投影到烟囱的底部（与 M' 同高），定出 M'' 点。量出 M'、M'' 的距离，设为 $\Delta_{x'M}$，则 O' 的垂直偏差 Δ_{xM} 为：

$$\Delta_{xM}=\frac{L_M+R}{L_M}\Delta_{x'M}$$

4)同样再让仪器设于 N 点,可以得到 O' 的垂直偏差 Δ_{yN} 为:

$$\Delta_{yN} = \frac{L_N + R}{L_N}\Delta_{y'M}$$

式中,L_M 为 M 点至 M' 点的距离;L_N 为 N 点至 N' 点的距离;R 为 OM' 或 ON' 指烟囱的半径。

如果设烟囱的高度为 H,那么倾斜量 OO' 和烟囱的倾斜度 i 分别为:

$$OO' = \sqrt{\Delta_{xM}^2 + \Delta_{yN}^2}$$

$$i = \frac{OO'}{H}$$

第四节　建筑物位移观测与裂缝观测

一、位移观测

位移观测是指根据平面控制点测定建筑物的平面位置随时间而移动的大小及方向,根据实际情况选用,对于有方向性的建筑物,一般选用基准线法、经纬仪投点法、激光准直法和引张线法等;对于非线性建筑物,可采用精密导线法、极坐标法、前方交会法等。这里只对基准仪法做介绍。

1)如图 11-8 所示,观测时,先在位移方向的垂直方向上建立一条基准线,设 A、B 为控制点,M 为观测点。

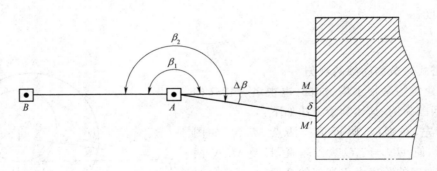

图 11-8　基准线法观测水平位移图

2)只要定期测量观测点 M 与基准线 AB 的角度变化值 $\Delta\beta$,即可测定水平位移量,$\Delta\beta$测量方法如下:在 A 点安置经纬仪,第 1 次观测水平角 $\angle BAP = \beta_1$,第 2 次观测水平角 $\angle BAP' = \beta_2$,两次观测水平角的角值之差即 $\Delta\beta$:

$$\Delta\beta = \beta_2 - \beta_1$$

其位移量可按下式计算:

$$\delta = D_{AP}\frac{\Delta\beta''}{\rho''}$$

二、裂缝观测

不均匀沉降使建筑物发生倾斜,严重的不均匀沉降会使建筑物产生裂缝。因此,当建筑物出现裂缝时,除要增加沉降观测的次数外,还应立即进行裂缝观测。

观测裂缝需要进行标志的设置,常用标志如图 11-9。

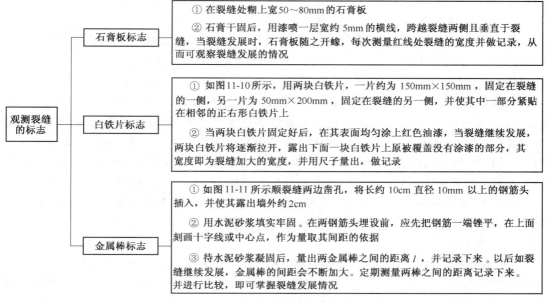

观测裂缝的标志	石膏板标志	① 在裂缝处糊上宽50～80mm的石膏板 ② 石膏干固后,用漆喷一层宽约 5mm 的横线,跨越裂缝两侧且垂直于裂缝,当裂缝发展时,石膏板随之开蟒,每次测量红线处裂缝的宽度并做记录,从而可观察裂缝发展的情况
	白铁片标志	① 如图11-10所示,用两块白铁片,一片约为 150mm×150mm,固定在裂缝的一侧,另一片为 50mm×200mm,固定在裂缝的另一侧,并使其中一部分紧贴在相邻的正右形白铁片上 ② 当两块白铁片固定好后,在其表面均匀涂上红色油漆,当裂缝继续发展,两块白铁将逐渐拉开,露出下面一块白铁片上原被覆盖没有涂漆的部分,其宽度即为裂缝加大的宽度,并用尺子量出,做记录
	金属棒标志	① 如图 11-11 所示顺裂缝两边凿孔,将长约 10cm 直径 10mm 以上的钢筋头插入,并使其露出墙外约2cm ② 用水泥砂浆填实牢固。在两钢筋头埋设前,应先把钢筋一端锉平,在上面刻画十字线或中心点,作为量取其间距的依据 ③ 待水泥砂浆凝固后,量出两金属棒之间的距离 l,并记录下来。以后如裂缝继续发展,金属棒的间距会不断加大。定期测量两棒之间的距离记录下来。并进行比较,即可掌握裂缝发展情况

图 11-9　观测裂缝的标志

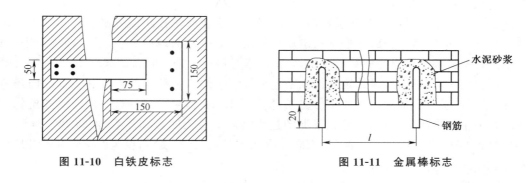

图 11-10　白铁皮标志　　　　　图 11-11　金属棒标志

第五节　建筑物倾斜案例分析

一、工程概况

某中学教学楼为 4 层,外廊式砖混结构,建筑总长 39.870m,宽度为 8.740m,教室进深 6.900m,外廊 1.500m,开间 3.600m,1985 年 11 月竣工,2010 年因教学用房紧张,欲在教学楼上加 1 层,加层前曾委托某房屋质量检查部门对教学楼的房屋质量进行检测和评定,未发现较大问题,无较大的持续裂缝,结构整体性完好,未见明显倾斜,结论是可以加层。工程动工后,校方根据学校连年扩大招生的发展趋势,在未取得任何专业部门同意的情况下,由原来加 1 层改为加两层。全部加层工作于 2011 年 6 月开始,9 月底结束,并交付使用。

从原设计图纸分析,该建筑地基较差,局部暗浜,采用了 1.500m 砂石垫层和 100m 厚 C10 混凝土垫层,基础采用条形素混凝土刚性基础,底面宽 1.800m。上部结构为砖混结构,外走廊为悬挑结构,楼梯间位于教学楼中部,楼面和屋面采用预制预应力多空板,教室的梁下设 370mm 砖柱,每层设置圈梁,四角及楼梯间设有构造柱,原设计考虑 7 度远震设防。

二、教学楼倾斜情况及原因分析

1. 教学楼倾斜情况

教学楼加层结束后即投入使用。2011 年 7 月,学校发现墙体有一些新增加的肉眼可见的斜裂缝,出于对学生的安全负责,学校曾于 2013 年暑假期间,委托有关机构对教学楼的沉降进行观测,并对质量做进一步评价鉴定,当时检测发现教学楼整体结构刚度仍较好,新增加的裂缝和原有裂缝没有继续发展的痕迹,建筑物沉降情况基本正常,没有发现严重倾斜。2014 年 4 月开始,校方发现墙体斜裂缝的数量和宽度均有增加,教学楼东北角局部墙面最宽裂缝达 20mm,而且,原来发现的裂缝有发展生长的迹象。同年 8 月,该校再次利用暑假期间,对教学楼再次进行沉降观测和建筑结构评价。这次发现教学楼向北侧倾斜较大,倾斜情况为东端房顶最大偏移 219mm,西端房顶最大偏移 176mm。从检测结果看,该楼东北方向倾斜较大,最大倾斜率达到 11%,西北方向倾斜率接近 10%,倾斜率均超过《危险房屋鉴定标准》的要求。

2. 倾斜原因分析

首先从教学工程设计图纸、地质报告、结构加层上寻找教学楼向西北倾斜的原因。发现地质勘探报告不够深入全面,虽说明地基下有暗浜,但没有详细的深度、土层结构数据及形成年代;设计上受当时经济条件的限制,只进行了砂石垫层处理,而没有使用短桩加固;原结构上增加两层也是原因之一。

虽然以上原因可以导致建筑物的过大倾斜,为了在教学楼纠偏方案设计和施工方法选择中做到科学、经济、可靠,在准确认定建筑物倾斜原因之前,我们进行了全面地地质分析、基础设计验算和结构设计验算后发现,以上因素是该教学楼的倾斜的部分原因,但不会造成如此严重的房屋危险,如果认定它们就是导致教学楼倾斜和危险的直接和主要原因还有些勉强。而且,从工程的建设和使用历史来看,如果以上因素是直接原因,加层后建筑物的倾斜应是一个连贯的延续过程,尤其早期的过大沉降应更为明显和严重,而该教学楼自 2012 年加层到 2013 年的大约一年时间,沉降一直比较稳定,现实表明,更大的沉降和部分墙体开裂在 2014 年 4 月以后才被发现。

从工程地质勘探和工程设计中找不出教学楼向北倾斜的主要直接原因。我们从两次建筑物沉降观测结果和结构评价报告分析,应该是以上原因加上其他外界原因并存而导致较大倾斜。从现场可以看出,与学校北面一街之隔不足 40m 的地方,2014 年建成一幢高层建筑。另外,东北方向尚有一高层建筑正在基坑开挖。两工程的桩基施工、基坑开挖、地下水渗流和地基沉降诱发软基的急剧沉降,加之综合教学楼的地基处理和加层等原因,诱发并导致了该倾斜加剧。

从教学楼的沉降观测结果和最新建筑结构评价报告分析,教学楼结构整体性尚好,加之诱发因素的高层建筑一幢已建成,另一幢基坑开挖也很快可以结束。我们的结论是:待另一幢基础完成后,可以采取合适措施进行地基处理和整体纠偏。

三、教学楼纠偏方案及施工

工程采用混凝土条形刚性基础,当初基础设计宽度较大,这为教学楼的纠偏提供了良好的条件。虽然教学楼在墙体上出现了数条肉眼可见的裂缝,但对结构的整体刚度影响不大,除在东北角局部裂缝集中部位进行钢筋网加固墙体之外,无须对教学楼进行整体加固就可以对其进行纠偏,因此,大大减少了工程程序和工程量。

在充分分析基础下土层结构的基础上,参考了《房屋建筑修缮工程》,结合教学楼结构刚度完整、混凝土基础刚度大且埋深浅、砂石垫层处理、持力层薄、地基空隙率和含水量较大等特点,比较好的方案是采用灌浆与掏土相结合的纠偏方法。该方法是对沉降大的一侧进行压力灌浆,一方面利用水泥降固结提高土体的弹性模量及密实度,改善力学性质,减少继续沉降,另一方面利用压力将教学楼抬起。对沉降小的一侧掏土,取土后释放部分地基应力,迫使结构下沉,下沉到预计沉降指标以后,返灌注水泥浆固化地基。在纠偏过程中。为了很好地控制建筑物的沉降,在教学楼的四周,每隔一个开间设置一个沉降观测点,对沉降进行及时观测,与此同时,对教学楼墙面裂缝进行监控观测。

1. 灌浆加固的方案和施工

在下沉较大的北侧进行灌浆加固,孔眼为梅花式,经过现场测试,灌浆半径按 0.85m 考虑,加固深度定为 2m。根据基础宽度和加固半径,采用两排加固孔。为使浆液渗入基底,采用 1∶0.4 左右的斜孔,施工时采用自下而上的灌浆方法,灌浆时先灌内排,后灌外排,东西对称并间隔钻孔压浆。加固浆液选用水泥和水玻璃,水泥采用 52.5 级硅酸盐水泥,每次拌和用水泥 25kg,水 13kg,水玻璃 1kg,初凝时间约为 20min。

1)施工程序。布置及场地清理——振动下钻压浆管——拌和浆液——压浆泵灌浆——拔管洗管。

2)施工中应注意的事项。

①水泥在拌浆前半天内清筛,防止有杂物和硬块堵管。

②浆液应在 3～5min 拌和均匀,压浆时间控制在 15min 内完成,防止浆液凝固堵管。

③当发现有浆液流入抽水井时,应立即采取措施,如间歇灌注。

④当地面出现冒浆时,应立即采取封堵措施,如果情况比较严重,可以稍停 20～30min。待已灌的灌浆液凝固后,再继续灌浆,甚至可以拔管停止工作,待次日补救。

2. 局部掏土的施工

从倾斜的反侧方向的基础下或两侧局部掏挖,取出适量的基土,促使基础沉降相对加大,从而,实现建筑物的整体结构恢复到垂直位置。这一方法施工方便,使用工具简单,不影响相邻建筑物,且费用低廉,观测方便。是一种简便可行的地基病害处理方法。局部取土后,基底取土部位应力释放的同时,土将进入取土孔,使局部沉降相对加大。

该工程采用机械取土,掏土孔直径 300mm,取土孔对称分布在反侧轴线的两侧,取土深度 3m 左右,室内深度小于建筑物室外深度。待达到控制沉降值后,在取土孔内注入具有水泥系硅化加固的拌和土。

施工过程中,边取土边观测纠正轴线的恢复情况,并根据目标调整进度和工程量。考虑到土的应力释放和地基变形的时间过程,掏土分为 3 个阶段进行:第一阶段完成后,稳定一周,观察沉降过程,对比沉降增加值和预定的沉降指标值,确定下一阶段的取土方案和指标;第二阶段完成后,观察沉降 3d,对比沉降增加值和预定的沉降指标值,确定第三阶段的取土方案和指标。

3. 纠偏效果

按照以上灌浆和局部掏土的纠偏设计,经过约一个半月的施工,使得教学楼的最大倾斜率小于 3‰,多处墙面裂缝减小,效果相当理想。最显著的优点是在施工过程中没有较强的振动和较高噪声,基本不影响教学楼的正常使用。

施工完毕至今已 3 年,经过多次检查,未发现新问题,房屋整体稳定,经济效益明显。通过对该教学楼采用灌浆和局部掏土的纠偏方案设计和纠偏施工,我们取得以下经验和结论:对于上部结构和基础刚度较好。持力层浅而薄,基础刚度大且埋深不大的建筑物,均可以采取灌浆和局部掏土相结合的纠偏方案,效果比较理想,经济方便且快捷,在施工过程中还没有较强的振动和较高噪声,基本不影响建筑物的正常使用。

参 考 文 献

[1] 中华人民共和国住房和城乡建设部.GB 50026—2007 工程测量规范[S].北京:中国计划出版社,2007.

[2] 中华人民共和国住房和城乡建设部.CJJ/T 8—2011 城市测量规范[S].北京:中国建筑工业出版社,2011.

[3] 中华人民共和国国家质量监督检验检疫总局.全球定位系统(GPS)测量规范(GB/T 18314—2009)[S].北京:中国标准出版社,2009.

[4] 中华人民共和国住房和城乡建设部.CJJ/T 73—2010 卫星定位城市测量规范[S].北京:中国建筑工业出版社,2010.

[5] 中华人民共和国建设部.JGJ 8—2007 建筑变形测量规范[S].北京:中国建筑工业出版社,2007.

[6] 聂俊兵,等.建筑工程测量[M].郑州:黄河水利出版社,2010.

[7] 卢满堂,等.建筑工程测量[M].北京:中国水利水电出版社,2007.

[8] 魏静.建筑工程测量[M].北京:机械工业出版社,2008.